低渗透油气田

勘探开发文集

Symposium on Exploration and Development of Low Permeability Oil and Gas Fields

2021年 下卷

中国石油长庆油田分公司 编

石油工业出版社

内 容 提 要

本书精选有关低渗透油气田勘探开发实践、理论研究和工艺技术方面文章30篇，主要涉及低渗透油气藏地质研究、油藏描述、数值模拟、增产技术和动态监测技术等内容，具有一定参考价值和现实意义。

本书可供从事低渗透油气田勘探开发研究人员、石油高校相关专业师生阅读。

图书在版编目（CIP）数据

低渗透油气田勘探开发文集. 2021年. 下卷 / 中国
石油长庆油田分公司编. — 北京：石油工业出版社，
2021.12
　ISBN 978-7-5183-5014-8

Ⅰ. ①低… Ⅱ. ①中… Ⅲ. ①低渗透油层–油气勘探
–文集②低渗透油层–油田开发–文集 Ⅳ.
①P618.130.8–53②TE3–53

中国版本图书馆CIP数据核字(2021)第222331号

《低渗透油气田勘探开发文集》编辑部
地　　　址：陕西省西安市未央区长庆兴隆园勘探开发研究院
邮　　　编：710018
电　　　话：029-86592410
E-mail：dstyqt@163.com
　　　　　jcy_cq@petrochina.com.cn

出版发行：石油工业出版社有限公司
　　　　　（北京安定门外安华里 2 区 1 号楼　　100011）
　　　　　网址：www.petropub.com
经　　销：全国新华书店
印　　刷：北京晨旭印刷厂
2021 年 12 月第 1 版　2021 年 12 月第 1 次印刷
880×1230 毫米　开本：1/16　印张：10
字数：300 千字
定价：60.00 元
（如出现印装质量问题，我社图书营销中心负责调换）

目录 MU LU

CONTENTS

TECHNOLOGIES & TEST

OTHER APPLICATION & RESEARCH

不同酸溶法对电感耦合等离子体质谱测定岩石中微量元素含量的影响

黄 静[1,2]

（1. 低渗透油气田勘探开发国家工程实验室；2. 中国石油长庆油田分公司勘探开发研究院）

摘 要： 元素分析中，溶解矿物的方法有很多，敞开式酸溶和高压密闭酸溶是电感耦合等离子体质谱（ICP-MS）测定岩石中多种微量、痕量元素普遍采用的两种方法。实验针对两种酸溶方法对测定岩石中元素含量的影响做出研究与比对，结果表明不同的元素、不同的处理方法得出的结果有很大差异。对于易溶元素，敞开式酸溶和高压密闭酸溶得出的结果基本相近；但对于难溶元素，两种方法测出的元素含量相差比较大。用高压密闭酸溶所测出的元素含量更高，说明敞开式酸溶对难溶元素很难提取。结合处理流程来看，两种方法各具优势，敞开式酸溶法具有处理流程短、可大批量处理样品等优点，高压密闭酸溶法具有测试精度高、用酸量少等优点，但处理流程周期长。实验人员可根据不同研究目的选择合适的酸溶处理方法，为科研提供有效合理的实验数据。

关键词： 敞开式酸溶；高压密闭酸溶；电感耦合等离子体质谱；元素分析

电感耦合等离子体质谱（ICP-MS）[1] 技术具有灵敏度高、精密度好、谱线相对简单、动态线性范围宽，可同时进行多元素快速分析并可提供同位素信息等分析特性，被广泛应用于地质、冶金、石油、环境、生物、医学、材料科学等各个领域。要完成一块地质样品的微量元素分析，需要一个很繁杂的前处理过程，而对样品处理是否恰当正是实验测试的关键所在。首先要用颚式研磨机对样品进行粗磨，然后用玛瑙研钵细磨，直到样品没有颗粒感，才能进行溶矿。样品要用强酸溶解，稀释定容后才能上机分析；样品溶解是否充分，直接影响着元素含量的准确性，因此溶矿是样品分析过程中非常重要的步骤。低渗透油气田勘探开发国家工程实验室有两种溶矿方法，即敞开式酸溶和高压密闭酸溶，敞开式酸溶用的试剂是氢氟酸+硝酸+高氯酸，适合比较容易溶解且不易挥发的元素，溶解稀土元素时还要换不同的溶解试剂；而高压密闭酸溶[2-4]不但能够解决元素挥发和难溶问题，还能够解决溶解稀土元素要换溶解试剂的问题，可以把需要分析的元素一并检测出来，更重要的是高压密闭酸溶可以降低敞开式酸溶在样品多次转移过程中造成的误差，分析结果的准确度更高。实验针对两种溶矿方法分析出的数据在误差允许范围内，比较哪一种方法更精确，更能适应生产需要。

1 实验部分

1.1 仪器及工作条件

以美国 Thermo Fisher 公司生产的 X-Series II 型 ICP-MS 为测量仪器。主要工作条件为：射频功率为 1400W，雾化气流量为 0.85L/min，冷却气流量为 14.0L/min，辅助气流量为 0.75L/min，采样锥孔径为 1.0mm，截取锥孔径为 0.7mm，扫描方式为跳峰，积分时间为 0.5s，进样时间为 30s。

1.2 标准溶液和主要试剂

难溶元素 Zr、Nb、Hf、Ta 标准溶液及易溶元素 W、Mo、Ti、Ba、Be、Co、Cr、Cu、Ga、Li、Ni、Pb、Sr、Zn 标准溶液：由 100μg/mL 混合标准溶液（国家有色金属及电子材料分析测试中心生产）按实验要求逐级稀释，溶液介质为 2% 硝酸和 0.1% 氢氟酸。

单标元素 Cs、Sc、Rb、Th 标准溶液：由 1000μg/mL 标准溶液（国家有色金属及电子材料分析测试中心生产）按实验要求逐级稀释，溶液介质为 2% 硝酸和 0.1% 氢氟酸。

单标元素 U 标准溶液：由 100μg/mL 标准溶液（核工业北京化工冶金研究院生产）按实验要求逐级稀释，溶液介质为 2% 硝酸和 0.1% 氢氟酸。

氢氟酸、盐酸为分析纯，硝酸为优级纯。

实验用水：由 Million-Synergy 型超纯水仪（密理博上海贸易有限公司生产）制备的高纯水（电阻率为 18.2MΩ·cm，25℃）。

1.3 内标液选择

采用内标校正可以补偿由于仪器信号漂移和基体效应造成的灵敏度漂移。ICP-MS 分析中，内标元素选择的原则是被测溶液使内标元素受到干扰因素尽可能少，质谱行为尽可能与被测元素一致。实验选择 10ng/mL 的 [103]Rh 溶液作为内标进行校正。

1.4 实验样品和分析方法

考虑到泥岩中微量元素含量比较高，因而选定了鄂尔多斯盆地延长组长7段37块泥岩样品为研究对象。

1.4.1 敞开式酸溶法

称取研磨好的样品 0.1g 置于聚四氟乙烯（PTFE）烧杯中，向 PTFE 烧杯中依次加入 5mL氢氟酸、5mL 硝酸，置于电热板上，升温至 220℃缓慢蒸干溶剂，再加入 2mL 高氯酸，温度在 250～270℃，再一次蒸干试剂。向蒸干试剂的 PTFE 烧杯中加入 2mL 配置好的王水，溶解样品，最后将溶解好的样品定容到 50mL 的比色管中摇匀，采用 ICP-MS 测定。

1.4.2 高压密闭酸溶法

称取研磨好的样品 0.05g 置于高压密闭溶样罐中，再向罐中分别加入 1.5mL 硝酸和 1.5mL 氢氟酸，密闭后放置于 180℃烘箱中加热 36 小时。待溶样罐冷却至室温后，开盖，置于低温电热板上缓慢蒸干，然后加入 3mL 1：1 硝酸，封闭后置于 150℃烘箱中加热 12 小时，冷却至室温，再将溶液定容至 50mL 聚酯（PET）塑料瓶中，采用 ICP-MS 测定。

2 结果与讨论

2.1 易溶元素

由于实验室条件有限，对易挥发的元素还不能测定，本次只针对易溶和难溶元素进行比对。实验结果表明：对于易溶元素（Li、Be、Sc、Cr、Co、Ni、Cu、Zn、Ga、Rb、Sr、Mo、Cs、Ba、W、Pb、Th、U），两种处理方法测定值差别不大，都在误差允许的范围内，而且测试结果相近。以C96 井长 7 段两个深度的泥岩样品测试数据为例，进行对比（图 1、图 2），所选元素均是在自然界

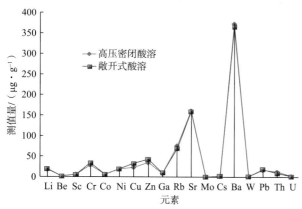

图 1　C96 井长 7 段 1993.69m 深处岩样易溶微量元素含量折线图

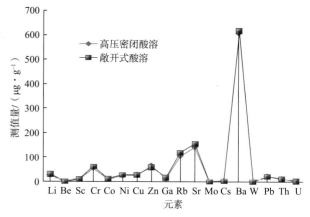

图 2　C96 井长 7 段 2037.55m 深处岩样易溶微量元素含量折线图

中峰度最高的同位素。

2.2 难溶元素

对于难溶元素（Zr、Nb、Hf、Ta），两种处理方法得出的测试结果相差较大。仍以 C96 井这两个样品点为例，如图 3、图 4 所示。

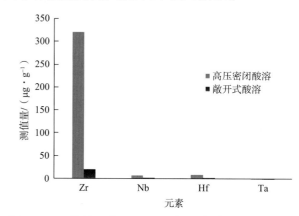

图 3　C96 井长 7 段 1993.69m 深处岩样难溶微量元素含量直方图

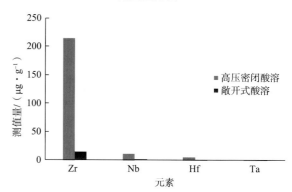

图 4　C96 井长 7 段 2037.55m 深处岩样难溶微量元素含量直方图

2.3 方法的实用性评价

敞开式酸溶处理的样品量大、时间短，但是在对样品转移的过程中容易使样品产生静电，沾到 PTFE 烧杯的端口处，试剂很难溶解到此处的样品，易造成人为误差。相比之下，高压密闭酸

溶法具有以下优点：（1）在高压消解罐中，溶剂在高温下不断回流，促使样品充分溶解，并且罐内产生的压力使试剂的沸点升高，缩减了样品的分解时间，并使难溶相易于溶解；（2）在密闭罐里溶解样品，避免试剂蒸发，只需要较少量的试剂，消耗品用量大幅减少；（3）减少了样品被污染的可能性。由于高压密闭酸溶法耗时较长，实验人员可以根据实验目的，选择合适的方法处理样品。

3 结　论

对比敞开式酸溶与高压密闭酸溶两种不同酸溶法对 ICP-MS 测定岩石中微量元素含量的影响，结果表明：对于易溶元素，敞开式酸溶和高压密闭酸溶测出的元素含量基本相近，溶样方式对于元素测定结果影响不大；对于难溶元素，两种方法测出的元素含量相差比较大，用高压密闭酸溶方式测出的元素含量更高，说明敞开式酸溶法对难溶元素的提取不够彻底。在今后的实验中，还可以尝试用碱溶融的方法分解样品，如用过氧化钠或者偏硼酸锂碱溶融法处理样品，某些元素更容易被提取。实验人员应根据测试目的，对于不同溶解程度的元素，选取适合的溶样方式，使测试结果更为准确可靠，为科研人员运用数据奠定良好基础。

参考文献

[1] 胡圣虹，陈爱芳，林守麟，等. 地质样品中 40 个微量、痕量、超痕量元素的 ICP-MS 分析研究[J]. 地球科学：中国地质大学学报，2000，25（2）：186-190.

[2] 孙德忠，何红蓼. 封闭酸溶—等离子体质谱法分析超细粒度地质样品中 42 个元素[J]. 岩矿测试，2007，26（1）：21-25.

[3] 程秀花，黎卫亮. 封闭酸溶样 ICP-MS 法直接测定地质样品中镓、铟、铊、锗[J]. 分析试验室，2015，34（10）：1204-1208.

[4] 黎卫亮，程秀花，余娟，等. 高压密闭酸溶—电感耦合等离子体质谱法测定花岗闪长岩中的微量锆[J]. 岩矿测试，2016，35（1）：32-36.

收稿日期：2021-08-13

作者简介：
黄静（1977—），女，硕士，高级工程师，现从事储层及元素分析方面研究工作。
通信地址：陕西省西安市长庆兴隆园
邮编：710018

Influence of different acid-dissolving techniques on the content of microelements in rocks measuring by inductively coupled plasma mass spectrometry

HUANG Jing

(National Engineering Laboratory for Exploration and Development of Low Permeability Oil & Gas Fields;
Exploration and Development Research Institute of PetroChina Changqing Oilfield Company)

Abstract: There are many ways to dissolve minerals in analysis of elements. Open acid dissolution and high pressure closed acid dissolution are two commonly used methods for the determination of various trace elements in rocks by inductively coupled plasma mass spectrometry (ICP-MS). The influence of two acid dissolution methods on the determination of element content in the rocks is studied and compared. The researches show that there are big differences between results obtained from different elements and approaches. For the soluble elements, the consequences obtained by the two methods of open acid-dissolving and high pressure closed acid-dissolving are basically similar. For the elements that are difficult to dissolve, the differences between element content measured by the above two methods are large. The element content measured by the high pressure closed acid-dissolving is higher than that by the open one. This indicates that it is difficult for the open acid-dissolving to extract insoluble elements. Combined with the processes, both the two methods have their own advantages. The open acid-dissolving has the advantages of short time processing and large batch treatment of samples. The high pressure closed acid-dissolving owns high test accuracy and less volume of acid but long period of treatment process. Therefore, laboratory staff can select reasonable acid-dissolving method based on different research targets to provide effectively rational data for scientific research.

Key words: open acid-dissolving; high pressure closed acid-dissolving; inductively coupled plasma mass spectrometry; elemental analysis

鄂尔多斯盆地奥陶系盐下天然气地球化学特征及其地质意义

孔庆芬 [1,2]，李剑峰 [1,2]，吴　凯 [1,2]，孔令印 [1,2]，李善鹏 [1,2]

（1. 低渗透油气田勘探开发国家工程实验室；2. 中国石油长庆油田分公司勘探开发研究院）

摘　要： 随着新区、新层系勘探力度持续加大，鄂尔多斯盆地奥陶系（膏）盐下马五$_6$亚段—马四段天然气勘探取得突破，关于盐下天然气的成因及来源问题备受关注。应用地质、地球化学方法，在明确奥陶系（膏）盐下天然气地球化学特征、成因类型基础上，分析其可供烃源岩。结果表明：鄂尔多斯盆地奥陶系盐下天然气属于自生自储油型气，高含硫天然气组分的碳同位素组成显著偏重与储层围岩膏盐岩地层发生较强 TSR 反应有关；盐下天然气以干酪根裂解气为主，这一分析结果与奥陶系储层中少见沥青残留相对应；盐下膏云坪相带与膏盐岩不等厚互层分布的暗色泥质云岩、云质泥岩和马四段泥晶灰岩、泥晶生屑灰岩等均可作为盐下天然气藏可供烃源岩，值得进一步开展工作，深入分析。

关键词： 鄂尔多斯盆地；奥陶系；盐下；天然气；地球化学特征；海相烃源岩

鄂尔多斯盆地是中国陆上第二大沉积盆地，横跨陕、甘、宁、晋、内蒙古 5 省区，面积约 $25×10^4km^2$，蕴含丰富的油气资源，其中，天然气资源量为 $16.31×10^{12}m^3$，石油资源量为 $169×10^8t$[1]。自 20 世纪 80 年代末至 90 年代初奥陶系碳酸盐岩风化壳大气田发现以来，鄂尔多斯盆地相继探明苏里格、乌审旗、榆林、神木、米脂等上古生界致密砂岩气田 10 个，新探明下古生界碳酸盐岩气田 1 个，累计探明天然气地质储量 $4×10^{12}m^3$，2020 年，天然气年产量达 $448.5×10^8m^3$。鄂尔多斯盆地天然气勘探和产能建设目标层段长期以上古生界太原组、山西组、盒 8 段陆源碎屑砂岩和下古生界奥陶系马五$_{1-4}$亚段海相碳酸盐岩风化壳为主。根据前人研究成果和勘探开发实践[2-6]，已发现的大型天然气田以"煤成气"为主。

近年来，随着新区、新层系勘探力度持续加大，鄂尔多斯盆地奥陶系盐下马五$_6$亚段—马四段天然气勘探取得突破，累计 35 口井获得工业气流，落实含气有利范围超（3 ~ 4）$×10^4km^2$。2020 年，针对盆地东部奥陶系盐下实施 2 口风险探井，其中，MT1 井在马四段试气获 35.24$×10^4m^3/d$ 高产工业气流，JT1 井在马四段钻遇气层近 30m。

作为重要的接替领域，鄂尔多斯盆地奥陶系盐下天然气由于空间上的双源共存、气源岩热演化程度高及次生变化影响，关于其成因类型及来源的认识存在油型气和煤成气两种不同观点[7-9]。气源不明，高成熟—过成熟海相烃源岩生烃潜力评价难度大，影响盆地奥陶系盐下天然气勘探潜力确认和目标优选，鉴于此，有必要开展盆地奥陶系盐下天然气地球化学特征分析，明确其形成机理，为天然气勘探部署提供科学依据。

1 奥陶系盐下天然气地球化学特征

1.1 天然气组分特征

鄂尔多斯盆地奥陶系盐下天然气组分以烃类气体为主（表 1），烃类含量平均为 85% 以上，烃类气体中甲烷占优势，甲烷化系数（$C_1/\sum C_{1-n}$）分布在 0.85 ~ 1.0 之间。除区域热演化程度较低的盆地东北部神木地区 SHG97、SHG99、GP1H 等井天然气显示"热解湿气"特征外，其余均以"高温裂解干气"为主。

非烃组分主要包括 H_2S、N_2、H_2、CO_2 等，其中，H_2、He 含量极低，通常小于 0.03%；N_2 平均含量为 3.49%，部分气井采出气样品 N_2 含量偏高往往与气井施工过程中液氮使用有关；CO_2 含量普遍偏低，平均值为 3.19%，仅发现盆地东部、北部局部区域盐下天然气显示高 CO_2 特征，比较典型的是 LT2 井在马三段裂隙层产出 CO_2 气体 5.632$×10^4m^3/d$；H_2S 气体区域分布不均，盆地古隆起东侧 TA38、JTA1、T75 等井膏盐下马五$_7$亚段、马五$_9$亚段白云岩储层天然气的 H_2S 含量高，H_2S 含量（体积分数）分布于 9.016% ~ 23.230% 之间，平均值为 11.58%，属于高含硫天然气。根据 H_2S 气体含量，盆地奥陶系盐下天然气可分为高含硫天然气（H_2S 含量大于 5%）与低含硫或不含硫天然气，二者在烷烃气体组分及碳同位素组成特征方面差异显著。

表 1　鄂尔多斯盆地奥陶系盐下天然气组分特征

区域	井号	层位	烃类气组分/%				非烃气体组分/%			
			C_1	C_2	C_3	$C_1/\sum C_{1-n}$	H_2S	N_2	H_2	CO_2
靖边—乌审旗	T75	马五$_{6-7}$	85.039	1.588	0.300	0.977	9.016	2.297	—	1.616
	T74	马五$_7$	88.636	0.764	0.118	0.989	1.267	8.310	—	0.820
	TA37	马五$_{10}$	88.053	0.082	0.010	0.999	—	5.674	—	6.167
乌审旗北	T51	马四	91.036	4.751	2.041	0.931		1.949	0.014	0.208
	T52	马五$_{10}$	92.116	4.811	1.644	0.935	—	1.270	0.011	0.148
	M74	马五$_5$	93.823	2.233	0.523	0.967		2.255		0.719
	TA90	马三	85.849	1.516	0.269	0.977		8.361		3.724
神木	SHG97	马五$_{6-7}$	70.853	7.312	3.301	0.850		6.848		9.768
	MT1	马四$_3$	90.817	3.383	0.990	0.943	1.300	2.331	0.012	1.339
	GP1H	马四	33.915	4.416	1.790	0.813		15.520	0.038	42.671

1.2　烷烃气体组分碳同位素特征

根据 H_2S 气体含量和甲烷碳同位素组成特征，鄂尔多斯盆地奥陶系盐下天然气大致可分为两类：高含硫天然气和低含硫或不含硫天然气。如表 2 所示，低含硫或不含硫天然气的 $\delta^{13}C_1$ 值分布于-45.9‰ ~ -37.29‰之间，平均为-39.6‰，显著偏轻于上古生界砂岩和下古生界奥陶系顶部碳酸盐岩风化壳储层的天然气；$\delta^{13}C_2$ 值分布于-35.6‰ ~ -25.8‰之间，变化幅度大，可能与膏盐岩地层 TSR 反应阶段或程度不同有关[10]，这也使

得 $\delta^{13}C_2$ 值不宜作为天然气成因类型判识的主要指标，因为，相较于甲烷，乙烷等重烃组分更容易受到次生作用的影响。

目前发现的高含硫天然气主要产出于盆地古隆起东侧马五$_7$亚段、马五$_9$亚段晶间孔、溶孔发育的晶粒状白云岩储层段，TA38、JT1、T75 等井高含硫天然气的甲烷、乙烷碳同位素组成显著偏重，$\delta^{13}C_1$ 值平均为-34.8‰，$\delta^{13}C_2$ 值为-24.1‰，究其原因，应该与储层围岩膏盐岩地层发生较强TSR 反应有关。

表 2　鄂尔多斯盆地奥陶系盐下天然气组分碳同位素特征

区域	井号	层位	$\delta^{13}C$（PDB）/‰				$C_1/\sum C_{1-n}$	H_2S 含量/%（体积分数）
			nC_1	nC_2	nC_3	nC_4		
靖边—乌审旗	TA36	马三	-37.3	-33.0	-25.8		0.999	
	TA37	马五$_{10}$	-38.2	-30.7	-20.0	-20.8	0.999	
	TA45	马五$_6$	-39.1	-35.6	-26.7	-24.7	0.992	
	T75	马五$_7$	-32.4	-22.6	-22.4	-21.8	0.977	9.016
	T58	马五$_7$	-33.4				0.999	12.730
乌审旗北	T51	马四	-42.1	-26.2			0.931	
	T52	马五$_{10}$	-41.7	-25.8	-24.6	-24.1	0.935	
神木	SHG97	马五$_{6-7}$	-45.9	-31.1	-28.5	-27.5	0.850	
	MT1	马四$_3$	-44.8	-27.7	-25.1	-23.8	0.943	1.300

1.3　高含硫天然气硫同位素特征

高硫天然气中 H_2S 的硫同位素偏重，数据分布集中，$\delta^{34}S$ 平均值为 22.67‰（表 3）；奥陶系盐下硫酸盐的硫同位素也变化不大，平均值为26.11‰，H_2S 与膏盐岩之间硫同位素差值在2‰ ~ 5‰之间，显示二者之间硫同位素分馏程度弱，表明 H_2S 中硫元素与盐下膏盐岩同源，H_2S 是膏盐

岩地层 TSR 反应的产物。根据前人研究成果，TSR反应中，硫同位素动力学分馏随着温度升高分馏作用减弱，当温度达到 200℃时，分馏量仅为10‰，并且这种趋势一直延续[11-13]，由此推测，盆地奥陶系盐下高含硫天然气的储层温度可能曾高于 200℃，这一推论与 JT1 井埋藏史、热演化史恢复分析相吻合。

表3　鄂尔多斯盆地奥陶系盐下 H_2S 和膏盐岩的硫同位素特征

井号	层位	样品类型	$H_2S/$ ($g \cdot m^{-3}$)	$\delta^{34}S/‰$	同位素分馏值/‰
TA38	马五$_9$、马五$_{10}$	H_2S	141.95	23.533	3.337
L108	马五$_6$	H_2S	—	22.603	4.267
T58	马五$_7$	H_2S	182.53	23.341	3.529
J11	马五$_6$	膏盐岩		25.794	—
J2	马五$_6$	膏盐岩		25.773	—

1.4 CO_2 碳同位素特征

盆地东部奥陶系盐下局部地区天然气显示高 CO_2 特征，如 LT2 井马三段、GP1H 井马四段等，本次研究通过 CO_2 含量及其碳同位素组成特征对高 CO_2 气藏中 CO_2 成因进行分析。如图 1 所示，CO_2 碳同位素分布于 $-12‰ \sim -2‰$ 之间，以重于 $-10‰$ 为主，CO_2 碳同位素组成与 CO_2 含量显示一定相关性，CO_2 含量越高，其碳同位素组成越重。有机成因 CO_2 含量低，$\delta^{13}C_{CO_2} < -10‰$；高 CO_2 天然气（CO_2 含量 >10%）$\delta^{13}C_{CO_2} > -8‰$，显示无机成因特征；$\delta^{13}C_{CO_2}$ 值介于 $-10‰ \sim -8‰$ 之间，表明 CO_2 具有有机、无机混合成因的特点。

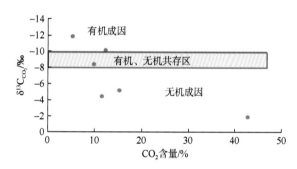

图1　盆地奥陶系盐下 CO_2 含量与 CO_2 碳同位素交会图

2 奥陶系盐下天然气成因判识

膏盐层具有优越的封盖性能，在多层系叠合分布的上覆膏盐层分隔下，广覆式分布的上古生界煤系源岩所生成的天然气难以倒灌进入盐下地层，不易形成上生下储的"煤成气"藏，即奥陶系盐下形成源内原生性气藏可能性大。

通过盐下天然气甲烷化系数与 $\delta^{13}C_1$ 交会图（图 2）可以看出，由盆地东北部到靖边—乌审旗地区，随着区域热演化程度升高，天然气甲烷化逐渐增大，甲烷碳同位素呈现显著变重趋势，显示热演化程度是天然气组分和甲烷碳同位素组成的主要影响因素，表明奥陶系盐下天然气藏具有原生性特点。鄂尔多斯盆地奥陶系盐下受 TSR

次生变化影响程度较弱的天然气 $\delta^{13}C_1$ 值平均为 $-39.6‰$（图 3），显著偏轻于上古生界和下古生界奥陶系顶部碳酸盐岩风化壳储层的"煤成气"（上古生界天然气 $\delta^{13}C_1$ 值为 $-30.8‰$，奥陶系顶部碳酸盐岩风化壳储层天然气的 $\delta^{13}C_1$ 值为 $-34.7‰$），显示奥陶系盐下天然气甲烷碳同位素显著偏轻是其自身属性的客观反映，成因类型不同于典型"煤成气"，属于自生自储的"油型气"，奥陶系盐下海相烃源岩是其主力烃源岩。

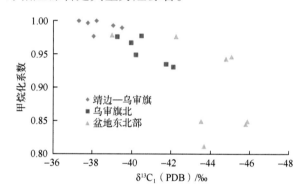

图2　鄂尔多斯盆地奥陶系盐下低含硫天然气甲烷化系数与 $\delta^{13}C_1$ 交会图

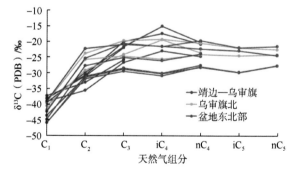

图3　鄂尔多斯盆地奥陶系盐下低含硫天然气组分碳同位素系列分布模式

天然气成因研究不仅要明确来自哪套烃源岩，尚需确认其属于干酪根裂解气还是原油裂解气。$\ln$（C_1/C_2）与 $\ln$（C_2/C_3）、$\ln$（C_2/C_3）与（$\delta^{13}C_2 - \delta^{13}C_3$）是干酪根裂解气与原油裂解气判识的经典图版。通过 $\ln$（C_1/C_2）与 $\ln$（C_2/C_3）天然气组分比值关系图可以看出（图 4），随着热演化程度增高，奥陶系盐下天然气 ln（C_1/C_2）与 ln（C_2/C_3）均增大，C_1/C_2 比值变化速度大于 C_2/C_3 比值，且在高热演化阶段 ln（C_1/C_2）大于 4 以后，随着 ln（C_1/C_2）比值增大，ln（C_2/C_3）变化较小，近于水平，显示干酪根裂解气特征。

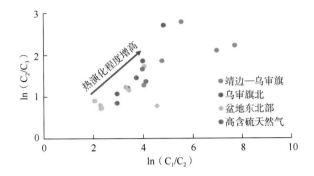

图 4 鄂尔多斯盆地东部奥陶系盐下天然气 ln（C_1/C_2）与 ln（C_2/C_3）关系图

由 ln（C_2/C_3）与（$\delta^{13}C_2-\delta^{13}C_3$）关系图可以看出（图 5），随着热演化程度增高，ln（C_2/C_3）与（$\delta^{13}C_2-\delta^{13}C_3$）均增大，且乙烷、丙烷碳同位素分馏程度增大趋势大于二者气组分变化速度，具有干酪根裂解气特征。由此表明，鄂尔多斯盆地奥陶系盐下天然气以自生自储油型干酪根裂解气为主，这一分析结果与奥陶系储层中少见沥青残留相对应。

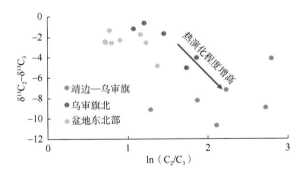

图 5 鄂尔多斯盆地东部奥陶系盐下天然气 ln（C_2/C_3）与（$\delta^{13}C_2-\delta^{13}C_3$）关系图

3 奥陶系盐下可能烃源岩分析

鄂尔多斯盆地奥陶系盐下自生自储油型气的产出表明奥陶系盐下发育有效海相烃源岩，奥陶系盐下海相烃源岩的再认识对于盐下天然气勘探潜力确认、成藏地质规律认知和勘探目标优选具有重要意义。

以区域构造、沉积背景为基础，结合大量岩心观察发现，鄂尔多斯盆地奥陶系盐下膏云坪相

带与膏盐岩不等厚互层分布的暗色泥质云岩、云质泥岩可作为气源岩，其有机碳含量（TOC）平均值为 0.35%，超过 40% 的样品 TOC 分布于 0.2%~0.3% 之间，TOC 大于 0.3% 的样品占 34.5%。该套气源岩原始母质类型以菌类、藻类为主，沉积水体盐度高，分层显著，还原环境，有利于有机质富集和保存，与其伴生的膏盐对于有机质生烃具有催化作用。因此，鄂尔多斯盆地奥陶系盐下海退期沉积的以马五$_6$亚段、马五$_8$亚段、马三段厚层（膏）盐为代表的蒸发岩与一定规模的泥质碳酸盐岩共生，可以构成盐下天然气藏的烃源岩层和盖层。奥陶系中组合马五$_6$亚段—马五$_{10}$亚段气源岩沉积厚度较薄，主要分布于 15~40m 之间，沉积中心由乌审旗—靖边—志丹—富县围绕东部盐洼呈半月形展布，西部厚，东部薄，古隆起东侧气源岩厚度大于东部盐洼。奥陶系下组合马一段—马三段膏云坪相气源岩平面展布连续稳定，沉积厚度较大，分布于 20~70m 之间，自西向东呈现减薄趋势。

除了与膏盐岩不等厚互层分布的暗色泥质云岩、云质泥岩可作为气源岩外，盆地东部马四段泥晶灰岩、泥晶生屑灰岩值得关注，这类岩性是四川盆地下二叠统栖霞组—茅口组碳酸盐岩烃源岩的主要岩石类型[14]。如图 6a、b、d 所示，盆地东部马四段泥晶灰岩晶间微孔、裂缝中可见黑色有机物质充填，图 6d 上部黑色有机质条带含少量灰质和生物碎片，图 6c 泥晶生屑灰岩中可见不完整的生物碎片，晶间微孔中黑色有机物质赋存，由此推测，泥晶灰岩中可能有原生性有机质赋存。

巢湖栖霞组碳酸盐岩烃源岩黏土矿物含量偏低，平均仅为 3.2%，黏土矿物含量与有机碳之间无明显的相关关系，显示较纯的碳酸盐岩仍能形成烃源岩[15]。JT1 井马四段纯碳酸盐岩剖面 TOC 分布于 0.13%~1.97% 之间（图 7），平均值为 0.44%，45% 以上统计样品 TOC 大于 0.3%，其间泥质纹层 TOC 可达 1.0% 以上，图 6a 所示泥晶灰岩样品水平层理发育，残余 TOC 为 0.51%。上述认识并不是说所有碳酸盐岩都可以形成烃源岩，不同类型碳酸盐岩有机碳含量存在显著差异，但是，细粒碳酸盐岩颗粒对于有机质富集的作用值得关注。另外，关于烃源岩评价也不宜生搬硬套指标界限，优越的天然气圈闭条件可能会适当降低有效烃源岩的下限值。

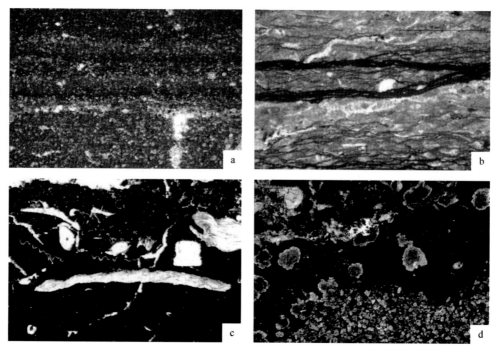

图6　马四段泥晶灰岩岩石矿物组成特征

a. 泥晶灰岩，水平层理发育，层间见分散有机质相对富集，铸体薄片；b. 泥晶生屑灰岩，裂缝充填有机质，普通薄片；c. 微晶生屑灰岩，
晶间微孔见黑色有机质赋存，铸体薄片；d. 斑状云灰岩，黑色有机质条带赋存，铸体薄片

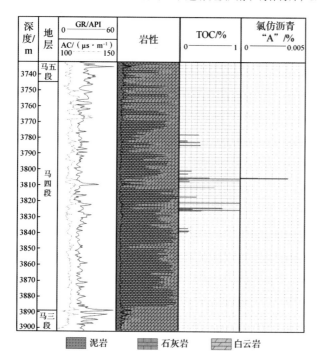

图7　JT1井马四段地球化学综合剖面

4 结 论

（1）鄂尔多斯盆地奥陶系盐下天然气组分以烃类气体为主，烃类含量平均为85%以上，烃类气体中甲烷占优势，除区域热演化程度较低的盆地东北部神木地区天然气显示"热解湿气"特征外，其余均以"高温裂解干气"为主。非烃组分主要包括 H_2S、N_2、H_2、CO_2 等，其中，盆地东部、北部局部区域盐下天然气中 CO_2 含量高，CO_2 显示无机成因特点；高含 H_2S 天然气主要产自盆地古隆起东侧膏盐下马五$_7$、马五$_9$亚段白云岩储层，是膏盐岩地层较强 TSR 反应的产物。

（2）根据 H_2S 气体含量和甲烷碳同位素组成特征，鄂尔多斯盆地奥陶系盐下天然气大致可分为两类：高含硫天然气和低含硫或不含硫天然气。低含硫或不含硫天然气的 $\delta^{13}C_1$ 值分布于 −45.9‰ ~ −37.29‰，平均值为−39.6‰，属于自生自储"油型气"，奥陶系（膏）盐下海相气源岩是其主力供烃源岩；高含硫天然气组分的碳同位素组成显著偏重，$\delta^{13}C_1$ 值平均为−34.8‰，$\delta^{13}C_2$ 值为−24.1‰，应该是储层围岩膏盐岩地层发生较强 TSR 反应的结果。ln（C_1/C_2）与 ln（C_2/C_3）、ln（C_2/C_3）与（$\delta^{13}C_2-\delta^{13}C_3$）相关关系分析显示，盆地奥陶系盐下天然气以干酪根裂解气为主，这一分析结果与奥陶系储层中少见沥青残留相对应。

（3）鄂尔多斯盆地奥陶系盐下自生自储油型气的产出表明奥陶系盐下发育有效海相烃源岩，奥陶系盐下海相烃源岩的再认识对于盐下天然气勘探潜力确认、成藏地质规律认知和勘探目标优选具有重要意义。奥陶系盐下膏云坪相带中与膏盐岩不等厚互层分布的暗色泥质云岩、云质泥岩和马四段泥晶灰岩、泥晶生屑灰岩等均可作为盐下天然气藏可供烃源岩，有待进一步开展工作，加强深入分析。此外，烃源岩评价不宜生搬硬套指标界限，优越的天然气圈闭条件可能会适当降低有效烃源岩的下限值。

参考文献

[1] 李建忠. 第四次油气资源评价[M]. 北京：石油工业出版社，2019.

[2] Dai J，Li J，Luo X，et al. Stable carbon isotope compositions and source rock geochemistry of the giant gas accumulations in the Ordos Basin，China[J]. Organic Geochemistry，2005，36：1617-1635.

[3] 夏新宇，赵林，李剑锋，等. 长庆气田天然气地球化学特征及奥陶系气藏成因[J]. 科学通报，1999，44（10）：1116-1119.

[4] 黄第藩，熊传武，杨俊杰，等. 鄂尔多斯盆地中部大气田的气源判识[J]. 科学通报，1996，41（17）：1588-1592.

[5] 戴金星. 中国煤成气研究 20 年的重大进展[J]. 石油勘探与开发，1999，26（3）：1-10.

[6] 杨华，刘新社. 鄂尔多斯盆地古生界煤成气勘探进展[J]. 石油勘探与开发，2014，41（2）：129-137.

[7] 杨华，张文正，昝川莉，等. 鄂尔多斯盆地东部奥陶系盐下天然气地球化学特征及其对靖边气田气源再认识[J]. 天然气地球科学，2009，20（1）：8-14.

[8] 杨华，包洪平，马占荣. 侧向供烃成藏：鄂尔多斯盆地奥陶系膏盐岩下天然气成藏新认识[J]. 天然气工业，2014，34（4）：19-26.

[9] 孔庆芬，张文正，李剑锋，等. 鄂尔多斯盆地奥陶系盐下天然气地球化学特征及成因[J]. 天然气地球科学，2019，30（3）：423-432.

[10] Hao Fang，Guo Tonglou，Zhu Yangming，et al. Evidence for multiple stages of oil cracking and thermochemical sulfate reduction in the Puguang Gas Field，Sichuan Basin，China[J]. AAPG Bulletin，2008，92（5）：611-637.

[11] Harrison A G，Thode H G. The kinetic isotope effect in the chemical reduction of sulphate[J]. Trans. Faraday Sco.，1957，53：1648-1651.

[12] Husain SA，Krouse H R. Sulphur isotope effects during the reaction of sulphate with hydrogen sulphide[C]//Robinson B W. Stable isotopes in the earth sciences. Department of Scientific and Industrial Research Bulletin，1978，220：207-210.

[13] Kiyosn Y，Krouse H R. The role of organic acid in the abiogenic reduction of sulfate and the sulfur isotope effect[J]. Geochemistry Journal，1990，24（1）：21-27.

[14] 黄籍中. 从页岩气展望烃源岩气：以四川盆地下二叠为例[J]. 天然气工业，2012，32（11）：4-9.

[15] 刘峰，蔡进功，吕炳全，等. 巢湖地区栖霞组碳酸盐烃源岩的形成及影响因素[J]. 中国科学：地球科学，2011，41（6）：873-886.

收稿日期：2021-08-31

第一作者简介：
孔庆芬（1977—），女，硕士，高级工程师，主要从事有机地球化学科研与生产工作。
通信地址：陕西省西安市长庆兴隆园小区
邮编：710018

Geochemical characteristics of subsalt gas in Ordovician of Ordos Basin and its geological significance

KONG QingFen, LI JianFeng, WU Kai, KONG LingYin, and LI ShanPeng

(National Engineering Laboratory for Exploration and Development of Low Permeability Oil & Gas Fields; Exploration and Development Research Institute of PetroChina Changqing Oilfield Company)

Abstract: With the continuous increase of exploration in the new areas and new series of strata, a breakthrough has been made in the natural gas exploration of the Ma5$_6$-Ma4 (O$_1$m$_5^6$-O$_1$m$_4$) Members under the (gypsum) salt in the Ordovician of Ordos Basin. The issues about the genesis and sources of the sub-salt gas has been attracted much attention. On the basis of clarifying the geochemical characteristics and genetic types of natural gas under Ordovician (gypsum) salt, the possible source rocks are analyzed by using geological and geochemical methods. The results show that the natural gas under Ordovician salt in Ordos Basin belongs to syngenetic oil-type gas; The carbon isotopic composition of high sulfur natural gas is significantly heavier than that of the conventional gas, which is related to the strong TSR reaction in the gypsum-salinastone strata of the reservoirs surrounding rocks; The sub-salt gas is mainly kerogen pyrolysis gas. This analysis result corresponds to the rare asphalt residue in the Ordovician reservoirs; The dark argillaceous dolomite and dolomite mudstone distributed with unequal thickness interbedding with the gypsum salt rocks in subsalt gypsum-dolomite tidal flat facies zone, and Ma4(O$_1$m$_4$) micritic limestone and micritic bioclastic limestone all can be possible source rocks in sub-salt gas reservoirs. These are worthy of further study and deep analysis.

Key words: Ordos Basin; Ordovician; subsalt; geochemical characteristics of natural gas; marine source rocks

鄂尔多斯盆地上古生界有机质热演化特征及对天然气成藏的控制作用

孔令印 [1,2]

（1. 低渗透油气田勘探开发国家工程实验室；2. 中国石油长庆油田分公司勘探开发研究院）

摘　要：对鄂尔多斯盆地实测镜质组反射率 R_o 值、地层温度、天然气组分和碳同位素资料进行分析，结果表明，鄂尔多斯盆地上古生界 R_o 值在平面上总体呈现由南部向北部逐渐降低的趋势，且存在多个高热演化中心，西缘冲断带受断裂发育的影响，平面上 R_o 值变化较大。纵向上，有机质演化呈现"两段式"特征，中生界有机质 R_o 值随埋藏深度的增大而缓慢增大，上古生界有机质 R_o 随埋藏深度的增大急剧增大，其原因可能是上古生界具有一定的隔热作用，以及构造运动作用的影响使地层温度在短时间内急剧升高。上古生界天然气 $\delta^{13}C_1$ 与有机质 R_o 之间的关系、$\delta^{13}C_1$ 与 $C_1/\Sigma C_n$ 之间的关系分析结果表明，天然气成藏不仅受烃源岩分布影响，而且受有机质热演化程度的控制，上古生界天然气在经历最大古地温时开始强烈生成并聚集成藏。

关键词：鄂尔多斯盆地；上古生界；有机质热演化；隔热性；天然气成藏

鄂尔多斯盆地处于华北陆块西缘，从晚古生代石炭纪本溪期开始持续下沉；中生代早期由于华北陆块与扬子陆块对接，华北陆块形成差异性沉降；早白垩纪之后，盆地整体抬升[1-2]。鄂尔多斯盆地演化史表明，从晚古生代到侏罗纪末，乃至早白垩世末基本稳定，上古生界有机质热演化程度应持续而渐进增大。但对盆地上古生界有机质热演化程度急剧变化分析认为，上古生界有机质热演化程度的变化主要受构造热事件的影响，且有机质热演化在一定程度上对上古生界天然气成藏起着控制作用[1]。有机质成熟度的评价方法有很多，包括镜质组反射率（R_o）、孢粉色变指数、T_{max}、H/C、古地温、碳同位素、时间温度指数（TTI）、生物标志化合物参数等指标，但目前最可靠的指标还是镜质组反射率。尤其是在鄂尔多斯盆地上古生界煤系地层中，腐殖型有机质占据了主导地位，镜质组含量高，测定的 R_o 值比较可靠，可以很好地反映有机质的热演化程度，有机质的热演化程度在一定程度上决定了生成天然气的地球化学特征[3]。任战利根据盆地构造演化与热演化史的研究认为，古生界烃源岩天然气的生成时间都较晚，生烃高峰期主要在中生代早白垩世，生烃高峰期较晚，有利于天然的成藏保存[4-5]。

1 上古生界有机质热演化特征

鄂尔多斯盆地上古生界二叠系太原组烃源岩有机质 R_o 值在平面上由南向北有规律地变化（图1），盆地伊陕斜坡带和西缘冲断带存在多个有机质热演化高值区，分布于盆地南部的延安周缘一带、平凉南部的龙2井周围、盆地西缘冲断带的西北部汝箕沟和苏峪口一带（R_o 值最高达 3.5% 以上），以延安周缘为中心向盆地北部逐渐降低，西缘冲断带受断裂发育影响，不同断块之间有机质成熟度变化较快，盆地整体处于高成熟—过成熟演化阶段。受构造、沉积、地热场等因素影响，盆地西缘冲断带靠近银川古隆起的任家庄气田、刘家庄气田、环县以西一些地区上古生界有机质热演化程度相对较低，下二叠统太原组有机质 R_o 值主要分布于 0.5%~0.8% 之间。

纵向上，古生界与中生界的有机质 R_o 值随埋藏深度呈两段式分布：古生界中有机质 R_o 值随埋藏深度增加而快速增大，并且普遍存在这种现象；中生界地层有机质 R_o 值随埋藏深度增加缓慢增大（图2），这一现象主要分布于盆地南部二叠系太原组（P_1t）有机质 R_o 值大于 1.5% 所分布的区域；靖边以北（陕参1井）古生界有机质 R_o 随埋藏深度增加而增大的程度比靖边以南（旬探1井）更剧烈。

2 上古生界有机质热演化的影响因素

造成鄂尔多斯盆地上古生界有机质 R_o 值随深度增加急剧增大的主要原因可能有：（1）有机质生烃或沉积—成岩条件变化引起活化能差异[6-7]；（2）有机质在一定温度下发生急剧缩合，造成 R_o 值随埋藏深度的非线形增大[8]；（3）异常压力对中生界有机质热演化的抑制作用造成了上

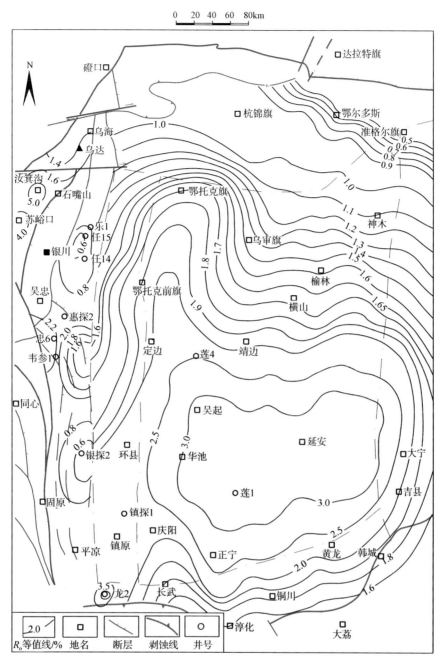

图 1 鄂尔多斯盆地上古生界有机质镜质组反射率等值线图

古生界有机质热演化急剧增大的假象；（4）下二叠统—石炭系泥岩、煤层具有隔热效应，热的传导在这些层内受阻；（5）急剧而相对较短的有效受热时间，使上下地层热的传导未达到均衡状态[9]。

镜质组反射率 R_o 受沉积和成岩作用过程中地球化学环境的影响，在还原环境中形成的镜质组相对富氢，反射率偏低，在相对氧化的环境中形成的镜质组相对贫氢，反射率偏高[10]。鄂尔多斯盆地中生界侏罗系为河流—沼泽相沉积，有机质热演化处于低成熟阶段，上三叠统延长组长 7 段以半深湖—深湖相沉积为主，有机质热演化处于成熟阶段，侏罗系泥岩、煤岩与延长组长 7 段

湖相泥岩有机质类型存在明显差别，但从侏罗系到三叠系，有机质热演化程度随埋藏深度呈线性变化。鄂尔多斯盆地下古生界奥陶系以滨浅海—潮坪相沉积的碳酸盐岩、泥质碳酸盐岩为主，有机母源主要为浮游藻类、疑源类等低等生物，有机质类型为Ⅰ型和Ⅱ$_1$型。上古生界以海陆交互相沉积的碎屑岩、煤岩为主，中下部太原组在一些地区发育过渡相的碳酸盐岩，有机质生源以高等植物为主，有机质类型为Ⅱ$_2$和Ⅲ型。中生界三叠系与侏罗系各段的沉积环境变化较大，有机质类型各不相同，而上古生界与下古生界的有机质类型和沉积环境的差异与中生界基本类似，上古

生界有机质 R_o 值与埋藏深度的关系表现为下古生界有机质 R_o 值与埋藏深度关系的延续与继承，有机质热演化程度未发生急剧的跃迁（图 2）。因此，沉积环境、有机质类型对鄂尔多斯盆地上

古生界有机质热演化，特别在高成熟—过成熟阶段的演化差异性影响并不明显，且上古生界中火山物质的存在也并未影响上古生界有机质热演化程度。

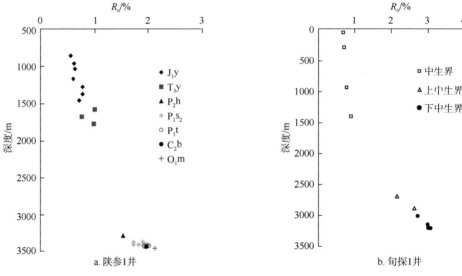

图 2　陕参 1 井、旬探 1 井有机质 R_o 随深度变化关系图

异常压力在沉积盆地中普遍存在，异常压力对有机质热演化的抑制作用与异常压力发育时期有关，早期发育的超压在有机质未成熟或低成熟阶段由于快速增载引起，对有机质热演化起到一定的抑制作用，而晚期发育超压是在烃源岩已达到相对较高的成熟阶段后才引起的，对有机质热演化不具有明显的抑制作用[8]。根据声波时差分析，鄂尔多斯盆地中生界烃源岩与上古生界烃源岩中均不同程度存有异常压力。对盆地南部富 2 井中生界连续厚达 40 多米的湖相泥岩进行分析，其流体以沥青为主，且呈"马鞍状"分布，排出受阻滞的泥岩抽提物外观、性质、流动性极似原油，其沥青质含量平均为 3.91%，非烃含量为 14.56%，芳香烃含量为 10.5%，饱和烃含量为 71.04%。表明鄂尔多斯盆地烃源岩异常压力是由于烃源岩中有机质大量生烃且排烃不畅造成的，超压对鄂尔多斯盆地有机质热演化的抑制作用相对较小或不明显。

鄂尔多斯盆地奥陶系、寒武系和元古宇主要发育碳酸盐岩、变质岩等，岩石导热性能相对较好，热导率较高，易于将深部热量传到上部的上古生界。而石炭系—二叠系中泥岩、煤、碳质泥岩等导热性能相对较差，热导率较低，具有一定的隔热作用。但伊陕斜坡庆深 1 井现今地层温度随埋深加大而线性增大（图 3），说明长时间的受热可使上下地层热传导达到一种相对均衡的

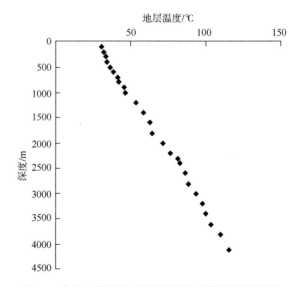

图 3　庆深 1 井现今地层温度与埋藏深度关系图

状态。

选取鄂尔多斯盆地井 1 井侏罗系延安组沼泽相煤岩（J_1y）、上三叠统延长组长 7 半深湖相泥岩（T_3y_7）、图 1 井下二叠统太原组煤岩（P_1t）3 个不同有机质类型的低成熟烃源岩进行热模拟实验（图 4），其中井 1 井长 7 半深湖相泥岩有机质类型为 II_1 型，每个温度点的受热时间基本相近。图中可见，虽然样品生成物具有明显的差别，但残渣的 R_o 值均随模拟温度的增大而增加，且 3 个样品变化规律基本类似，样品在受热均匀增加时 R_o 值也均匀增加，说明上古生界煤系烃源岩 R_o

值变化较大的原因很可能是深部热传导，而中生界 R_o 值随深度变化不大则很可能是上古生界煤系地层隔热造成的。

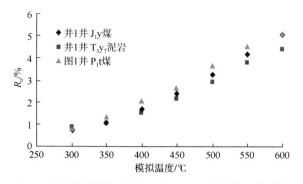

图 4　有机质镜质组反射率（R_o）与模拟温度关系图

鄂尔多斯盆地从晚古生代到早中生代为统一稳定的华北地块的一部分，晚石炭世到三叠纪持续沉积，印支运动发生前为一稳定台地。进入燕山运动早期，华北地区构造分异作用加剧，在北部阴山—燕山地区和东缘郯庐深断裂带见侏罗纪岩浆岩分布，但鄂尔多斯盆地的构造分异仍然不明显，也未见明显的岩浆活动[11-12]。燕山运动中晚期是华北地区晚古生代以来最重要的岩浆热事件发生时期，地壳深部热流机制发生变化，出现了异常高的古地温场[13-14]。鄂尔多斯盆地南部龙1井、龙2井钻探发现岩浆岩体侵入中侏罗统，引起该区古生界乃至中生界有机质热演化程度急剧增大，其中龙1井山西组有机质 R_o 值达到 3.75% 左右。盆地南部上古生界有机质热演化程度急剧增大，表明盆地南部岩浆活动较为强烈。从而说明盆地上古生界有机质热演化达到最大程度时并非完全为其埋藏深度达到最大程度，更可能是岩浆热液活动影响的结果。

鄂尔多斯盆地现今上古生界有机质 R_o 平面等值线图与现今莫霍面相态和现今地温等值线对比，存在明显不一致[9]。因此，古生界有机质热演化程度随埋深急剧增大是因为其受热温度远远高于中生界有机质的受热温度，不仅与上古生界具有隔热作用有关，而且应与鄂尔多斯盆地地热场在某一短时期内发生剧烈变化有关。

3 有机质热演化对天然气成藏的控制

天然气 $\delta^{13}C_1$ 和天然气甲烷化系数（$C_1/\Sigma C_n$）与其生成时有机母质的 R_o 有着密切的关系，随着 R_o 值增大，$\delta^{13}C_1$ 变重、$C_1/\Sigma C_n$ 增大。天然气运移也会造成 $\delta^{13}C_1$ 的变化，运移前方的 $\delta^{13}C_1$ 偏轻、$C_1/\Sigma C_n$ 增大，运移后 $\delta^{13}C_1$ 偏重、C_1/C_n 减小[15-16]。

对鄂尔多斯盆地上古生界山西组、石盒子组储层天然气 $\delta^{13}C_1$ 与 $C_1/\Sigma C_n$ 的关系进行分析，结果显示，随着 $\delta^{13}C_1$ 变重，$C_1/\Sigma C_n$ 值呈逐渐增大的趋势（图5）。天然气 $\delta^{13}C_1$ 与 $C_1/\Sigma C_n$ 的关系表明上古生界天然气地球化学特征不仅受烃源岩分布特征影响，而且受有机质热演化程度的控制，有机质热演化程度越高，$\delta^{13}C_1$ 越重，甲烷化系数越高，反之亦然。

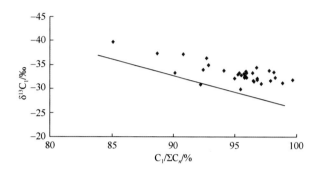

图 5　鄂尔多斯盆地上古生界天然气 $\delta^{13}C_1$ 与 $C_1/\Sigma C_n$ 关系图

对应层位天然气 $\delta^{13}C_1$ 与有机质 R_o 的关系如图6所示，大部分样品落入煤型气范围，少部分样品的 $\delta^{13}C_1$ 与 R_o 值的关系有一定偏差，原因可能是部分天然气发生了一定距离的运移或在运移过程中发生了次生变化。盆地中东部下二叠统太原组、山西组天然气和西缘冲断带天然气 $\delta^{13}C_1$ 与 R_o 的对应关系与热模拟法建立的 $\delta^{13}C_1$ 与 R_o 关系基本接近，表明上古生界在经历最大古地温时，天然气开始强烈生成并聚集成藏。

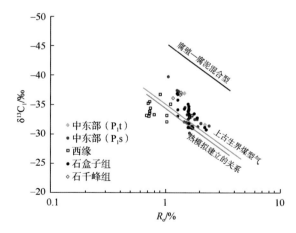

图 6　鄂尔多斯盆地上古生界天然气 $\delta^{13}C_1$ 与 R_o 关系图

4 结论与认识

（1）鄂尔多斯盆地上古生界烃源岩有机质热演化指数 R_o 值大体上以延安周缘为高热演化中心，向外围逐渐降低，并存在多个演化高值区，

R_o 值在西缘冲断带受逆冲推覆断裂的影响变化较大。

（2）不同于中生界，上古生界 R_o 值随埋藏深度增加快速增大，这可能是上古生界煤系地层的隔热性造成深部热量不能传导到上部地层的结果。

（3）上古生界天然气地球化学特征不仅受烃源岩分布特征影响，而且受有机质热演化程度的控制。天然气 $\delta^{13}C_1$ 与 R_o 的关系表明，上古生界天然气在经历最大古地温时开始大量生成并聚集成藏。

参考文献

[1] 杨俊杰. 鄂尔多斯盆地构造演化与油气分布规律[M]. 北京：石油工业出版社，2002.

[2] 任战利. 中国北方沉积盆地构造热演化史研究[M]. 北京：石油工业出版社，1999.

[3] 刘文汇. 沉积有机质的演化与天然气的形成[A]//第三届全国沉积学大会论文摘要汇编[C]. 2004：123-124.

[4] 任战利，张盛，高胜利，等. 鄂尔多斯盆地构造热演化史及其成藏成矿意义[J]. 中国科学（D 辑：地球科学），2007，37（S1）：23-32.

[5] 任战利，刘丽，崔军平，等. 盆地构造热演化史在油气成藏期次研究中的应用[J]. 石油与天然气地质，2008，29（4）：502-506.

[6] Hao Fang, Chen Jianyu. The cause and mechanism of vitrinite reflectance anomalies[J]. Journal of Petroleum Geology, 1992, 15（15）：419-434.

[7] Price L C, Baker C E. Suppression of vitrinite reflectance in amorphous rich kerogen—a major unrecognized problem[J]. Journal of Petroleum Geology, 1985, 8（1）：59-84.

[8] 李会军，吴泰然，郝银全，等. 异常压力对有机质的抑制作用及其石油地质意义[J]. 沉积学报，2004，22（4）：37-742.

[9] 李剑锋，马军，昝川莉，等. 鄂尔多斯盆地上古生界有机质热演化特征研究[C]. 中国地质学会，中国石油学会，中国矿物岩石地球化学学会. 全国有机地球化学学术会议，2009.

[10] 程顶胜. 烃源岩有机质成熟度评价方法综述[J]. 新疆石油地质，1998，19（5）：428.

[11] 杨遂正，金文化，李振宏. 鄂尔多斯多旋回叠合盆地形成与演化[J]. 天然气地球科学，2006，17（4）：494-498.

[12] 杨华，席胜利，魏新善，等. 鄂尔多斯多旋回叠合盆地演化与天然气富集[J]. 中国石油勘探，2006，11（1）：17-24.

[13] 刘新社，席胜利，付金华，等. 鄂尔多斯盆地上古生界天然气生成[J]. 天然气工业，2000，20（6）：19-23.

[14] 王红岩，张建博，陈孟晋，等. 鄂尔多斯盆地煤层气与深盆气的关系[J]. 天然气地球科学，2003，14（6）：456-458.

[15] 杨华，张文正，李剑锋，等. 鄂尔多斯盆地北部上古生界天然气的地球化学研究[J]. 沉积学报，2004，22（S1）：39-44.

[16] 戴金星，倪云燕，张文正，等. 中国煤成气湿度和成熟度关系[J]. 石油勘探与开发，2016，43（5）：675-677.

收稿日期：2021-08-13

作者简介：
孔令印（1993—），男，硕士，助理工程师，主要从事油气地质与地球化学研究工作。
通信地址：陕西省西安市未央区明光路 31 号
邮编：710018

Thermal evolution characteristics of organic matter in Upper Paleozoic of Ordos Basin and its control on gas SRCA-forming

KONG LingYin

(National Engineering Laboratory for Exploration and Development of Low Permeability Oil & Gas Fields;
Exploration and Development Research Institute of PetroChina Changqing Oilfield Company)

Abstract: The measured vitrinite reflectance R_o, formation temperature, natural gas composition and carbon isotope data in the Ordos Basin were analyzed. The results show that the R_o value of the Upper Paleozoic in the Ordos Basin presents a gradually decreasing trend from the south to the north on the plane, and there are multiple high thermal evolution centers. The west margin thrust belt is affected by the development of faults, and the R_o value changes greatly on the plane. Vertically, the evolution of the organic matter presents a "two-stage" characteristic. The R_o value of Mesozoic organic matter increased slowly with the increase of the burial depth; the R_o value of Upper Paleozoic organic matter increased sharply with the increase of burial depth. The reason may be that the Upper Paleozoic strata have a certain thermal insulation effect, and the influence of tectonic movement caused the strata temperature to rise sharply in a short period of time. The analysis of the relationship between the Upper Paleozoic natural gas $\delta^{13}C_1$ and organic matter R_o, and the relationship between the $\delta^{13}C_1$ and $C_1/\Sigma C_n$ indicate that the SRCA-formation of natural gas is not only affected by the distribution of source rocks, but also controlled by the degree of thermal evolution of the organic matter. The Upper Paleozoic natural gas began to generate intensively and to accumulate strongly to form gas SRCA when experiencing the maximum paleo-geothermal temperature.

Key words: Ordos Basin; Upper Paleozoic; thermal evolution of organic matter; thermal insulation effect; natural gas SRCA-forming

姬塬地区延长组长6、长8储层绿泥石
精细划分研究及意义

解古巍 [1,2]，王小琳 [3]

（1. 低渗透油气田勘探开发国家工程实验室；2. 中国石油长庆油田分公司勘探开发研究院；
3. 中国石油长庆油田分公司西安长庆化工集团有限公司）

摘　要： 针对延长组长6和长8砂岩储层开展了黏土矿物和绿泥石的精细划分。结果表明，长6和长8储层黏土矿物组合为高岭石、绿泥石、伊利石和伊/蒙间层，相对于传统方法，提取粒径大于10μm的悬浊液能更准确地反映储层黏土矿物面貌。酸化反应证明姬塬地区长6和长8储层中存在至少两种不同类型的绿泥石。X衍射和电子探针分析，确定研究区长6和长8储层中绿泥石为三八面体绿泥石，根据绿泥石 $d_{(001)}$ 和 $d_{(060)}$ 计算了 Al^{3+} 四次配位数和 Fe^{2+} 六次配位数，进而划分其主要类型是铁镁绿泥石、辉绿泥石和少量斜绿泥石。电子探针与X衍射法对绿泥石的精细划分结果基本吻合，证明了X衍射法的有效性和可行性，可进行推广。

关键词： 含铁量；绿泥石；X衍射；黏土矿物；姬塬地区

姬塬地区位于鄂尔多斯盆地中部偏西，北起红井子，南抵黄米庄科，西自史家湾，东到王盘山，东西宽80km，南北长62km，面积约为 $4.97 \times 10^3 km^2$。构造横跨伊陕斜坡和天环坳陷，其中延长组长6油层组（长6）和长8油层组（长8）是该区主力产油层，发育大面积储集砂体。

姬塬地区延长组长8油层组沉积时期属于半干旱—半潮湿气候条件、沉积水体微咸的河流—湖泊过渡沉积环境，发育曲流河三角洲沉积体系[1]。长8沉积期姬塬地区靠近沉积中心天环坳陷和伊陕斜坡的南部，受到来自鄂尔多斯盆地北部和西部物源的影响，发育巨厚陆源碎屑沉积[2]。长6油层组沉积期，姬塬地区主体属于东北部安边三角洲平原—前缘的水下延伸部分，其西南一隅发育另一个独立的小范围三角洲，属于环县三角洲前缘向湖盆延伸的远端部分，南部主体为前三角洲—浅湖沉积区[3]。

1 储层岩性及黏土矿物组成

铸体薄片分析资料表明，姬塬地区长6储层岩石类型以长石砂岩、长石岩屑砂岩和岩屑长石砂岩为主，长8储层岩石类型以岩屑长石砂岩和长石岩屑砂岩为主。据X射线衍射统计，长6储层黏土矿物含量为8.1%，长8储层黏土矿物含量为11.4%。按照中国石油行业标准 SY/T 5163—2018《沉积岩中黏土矿物和常见非黏土矿物 X射线衍射分析方法》，长6储层2μm黏土矿物提取物中，高岭石（Kao）、绿泥石（C）、伊利石（It）、

伊/蒙间层矿物（I/S）的含量分别为 20.3%、58.6%、5.6%、15.5%，长8储层2μm黏土矿物提取物中高岭石、绿泥石、伊利石、伊/蒙间层矿物含量分别为 18.5%、41.3%、10.9%、29.3%（图1）。

在扫描电子显微镜（SEM）下，研究区长6和长8储层的高岭石单晶呈假六方板状，集合体呈书页或蠕虫状，少量高岭石晶体边缘有卷曲丝缕化的现象，可能存在高岭石的伊利石化，但不具有普遍意义。高岭石主要以孔隙充填的形式产出，或是充填在长石等铝硅酸盐矿物溶蚀产生的次生孔隙中。长6和长8储层绿泥石形态包括叶片状和绒球状，大多数作为孔隙衬里或颗粒包膜方式产出的绿泥石具有叶片状结构，绒球状绿泥石相对少见，主要充填于孔隙中。另外，少部分长6储层铸体薄片中可以见到绿泥石膜被浸染呈褐色或黑色。伊利石常以片状、丝状、片丝状、毛发状或卷曲片状附着于碎屑颗粒表面，或者充填于粒间孔隙、次生溶蚀孔隙中。伊/蒙间层矿物具有较高的伊利石晶层含量，因而在形态上、产出方式上与伊利石类似。

鉴于在扫描电子显微镜下观察到大量粒径大于2μm的高岭石和绿泥石晶粒，笔者此前开展了大颗粒黏土矿物对黏土矿物X射线衍射定量分析影响的研究[4]，证实了粒径大于2μm的高岭石和绿泥石晶粒会造成储层中黏土矿物含量测定不准确，本次对姬塬地区长6和长8储层也开展了类似工作。研究发现（图1），长6储层10μm黏土

矿物提取物中高岭石、绿泥石、伊利石、伊/蒙间层矿物含量分别为27.8%、51.3%、6.7%、14.2%。长8储层10μm黏土矿物提取物中高岭石、绿泥石、伊利石、伊/蒙间层矿物含量分别为26.9%、36.8%、11.8%、24.6%。长8储层的黏土矿物含量高于长6储层。如图1显示，长6储层中绿泥石的含量明显高于长8储层，长6和长8储层中大颗粒黏土矿物均为高岭石，在扫描电镜和偏光显微镜下均可发现大量粒径为10μm以上的高岭石晶粒。研究区部分地区长6和长8储层中高岭石的实际含量要高于前人采用2μm提取物测试的黏土矿物含量数据，相应的绿泥石实际含量低于前人的数据，即便如此，绿泥石仍是研究区内长6和长8储层中含量最高的黏土矿物。

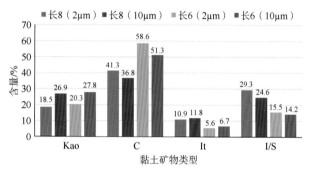

图1 姬塬地区长8和长6储层黏土矿物含量
（括号里的数字是提取粒径）

2 储层中的绿泥石

绿泥石在自然界中分布很广，是沉积岩、低级变质岩、水热蚀变岩中的主要矿物之一，也是热液蚀变作用的重要产物之一。绿泥石的形成方式主要有两种：一是直接从溶液中沉淀出来，二是交代原有的矿物（通常是铁镁质矿物）。广义的绿泥石族矿物指的是一种特殊的2:1型含水的层状铝硅酸盐矿物，也是一族单斜、三斜或正交（斜方）晶系的层状结构硅酸盐矿物的总称，可表示为 $Y_3[Z_4O_{10}](OH)_2 \cdot Y_3(OH)_6$，化学式中Y主要代表 Mg^{2+}、Fe^{2+}、Al^{3+} 和 Fe^{3+}，在某些矿物（如镍绿泥石、锰绿泥石、锂硼绿泥石等）中还可以是Cr、Ni、Mn、V、Cu或Li；Z主要是Si和Al，偶尔可以是 Fe^{3+} 或 B^{3+}。通常所称的绿泥石指阳离子主要为Mg和Fe的矿物种，一般结构式为：$(Mg, Fe, Al)_6[(Si, Al)_4O_6](OH)_8$，即斜绿泥石、鲕绿泥石等。还可根据 $Fe^{2+}:R^{2+}$（二价阳离子）比值和Si原子数的不同，再细分出诸如叶绿泥石、铁镁绿泥石、鳞绿泥石等亚种。

绿泥石在储层中一般有两种赋存状态：一是

呈包膜或孔隙衬里的绿泥石，多形成于较早成岩阶段，与富铁沉积环境有关；二是充填在孔隙中的绿泥石，可以呈几个世代，层层向孔隙中心生长，直至将孔隙充满为止，或者不具世代性直接充填。两种赋存状态的绿泥石在姬塬地区长6和长8储层中都有发育，且以第一种形式为主。黄思静等[5]认为孔隙环边衬里的自生绿泥石沉淀后会继续生长，因而在不同时间生长的绿泥石可具有不同的元素构成，相对早期的绿泥石较为富铁，相对晚期的绿泥石含铁量相对较低，从早期的32.73%降到晚期的3.31%（以FeO计）。这证明储层中存在不同类型的绿泥石，其含铁量的差异很明细，既可以反映成岩过程中储层微环境变化，也足以在储层开发过程中造成影响。

本次对研究区高含绿泥石储层中的黏土矿物进行充分提取，获得足量（约2g）黏土矿物提取物干样，经检测绿泥石含量超过90%。将提取物干样分成3份，一份直接进行X衍射非定向片测试，发现绿泥石均为三八面体绿泥石。另外两份分别用过量6mol/L的盐酸在50℃和70℃下恒温反应2小时，将反应的残余固体颗粒物用蒸馏水冲洗干净，干燥后分别作X衍射非定向片测试。结果表明，50℃酸化反应后的残余固体物中仍然存在少量绿泥石（图2中蓝色框位置是绿泥石的 $d_{(002)}$ 特征峰），这些绿泥石在70℃酸化反应中完全消失。这应是绿泥石类型差异造成的，虽然无法对50℃酸化反应残余固体物中的绿泥石进行准确定名，但证实了姬塬地区长6和长8储层中绿泥石至少有两种类型。上述酸化反应中并未产生 $Fe(OH)_3$ 沉淀物，结合前人的研究成果，推断可能产生了非晶态水合二氧化硅物质，反应后的酸液呈黄绿色，证明 Fe^{2+} 溶入酸液中。

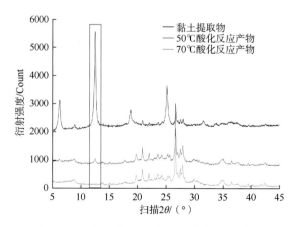

图2 黏土提取物及酸化反应产物的X衍射分析特征

3 绿泥石的含铁量及分类

X 衍射分析中不同的 d 值代表矿物晶体结构中不同的晶面间距，对姬塬地区长 6 和长 8 储层绿泥石的 X 衍射图谱研究发现，绿泥石 $d_{(004)}$ 的值从 0.3527nm 到 0.3541nm 不等反映这些绿泥石在晶体结构层面上存在差异。因为绿泥石晶体结构是固定的，造成晶面间距细微变化的主要因素就是金属阳离子，特别是铁离子的含量高低。根据矿物学数据库（Mineralogy Database）中绿泥石矿物电子探针资料，含铁量最高的为鲕绿泥石 29.43%，斜绿泥石、锰绿泥石、镍绿泥石的含铁量分别为 11.73%、9.53%、5.86%，还有部分绿泥石不含铁。杨雅秀[6]根据 Forster 分类，在全国范围内采集了斜绿泥石、叶绿泥石、铁镁绿泥石、辉绿泥石、蠕绿泥石、鲕绿泥石和鳞绿泥石等共 10 个不同地点层位的样品，测得其化学成分，经过计算发现 Fe^{2+} 的含量范围为 0.07% ~ 3.54%，Fe^{3+} 的含量范围为 0.06% ~ 0.42%，总含铁量为 0.15% ~ 3.89%，相差约 26 倍。因此研究储层中绿泥石的含铁量对储层评价和储层开发措施制订具有指导意义。

区分绿泥石种类最可靠而有效的方法首推化学分析法，但化学分析需要纯度很高的样品，而绿泥石纯样不容易得到，特别是大多数储层样品中黏土矿物含量都不高，经过提取富集仍然含有其他矿物颗粒。近年来，对绿泥石含铁量的测定都是利用电子探针[7-8]，但电子探针方法对样品要求高，成本高，不太适合大批量测试。

20 世纪 60 年代，国外学者尝试用 X 衍射法对绿泥石进行解析，开展绿泥石分类工作[9-10]。20 世纪 80 年代，国内学者开始运用相关方法开展研究，并取得了一些进展[11-12]。运用 X 衍射仪对绿泥石进行分类，比较一致认可的是 $d_{(001)}$、$d_{(060)}$ 两峰法——根据 b、c 参数的变化，即 $d_{(001)}$、$d_{(060)}$ 峰位的细微变动来确定绿泥石种类。Brindley 研究指出[13]，绿泥石的层面间距与四面体中 Al 的数量成正比，并存在下面一种线性关系式：

$$d_{(001)} = 14.55 - 0.29Al^{IV} \qquad (1)$$

式中　Al^{IV}——Al^{3+} 的四次配位数。

进而可以求得 Si 原子数。

Brindley & Macewam 研究认为，b_0 与八面体结构中的铁离子配位数成线性关系，叶大年将其优化为[11]：

$$b_0 = 9.19 + 0.03y \qquad (2)$$

式中　y——Fe^{2+} 的六次配位数。

进而可以求得 $Fe^{2+}:R^{2+}$。

由于电子探针分析不能区分 Fe^{2+} 和 Fe^{3+}，而 Fe^{3+} 在绿泥石总含铁量中一般占比不到 5%[14-15]，所以通常在绿泥石分类时以 FeO 代表总含铁量。X 衍射数据分析时，也会忽略掉 Fe^{3+}，全部做 Fe^{2+} 处理。根据 $Fe^{2+}:R^{2+}$ 比值和 Si 原子数在 Forster 分类图上投点（图3），姬塬地区长 8 和长 6 储层中绿泥石主要为铁镁绿泥石和辉绿泥石，X 衍射数据有两个点落在斜绿泥石区，电子探针数据有一个点落在蠕绿泥石区，斜绿泥石的含铁量明显低于其他 3 类绿泥石。X 衍射分析和电子探针分析数据分类结果基本吻合，说明 X 衍射法对绿泥石进行分类具有可操作性。但是电子探针数据的含铁量略高于 X 衍射数据，重合得不够好，这可能与本次测试的样品数量少有关。

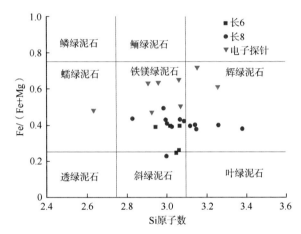

图 3　长 8 和长 6 储层绿泥石分类图[15]

姬塬地区长 8 储层绿泥石含量为 4.33%，略高于长 6 储层绿泥石含量（4.07%），但长 8 储层中绿泥石的含铁量明显高于长 6 储层，导致长 8 储层的酸敏强于长 6 储层。这与该地区储层酸敏实验结果比较符合，长 6 储层酸敏以改善型—弱酸敏—中等偏弱酸敏为主，长 8 储层的酸敏从无酸敏—强酸敏都有，以弱酸敏和中等酸敏为主，局部强酸敏。

精细划分储层中绿泥石类型，进而定量化绿泥石的含铁量有助于更准确分析储层敏感性的原因，无论是对储层评估还是储层开发措施的制订都具有重要的指导意义。还可以定性分析绿泥石形成的物理化学环境，相对富 Mg 的绿泥石指示相对氧化的环境，相对富 Fe 则形成环境更为还原[16]。

4 结论与认识

（1）姬塬地区长 6 和长 8 储层中的黏土矿

物组合为高岭石、绿泥石、伊/蒙间层、伊利石，粒径大于2μm的高岭石颗粒对黏土矿物相对含量分析有显著影响，提取粒径大于 10μm 的悬浊液进行 X 衍射分析，会造成高岭石含量增加、绿泥石含量降低，能更准确反映储层黏土矿物面貌。

（2）酸蚀反应实验证明姬塬地区长 6 和长 8 储层中存在至少两种不同类型的绿泥石，对储层中的绿泥石精细划分大有必要。

（3）X 衍射和电子探针分析确定姬塬地区长 6 和长 8 储层绿泥石为三八面体绿泥石，根据绿泥石 $d_{(001)}$ 和 $d_{(060)}$ 计算其 Al^{3+} 四次配位数和 Fe^{2+} 六次配位数，确定其主要类型是铁镁绿泥石和辉绿泥石，以及少量斜绿泥石。

（4）用 X 衍射方法评估绿泥石的含铁量，对绿泥石进行精细划分，其结果与电子探针方法测试结果吻合较好。但电子探针方法测得的含铁量明显较高，尚需更多数据研究二者的相关性。

（5）通过本次研究，拓展了 X 衍射仪在油田的功能应用，相对于其他方法，X 衍射法在开展黏土矿物分析过程中增加少量步骤就能完成绿泥石精细划分，具备批量测试推广的基础。

参考文献

[1] 罗顺社，银晓. 鄂尔多斯盆地姬塬地区延长组长 8 沉积相的研究[J]. 石油天然气学报（江汉石油学院学报），2008，30（4）：5-9.

[2] 王峰，王多云，高明书，等. 陕甘宁盆地姬塬地区三叠系延长组三角洲前缘的微相组合及特征[J]. 沉积学报，2005，23（2）：218-224.

[3] 王昌勇，郑荣才，韩永林，等. 鄂尔多斯盆地姬塬地区上三叠统延长组第六段高分辨率层序—岩相古地理[J]. 地层学杂志，2009，33（3）：326-332.

[4] 解古巍，叶美芳，黄静，等. 大颗粒黏土矿物对黏土矿物 X 射线衍射定量分析的影响[J]. 岩矿测试，2018，37（5）：500-507.

[5] 黄思静，谢连文，张萌，等. 中国三叠系陆相砂岩中自生绿泥石的形成机制及其与储层孔隙保存的关系[J].成都理工大学学报（自然科学版），2004，31（3）：273-281.

[6] 杨雅秀. 绿泥石族矿物热学性质的研究[J]. 矿物学报，1992，12（1）：36-44.

[7] 夏菲，孟华，聂逢君，等. 鄂尔多斯盆地纳岭沟铀矿床绿泥石特征及地质意义[J]. 地质学报，2016，90（12）：3473-3482.

[8] 戴朝成，刘晓东，饶强，等. 川中地区须家河组自生绿泥石成分演化及其形成温度计算[J]. 地质论评，2017，63（3）：831-842.

[9] Deer W A，Howie R A，Iussman J. Rock-forming minerals：Sheet silicates[J]. Longmans，1967：270.

[10]]Kimpe C D，Gastuche M C，Brindley G W. Ionic coordination in alumino-silicic gels in relation to clay mineral formation[J]. The American Mineralogist，1961，46：1370-1381.

[11] 叶大年，金成伟. X 射线粉末法及其在岩石学中的应用[M]. 北京：地质出版社，1984.

[12] 李佩玉. X 射线鉴定绿泥石方法及其意义[J]. 中国地质科学院南京地质矿产研究所所刊，1987，8（4）：14-23.

[13] Brindley G W，Brown G. Chlorite Minerals. The X-ray identification and crystal structures of clay minerals[M]. London：Mineralogical Society，1961：242-296.

[14] 潘燕宁，周凤英，陈小明，等. 埋藏成岩过程中绿泥石化学成分的演化[J]. 矿物学报，2001，21（2）：174-178.

[15] Foster M D. Interpretation of the composition and a classification of the chlorites[J]. US Geol. Surv. Prof. Pap.，1962，414A：1-33.

[16] 刘燚平，张少颖，张华锋. 绿泥石的成因矿物学研究综述[J]. 地球科学前沿，2016，6（3）：264-282.

收稿日期：2021-08-13

第一作者简介：
解古巍（1981—），男，硕士，高级工程师，主要从事 X 衍射、岩石矿物地层和古生物地层综合研究工作。
通信地址：西安市未央区凤城三路与明光路十字西北角
邮编：710029

Study on fine subdivision of chlorite in Chang6 and Chang8 reservoirs in Jiyuan area and its significance

XIE GuWei[1,2] and WANG XiaoLin[3]

(1. National Engineering Laboratory for Exploration and Development of Low Permeability Oil & Gas Fields;
2. Exploration and Development Research Institute of PetroChina Changqing Oilfield Company;
3. Chemical Engineering Group Co. Ltd. of PetroChina Changqing Oilfield Company)

Abstract: The fine classification of clay minerals and chlorite is carried out for the Chang6 and Chang8 sandstone reservoirs in Jiyuan area. The results show that the clay mineral assemblages of the Chang6 and Chang8 reservoirs are kaolinite, chlorite, illite and illite/ montmorillonite (or smectite) interlayers. Compared with the traditional method, the extraction of greater than 10μm particle-size suspension can more accurately reflect the appearance of the clay minerals in the reservoirs. The acidizing reaction shows that there are at least two different types of chlorite in the Chang6 and Chang8 reservoirs. It is determined by the X-ray diffraction and electron microprobe analysis that the chlorite in the Chang6 and Chang8 reservoirs in the study area is tri-octahedral chlorite. The coordination numbers of Al^{3+} corresponding to four opposite ions (or atoms) and Fe^{2+} corresponding to six opposite ions (or atoms) are calculated according to the chlorite $d_{(001)}$ and $d_{(060)}$. And then the main types are divided to be brunsvigite (Fe-Mg chlorite), diabantite and a small amount of clinochlore. The fine division results of chlorite by electron microprobe and X-diffraction are basically consistent, which proves the effectiveness and feasibility of X-diffraction, and it can be popularized.

Key words: Fe content; chlorite; X-ray diffraction; clay mineral; Jiyuan area

鄂尔多斯盆地中东部煤系气粉细砂岩储层特征

王素荣[1,2]，王怀厂[1,2]

（1. 低渗透油气田勘探开发国家工程实验室；2. 中国石油长庆油田分公司勘探开发研究院）

摘　要： 鄂尔多斯盆地上古生界煤系气具有较大的勘探潜力。在岩心、薄片鉴定、扫描电镜、压汞、物性、测井等资料的基础上，对煤系气粉细砂岩储层的岩石学特征、物性特征、孔隙类型与孔隙结构等特征进行了分析。明确了岩性组合控制粉细砂岩储层的差异性，不同组合对粉细砂岩储层孔隙结构的形成及差异化成藏均产生重要影响。砂煤组合中砂岩相对大的喉道半径更发育，配位数较多，孔隙结构较好，孔隙连通性较好。砂煤组合中粉细砂岩气测曲线发育连续齿化箱型、连续指型两类。砂煤组合易充注，含气性好，是有利的勘探组合，应成为煤系气勘探的重点。

关键词： 鄂尔多斯盆地；煤系气；粉细砂岩；储层特征

煤系气泛指煤系地层中赋存的各类天然气，包括煤层气、致密砂岩气、页岩气等。经估算，鄂尔多斯盆地上古生界煤系气地质资源量约 $20 \times 10^{12} m^3$，勘探潜力巨大，是下一步天然气勘探接替领域。两年来，中国石油长庆油田分公司针对鄂尔多斯盆地上古生界煤系地层开展了现场含气量评价及直井试气研究，证实煤系地层普遍含气，具有较大勘探潜力。

鄂尔多斯盆地上古生界煤系气主要分布在煤层厚度较大的中东部地区，纵向上包括石炭系本溪组、二叠系太原组和山西组，为海陆过渡相—陆相沉积，煤层、暗色泥岩、致密砂岩互层分布，气测活跃。其中，上古生界煤系地层中的中粗粒致密砂岩气已规模开发。本次研究对象是盆地中东部地区上古生界煤系地层中的粉细砂岩储层，从储层岩石类型、物性特征、孔隙结构等方面进行分析，煤系地层砂煤组合孔隙结构好，易于充注，含气饱和度高，是有利的勘探组合，为煤系气勘探的重点。

1 区域地质概况

鄂尔多斯盆地是在太古宙—古元古代结晶基底基础上发展而来的稳定沉降、坳陷迁移、扭动明显的多旋回叠合克拉通盆地，是中国第二大沉积盆地[1-2]，其形成经历了 3 个发展阶段：早古生代差异升降阶段、晚古生代—中生代整体掀斜阶段和新生代断陷盆地[3]。

伊陕斜坡也称为陕北斜坡，主要形成时期为早白垩世，整体呈西倾单斜，倾角不到 1°。伊陕斜坡晚元古代—早古生代早期为隆起剥蚀区，到中晚寒武世开始接受海相沉积，发育了一套厚550 ~ 1000m 的海相沉积。中奥陶世—早石炭世再次抬升剥蚀，晚石炭世开始接受海陆交互相及陆相沉积。晋西挠褶带同伊陕斜坡相同，中晚元古代—古生代一直处于相对隆起的状态，仅在中晚寒武世、早奥陶世、中晚石炭世—早二叠世各发育厚约 100 ~ 200m 的沉积。侏罗纪末期再次抬升，受盆地基底断裂及燕山运动的影响，成为现今鄂尔多斯盆地东部边界。

上古生界顶部与中生界整合接触，底部与下古生界平行不整合接触，中间缺失中上奥陶统、志留系、泥盆系及下石炭统，上古生界内部连续沉积，均为整合接触，经历了由海到陆、从河到湖的沉积环境转变。地层自下而上发育石炭系本溪组、二叠系太原组、山西组、下石盒子组、上石盒子组与石千峰组。本溪组为鄂尔多斯盆地晚古生代初期沉积物，主要以充填物形式沉积在风化面较低凹的部位，沉积厚度为 15 ~ 70m，总体呈现东厚西薄特征。早期主要发育生物碎屑泥晶灰岩与碳质泥岩、泥岩及煤不等厚互层，水平纹层比较发育，生物搅动明显；后期地壳整体下降，海水进侵，海平面上升，形成了基底波状起伏的局限浅海环境。之后，伴随着海平面下降与海水退却，局部地区沼泽化，沉积一套砂质泥质，发育铝土岩和泥炭层。

太原组连续沉积于本溪组之上，地层展布范围较本溪组明显扩大。太原组主要受分布范围较广的潮坪及滨浅海沉积环境控制，发育一套海陆交互沉积的三角洲平原—潮坪相泥岩、碳质泥岩、石灰岩、煤层及发育程度不等的砂岩互层。岩性主要为泥晶生物灰岩、灰黑色—黑色泥岩，砂质泥岩及灰白色石英砂岩、煤。

山西组以陆相沉积为主，发育一套三角洲前缘—间湾沼泽—湖泊环境的碎屑沉积，沉积厚度为 30～120m，总体呈现东西两侧偏厚、中部偏薄的特征。岩性主要为灰白色石英砂岩、粉砂岩及深灰色—灰黑色泥岩或砂岩泥岩之间的过渡岩性互层，中间夹杂薄厚不一的煤层或煤线组合。与其他地层泥岩相比，山西组泥岩颜色更深、质纯、较软，见大量植物碎片化石。

勘探开发实践表明，研究区上古生界含气地层包括石炭系本溪组和二叠系太原组、山西组，具有典型的多层系含气特征。从垂向上看，本溪组、太原组及山西组形成了自生自储的生储盖组合。

2 煤系气储层特征

2.1 岩石类型

铸体薄片观察表明，储层岩石类型主要为岩屑砂岩、岩屑石英砂岩和石英砂岩（图 1），从本溪组到山西组，石英、长石含量相差不大，石英平均含量为 70%～85%，长石含量为 2%～3%。岩屑以变质岩岩屑和火成岩岩屑为主，其他岩屑含量较少，岩屑含量随着粒度减小而增加。填隙物平均含量为 15%～20%，杂基和胶结物的含量相差不大，平均含量主要为 6%～8%。胶结物以方解石、高岭石、伊利石、白云石、铁白云石、铁方解石、菱铁矿和硅质为主。黏土矿物以丝缕状、搭桥状伊利石，书页状高岭石、绿泥石为主。胶结类型以孔隙式胶结为主，发育少量孔隙—基底式胶结；分选以中等或中等—差为主，磨圆度绝大部分为次圆状，支撑类型多为孔隙和颗粒支撑，接触方式多为凹凸式接触。

2.2 物性特征及孔隙类型

煤系地层粉细砂岩储层的物性测试显示，其孔隙度为 2%～6%，平均值 4.22%，渗透率分布范围为 0.01～0.3mD，平均值为 0.142mD（图 2），属于典型的超低渗透—致密储层，局部具有相对高孔高渗特点。

煤系地层砂岩中石英等刚性颗粒含量相对较少，塑性颗粒含量相对较高，在上覆地层的机械压实作用下，原生孔隙遭到破坏，仅保留少量残余原生孔隙，可见云母类矿物发生强烈扭曲变形，强烈的压实作用使刚性颗粒内部产生微裂缝。本

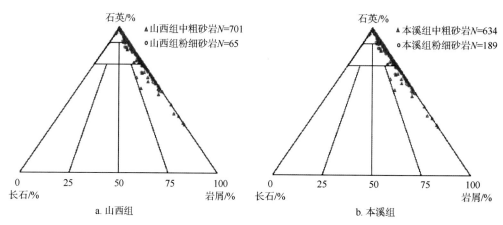

图 1　盆地中东部山西组、本溪组中粗砂岩、粉细砂岩岩矿成分三角图

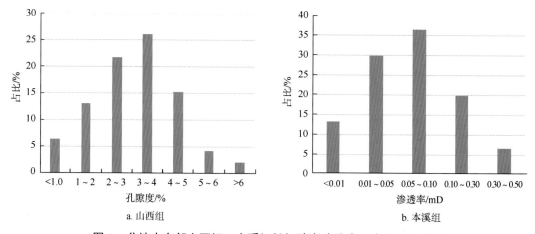

图 2　盆地中东部山西组、本溪组粉细砂岩孔隙度和渗透率分布图

溪组、太原组和山西组均属于含煤地层，在埋藏过程中会产生大量的腐殖酸，促使地层水偏酸性，为砂岩中长石等不稳定矿物及胶结物溶蚀提供充足的酸性介质来源。铸体薄片下，高岭石晶间孔、长石、岩屑等溶蚀形成的粒内溶孔和粒间溶孔

（图 3）是砂岩中主要的储集空间类型。研究区储层胶结作用强烈，包括以铁白云石为主的碳酸盐类矿物胶结作用、以伊利石为主的黏土矿物类胶结作用，以及石英颗粒次生加大等硅质矿物的胶结作用。

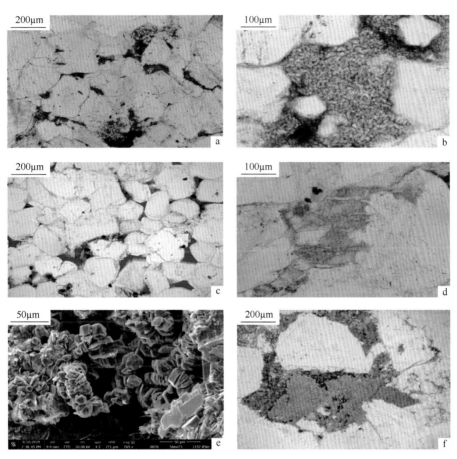

图 3　盆地中东部山 2 段、本溪组砂岩孔隙类型图

a. SP1 井，山 2₃，2513.50m，粒间溶孔；b. L44 井，本溪组，2785.86m，高岭石晶间孔；c. S109 井，本溪组，2383.87m，粒间溶孔；
d. S107 井，本溪组；2735.85m，长石溶孔；e. S75 井，本溪组，2157.85m，高岭石晶间孔；f. S114 井，山 2₂，2246.19m，岩屑溶孔

2.3 孔隙结构特征

与粗砂岩相比，粉细砂岩排驱压力中等（图 4），分布范围为 0.4 ~ 2.0MPa，孔喉半径较小，大部分小于 0.05μm，少量分布于 0.05 ~ 0.5μm，进汞饱和度低，分布范围为 35% ~ 70%，曲线水平为一般—较差，分选系数较差，分布范围为 1.5 ~ 3.0。

3　组合类型及特征

前人对于含煤岩系生储盖组合及煤系气发育模式进行了相关研究，煤岩和泥页岩都可为致密砂岩气藏提供气源，致密砂岩与烃源岩之间往往相互叠加形成三明治形储盖配置，互为盖层[4-5]。致密砂岩气、页岩气和煤层气的储层分别为致密砂岩、泥页岩和煤层，因而探讨致密砂岩气、页

岩气、煤层气的共生组合模式，本质上需要探讨致密砂岩、泥页岩和煤层的纵向叠置关系。

纵向上，粉细砂岩与煤岩、泥页岩两类烃源岩接触，按照接触关系分为砂泥组合和砂煤组合两种类型。这两种组合对粉细砂岩储层孔隙结构的形成及差异化成藏均产生重要影响。恒速压汞和聚焦离子束电镜测试结果表明（图 5），砂泥组合细粒砂岩储层孔隙较少发育，配位数为 1，连通性较差。砂煤组合细粒砂岩储层孔隙较为发育，存在配位数大于 1 的孔隙，连通性相对较好。

填隙物含量统计显示，砂泥组合细粒砂岩菱铁矿含量较高，菱铁矿充填孔隙与喉道，为成岩早期弱碱还原环境下的产物。砂煤组合成岩早期流体呈酸性，致使砂煤组合早期碳酸盐胶结物含量少；煤层热演化使得中酸性流体浓度增大，长

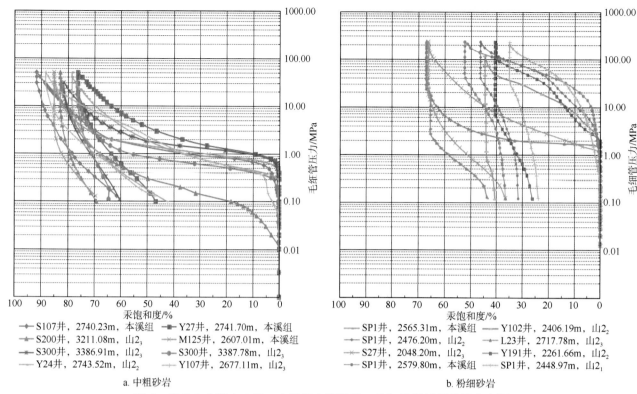

图 4 盆地中东部山 2 段、本溪组中粗砂岩、粉细砂岩压汞曲线分布图

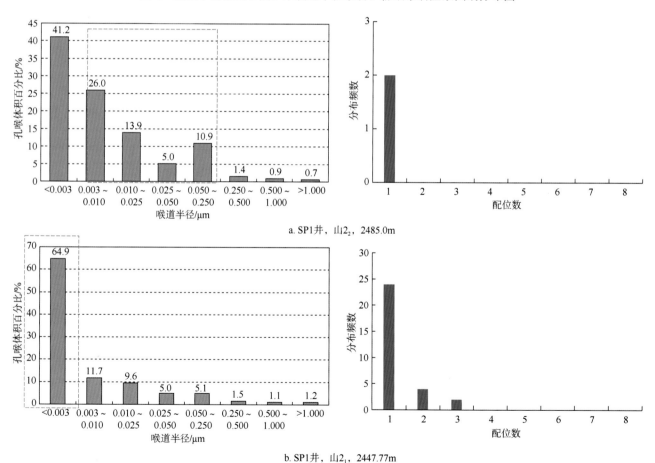

图 5 盆地中东部恒速压汞和配位数分布直方图

石发生溶蚀，形成一定量的高岭石和硅质，高岭石含有一定量的晶间孔，有利于增加储层的储集空间，石英胶结有利于提高储层脆性。

砂煤组合的粉细砂岩气测异常明显，易于充

注，含气性好。按曲线形态将气测曲线分为连续齿化箱型、连续指型和孤立型 3 类。

连续齿化箱型：气测曲线连续，幅度高，在气测峰值部分齿化，气测峰值和基值都较高。发育在煤层层数多、单砂体厚度相对大（单砂体厚度大于 5m）的砂煤组合地层中。

连续指型：气测曲线连续，峰值高，基值低，曲线呈指形分布，气测比高。发育在煤层层数多、砂体单层厚度小（单砂体厚度小于 3m）的砂煤组合地层中。

孤立型：气测曲线不连续，呈孤立状，气测值极低。主要发育在煤层不发育的砂泥组合中，在砂岩储层孔隙结构较好段，有少许气测显示。

4 勘探效果

煤系地层砂煤组合储层孔隙结构好，易于充注，含气饱和度高，是有利勘探组合，应作为煤系气勘探的重点。

按照"煤系气整体评价，突出粉细砂岩"的勘探部署原则，针对本溪组和山 2 段优选勘探目标区。优选了煤层、泥页岩累计厚度较大，成熟度较高（R_o 大于 1.6%），以及砂岩厚度大、埋深浅（小于 2500m）的榆林南为山西组有利区块。M67 井发育 6 套煤层，厚 6.5m，是多煤地层；气测活跃，为连续齿化箱型，反映煤层和砂岩储层含气性好，发育 3 套砂岩组合、2 个砂煤组合、1 个砂泥组合。M155 井钻遇砂岩 3.5m，试气获 714m³/d。M148 井气测异常活跃，含气性好；钻遇含气层 4.5m，试气获气显示，产水 2.4m³/d。结果显示，有利区内单井气测异常活跃，含气性好，但单砂体厚度小，建议部署大斜度井以提高砂煤组合钻遇率，提高此类气藏单井产量。

5 结 论

（1）煤系地层形成于陆相与海陆交互沉积环境，旋回性极强，造成煤系气粉细砂岩储层岩石类型多样，主要为岩屑砂岩、岩屑石英砂岩、石英砂岩。储层排驱压力中等，孔喉半径较小，进汞饱和度低，曲线水平为一般—较差。煤系气储层属于典型的超低渗透—致密储层，局部相对高孔高渗。

（2）岩性组合控制粉细砂岩储层的差异性，

砂煤组合成岩早期流体呈酸性，致使砂煤组合早期碳酸盐胶结物含量少；后期煤层热演化使中酸性流体浓度增大，长石发生溶蚀，形成一定量的高岭石和硅质，高岭石含有晶间孔，有利于增加储层的储集空间，硅质胶结有利于提高储层脆性。砂煤组合的砂岩相对大的喉道半径更发育，配位数较多，孔隙连通性较好。

（3）砂煤组合的粉细砂岩气测异常明显，易充注，含气性好，是有利勘探组合。发育两种气测曲线，连续齿化箱型气测曲线连续，幅度高，在气测峰值部分齿化，气测峰值和基值都较高，发育在煤层层数多、单砂体厚度相对大（单砂体厚度大于 5m）的砂煤组合地层中。连续指形气测曲线连续，峰值高，基值低，气测比高，发育在煤层层数多、砂体单层厚度小（单砂体厚度小于 3m）的砂煤组合地层中。

参考文献

[1] 杨俊杰，裴锡古. 中国天然气地质学[M]. 北京：石油工业出版社，1996.

[2] 王禹诺，任军峰，杨文敬，等. 鄂尔多斯盆地中东部奥陶系马家沟组天然气成藏特征及勘探潜力[J]. 海相油气地质，2015，20（4）：29-38.

[3] 李浩，黄薇，何剑，等. 鄂尔多斯盆地宜川富县地区古生界天然气勘探潜力分析[J]. 西安石油大学学报，2011，26（2）：39-43.

[4] 侯启军，魏兆胜，赵占银，等. 松辽盆地的深盆油藏[J].石油勘探与开发，2006，33（4）：405-411.

[5] 杨玉华. 三肇凹陷扶杨油层凹陷区上生下储式源储组合油分布规律及其控制因素[J]. 大庆石油学院学报，2009，33（2）：1-5.

（英文摘要下转第 29 页）

收稿日期：2021-08-13

第一作者简介：
王素荣（1977—），女，硕士，高级工程师，主要从事储层微观特征研究方面的工作。
通信地址：陕西省西安市未央区凤城四路
邮编：710018

鄂尔多斯盆地中生界长7烃源岩生排烃特征及地质意义

杨伟伟[1,2]，常　睿[1,2]

（1. 低渗透油气田勘探开发国家工程实验室；2. 中国石油长庆油田分公司勘探开发研究院）

摘　要： 烃源岩生排烃特征研究对于油气富集成藏机理研究至关重要，同时也推动了油气勘探进展。为推动源内非常规石油勘探进展，加大烃源岩评价力度，开展了烃源岩生烃热演化模拟实验、烃类评价实验、游离烃提取实验及吸附烃研究实验等多项基础研究。结果表明，长7优质烃源岩产烃率高、产出流体性质好、生排烃动力强，为中生界低渗透—致密储层油气富集奠定了重要的物质基础。排烃时间长、效率高使排烃作用产生的地球化学效应明显，不仅滞留烃与排出烃性质、特征差异显著，滞留烃中的游离烃与吸附烃也存在明显差异。鄂尔多斯盆地页岩油勘探开发快速发展对烃源岩提出精细化研究的要求，下一步要围绕不同类型、不同品质烃源岩与不同类型储层深入开展基础性、试验性地质研究，为页岩油勘探开发奠定理论基础。

关键词： 烃源岩；生烃；排烃；中生界；鄂尔多斯盆地

烃源岩的生烃和排烃作用对油气的生成、运移和聚集成藏有着至关重要的作用，大量的油气勘探实践和含油气盆地烃源岩有机地球化学研究表明，富有机质的优质烃源岩层往往对油气的大规模聚集起着关键作用[1-4]。特别是对于低渗透—致密储层来说，由于喉道细小、毛细管阻力大、油水分异困难，对烃源岩的要求更高。随着中国页岩油勘探开发的逐渐深入，源外勘探逐渐向源内勘探转变，烃源岩精细评价更为重要。勘探实践与以往研究表明，鄂尔多斯盆地中生界丰富的低渗透—致密石油资源与上三叠统湖相富有机质烃源岩层（长7）的大规模发育有着密切的关系[5-6]，烃源岩层系与致密储层大面积紧密接触，依靠垂向和短距离侧向运移[7-8]。盆地长7烃源岩具有整体生烃特征，底部更是发育了厚度高达30m以暗色泥岩和黑色页岩为主的烃源岩[10]，其在早白垩世中晚期开始大量生排烃，这些共同主导着页岩油的富集。10亿吨级庆城大油田的发现[10-11]进一步印证了烃源岩质量对源内非常规油藏富集的重要性。因此，加强对有效烃源岩生排烃特征及其地质意义研究，对指导源内非常规石油勘探意义重大。

1　地质概况

鄂尔多斯盆地位于中国北部，是发育在华北克拉通上的中生带叠合型沉积盆地，面积约为$25×10^4 km^2$，是全国第二大沉积盆地[12-13]。盆地总体形态为东缓西陡的不对称单斜，构造相对稳定，地层平缓[14-15]，发育晋西挠褶带、伊陕斜坡、天环坳陷、西缘逆冲带、渭北隆起及伊盟隆起等六大构造单元。三叠系延长组是一套内陆河流相—三角洲相—湖泊相碎屑岩系，发育长1—长10共10个油层组[15-16]。其中长7油层组沉积时期为湖盆发育顶峰时期，湖盆面积达到最大，湖水深且气候温暖潮湿，有机质来源丰富，主要沉积了一套深湖—半深湖相暗色泥岩、黑色页岩[11]。该油层组厚度大，横向分布范围广，纵向上储集砂体发育，烃源岩生烃强度大，生烃膨胀作用强，使得其具有高排烃效率[5-6,17]。

2　生烃热演化特征

2.1　烃源岩地球化学特征

烃源岩有机地球化学测试资料表明，长7优质烃源岩样品的有机质丰度为高—极高，全盆地158个井下样品的平均TOC为13.75%（图1），残留氯仿沥青"A"大都分布于0.6%~1.2%之间，最高可达2%以上，平均氯仿沥青"A"为0.8960%。热解生烃潜量为30~50kg/t，最高可达159.76kg/t，平均生烃潜量达43.58kg/t。热解S_1值主要为1~7mg/g，平均为3.76mg/g。同时也具有高生烃潜量、高类型指数（S_2/S_3大于40），较高的氢指数（IH为$200×10^{-3}~400×10^{-3}$）和低氧指数（IO小于$5×10^{-3}$）的特征，反映其母质类型以II_1型为主。

长7优质烃源岩干酪根以无定形类脂体为主（图2），偶见刺球藻和孢子，组分单一。在紫外光激发下，清晰可见沿层理分布的细条状发亮黄

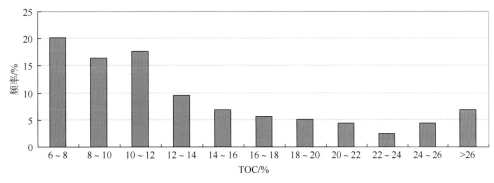

图 1 长 7 优质烃源岩 TOC 频率分布图

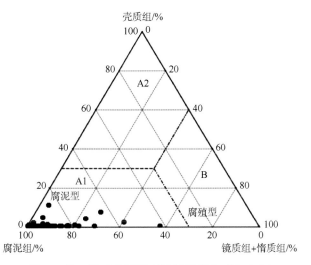

图 2 长 7 优质烃源岩干酪根显微组成三角图

色荧光的类脂体，以及分散状和条带状黄铁矿。因此，长 7 优质烃源岩干酪根的母质来源为藻类等湖生低等生物。

2.2 烃源岩生烃特征

烃源岩地球化学研究表明，长 7 优质烃源岩形成于深水、强还原、淡水—微咸水的陆相湖泊环境，生物来源单一，以低等水生生物为主，具有贫稳定碳同位素 ^{13}C、姥鲛烷植烷均势—植烷优势、低伽马蜡烷等特征，有机母质类型为Ⅰ—Ⅱ$_1$型。

由于长 7 优质烃源岩在盆地大部分地区均已达到成熟—高成熟早期演化阶段（R_o 为 0.9%～1.15%，T_{max} 为 445～455℃），因而仅能在盆地西缘逆冲带上盘取到低成熟样品。张文正等对 JⅡ-674 井长 7 优质烃源岩样品的热模拟实验大致说明了长 7 烃源岩的生烃演化特征，但由于当时设备条件有限，热模拟装置的加热、密封、收集等功能都不够完善，实验数据可能会有偏差[5]。本次研究利用自主研发的高温高压生排烃热模拟实验装置对 G43 井长 7 烃源岩（1975.9m）进行评价，样品 TOC 为 5%，R_o 为

0.49%，有机显微组分富类脂组，干酪根 $\delta^{13}C$ 为 −29.53‰。该样品有机质丰度相对于 J674 井样品偏低，但母质类型与盆地内部烃源岩相似，具有代表性。

为了较系统地观察其生油过程，生烃模拟实验缩小低温阶段的实验温度间隔。模拟实验采用密闭式温压釜—产物收集计量系统，同时采用低温冷冻法（电子冷井装置）对模拟产物（油、气、水）进行分离、收集与计量，结果见图 3、图 4。

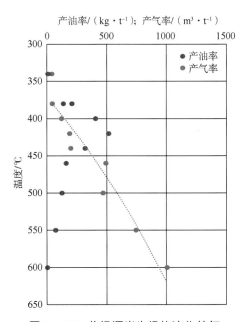

图 3 G43 井烃源岩生烃热演化特征

模拟实验结果表明，长 7 优质烃源岩热演化生烃具有以下特征：（1）在低成熟演化阶段（温度低于 420℃，R_o 为 0.55%～1.30%）生成的烃类中，以液态烃为主，气态烃含量相对较少，进入高成熟演化阶段以后（温度高于 440℃），液态烃大量裂解成气态烃；（2）产烃率较高，液态烃产出高峰为 400～440℃（R_o 为 0.71%～1.30%），产率高于 500kg/t（相关实验结果未出），模拟温度

a. 340℃　　b. 380℃　　c. 400℃　　d. 420℃　　e. 440℃　　f. 460℃　　g. 500℃

图4　G43井不同热模拟温度产生的热解液态烃

600℃的气态烃产率可达 900m^3/t，生烃过程中气体的产出有利于流体流动；（3）氯仿沥青"A"产率先达到峰值，随后逐步热降解（热裂解）为轻质油，轻质油的产出高峰在 420℃（R_o 为 1.3%），产率达 500kg/t；（4）低温阶段生成的气态烃中富含 C_{2+} 组分，$C_{2+}/C_1 \geqslant 1$，与油田伴生气富含 C_{2+} 组分的特征一致；（5）热模拟实验中 CO_2 的产出量相对较低，反映出干酪根结构具贫含氧基团的特征，这与其强还原的沉积环境相吻合；（6）C_{14-} 组分占液态烃的比例随热模拟温度的升高而增大，生烃高峰期所产生的烃类中油多水少，流体性质好，属于富烃优质流体。

3 排烃特征

鄂尔多斯盆地中生界优质烃源岩排烃效率高、排烃时间长，地质色层效应累积，导致烃源岩可溶有机质性质与原油性质差异明显，强排烃的地球化学效应显现。

3.1 高产油率与低氯仿沥青"A"转化率

长 7 优质烃源岩的高累计产油率与低—较低的氯仿沥青"A"转化率存在明显反差，尤其 TOC 大于 10% 的样品，其氯仿沥青"A"转化率仅为 5% 左右（图 5）。这些特点与腐泥型为主的有机母质、已达生油高峰的热演化程度（R_o 为 0.85%~1.09%）等特征明显矛盾。因此，长 7 优质烃源岩所表现出的低氯仿沥青"A"和烃转化率并不能反映其真实的产烃能力，而是反映烃源岩已发生强烈的排烃作用。

3.2 残留烃中极性组分富集，饱和烃、芳香烃含量较低

盆地中生界原油以饱和烃、芳香烃等轻质组分为主，然而长 7、长 9 烃源岩残留氯仿沥青"A"中非烃、沥青质等大分子组分相对富集，随着烃源岩 TOC 的增加，极性组分含量逐渐升高。对于 TOC 大于 10% 的样品而言，极性组分含量高达 50%~80%。说明优质烃源岩的强排烃作用使得初次运移过程中的地质色层效应显现，排出的烃类中富含轻质组分，残留烃类富含重质组分。

长 7 优质烃源岩氯仿沥青"A"族组成中烃类（饱和烃+芳香烃）含量为 45%~60%，饱和烃/芳香烃比值较低，分布区间为 0.86~3.0（图6），并且饱和烃/芳香烃比值随着 TOC 增大而降低。长 7 优质烃源岩相对较低的烃类组分含量和饱和烃/芳香烃比值所反映的可溶有机质性质与干酪根类型（腐泥型为主）之间存在明显矛盾。产生这一矛盾的原因也是烃源岩的高排烃效率。

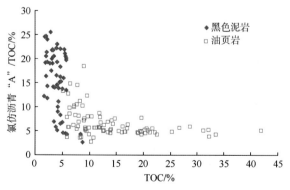

图5　长 7 优质烃源岩沥青"A"/TOC 与 TOC 关系图

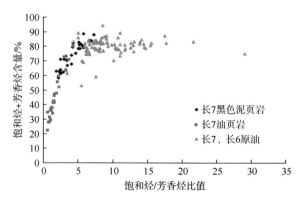

图6　长 7 优质烃源岩饱和烃/芳香烃比值与饱和烃+芳香烃含量关系图

3.3 残留烃组分的稳定碳同位素较重

烃源岩的强排烃作用不仅会使地质色层效应

显现，而且能够引起排烃过程中的同位素分馏效应积累，在长时间的排烃作用下逐渐表现出来。烃源岩地质特征研究、油源对比与勘探实践表明，长7优质烃源岩是中生界含油气系统的主要烃源岩；但长7优质烃源岩的饱和烃单体烃稳定碳同位素值明显重于原油，排烃作用较强的长7黑色页岩残留正构烷烃的稳定碳同位素明显重于中等排烃程度的长7、长9暗色泥岩（图7）。

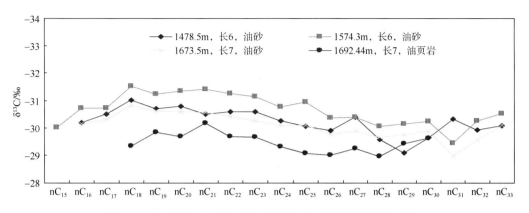

图7　N36井原油—烃源岩正构烷烃分子系列碳同位素对比

3.4　残留烃的分子化合物中重排藿烷含量偏高

盆地中生界延安组、延长组长6及以上层位原油、油砂抽提物中重排藿烷含量均较低，然而烃源岩残留烃组分中重排藿烷含量偏高。说明优质烃源岩的强排烃作用使得分子化合物含量发生变化，在油源对比过程中要加以注意。

3.5　滞留烃中游离烃、吸附烃性质差异明显

采用游离烃分级萃取法、烃类族组分互溶实验、无机重液分离—吸附烃研究试验等方法，对盆地长7不同类型、不同品质烃源岩中游离烃、吸附烃进行研究。结果表明，游离烃表现为高饱和烃、较高的芳香烃与非烃、低—极低沥青质特征，而吸附烃表现为低饱和烃、低芳香烃、低非烃、高—极高沥青质含量，二者形成鲜明对比。并且，泥页岩样品中吸附烃含量随TOC增加而增加，说明吸附烃主要赋存于干酪根中。根据页岩残留氯仿沥青"A"与TOC关系图及其线性回归方程，可以得到干酪根对烃类的吸附能力大概为39.4mg/g，且被吸附的主要为极性组分。当TOC为零时，氯仿沥青"A"为0.2561%，该值大致反映了游离可溶烃量与黏土矿物吸附量之和（图8），而该值与二氯甲烷快速萃取物含量基本一致，所以推测黏土矿物吸附量很低，加上页岩中黏土矿物含量较低，吸附烃能力较弱。此外，页岩中沥青质含量随TOC增加而升高的现象也反映出沥青质组分主要以吸附态赋存于干酪根中，并且有可能降低干酪根对油质组分的吸附能力。因此，富有机质页岩很高的沥青质含量不会明显影响页岩油的可流动性。

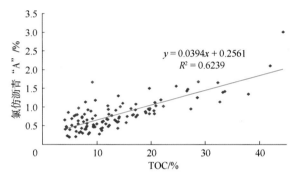

图8　盆地中生界优质烃源岩TOC与
氯仿沥青"A"关系图

游离烃与吸附烃的显著差异同样体现了排烃（初次运移）过程中的地质色层效应，干酪根热演化生烃在自身饱和之后，先排烃至烃源岩内的孔隙、裂缝中，再次饱和后排烃至储层中聚集成藏。在排烃过程中，饱和烃、芳香烃等小分子烃类优先排出，大分子烃类残留于烃源岩或干酪根中。加之盆地中生界优质烃源岩有机质十分富集、有机质纹层十分发育，因而沥青质组分主要被干酪根所吸附，游离烃中以饱和烃、芳香烃为主，聚集的原油油质也偏轻，以饱和烃为主。综上，烃源岩的排烃过程（初次运移）应进一步细分为干酪根自身吸附饱和后的一级排烃—逐步产生游离烃与泥页岩滞留烃接近饱和至饱和后的二级排烃—提供石油成藏的油源。

4　地质意义

通过烃源岩地球化学特征、生烃热模拟实验评价，提出中生界长7优质烃源岩累计生烃强度大并显著高于滞留烃饱和容量，生烃增压作用十

分强烈，排烃效率高、排烃能力非常强，能够提供大量富烃优质流体，在低渗透—致密砂岩油气藏富集中起到了关键作用。同时，滞留烃中极性大分子烃类主要被干酪根所吸附，游离烃富含饱和烃等轻质组分，优质烃源岩中高含量沥青质并不影响烃类流动性，加之含气量较高，可显著提高基质烃源岩中烃类的流动性，源内非常规油气勘探潜力巨大。这一认识大幅度提升了鄂尔多斯盆地中生界石油资源量，丰富了页岩油富集成藏理论。

同时，页岩油勘探开发进展对烃源岩评价提出更高要求，下一步，要围绕长7不同类型、不同品质烃源岩与不同类型储层进一步展开精细描述，明确源储组合类型及空间展布特征，烃源岩古生物类型及成烃贡献，不同类型烃源岩成烃特征及产烃特征，储层孔隙类型及演化，源内油气充注成藏特征，为鄂尔多斯盆地长7源内石油勘探奠定理论基础。

5 结 论

（1）鄂尔多斯盆地长 7 优质烃源岩热演化成熟阶段主要产出液态烃，具有产烃率高、产出流体性质好等特征，为致密储层富集成藏奠定了重要物质基础，经过长时间持续充注之后，可形成高饱和度油藏。

（2）鄂尔多斯盆地长 7 优质烃源岩排烃效率高、排烃时间长。另外，优质烃源岩受控于烃源岩质量与残留空间，排出烃类数量大、流体性质好，在低渗透—致密砂岩成藏中起关键作用。

（3）滞留烃中游离烃、吸附烃性质差异明显。游离烃富含饱和烃等轻质组分，而吸附烃中大分子化合物含量高，但主要被干酪根所吸附，不影响基质烃源岩中烃类流体流动性，页岩油具有较大勘探潜力。

参考文献

[1] 陈践发, 孙省利, 刘文汇, 等. 塔里木盆地下寒武统底部富有机质层段地球化学特征及成因探讨[J]. 中国科学（D 辑），2004, 34（S1）: 107-113.

[2] 万丛礼, 金强, 翟庆龙. 东营凹陷滨南地区水下火山喷溢对烃源岩形成及生烃演化的作用[J]. 石油大学学报（自然科学报），2003, 27（3）: 17-21.

[3] 张林晔, 孔祥星, 张春荣, 等. 济阳坳陷下第三系优质烃源岩的发育及其意义[J]. 地球化学, 2003, 32（1）: 35-42.

[4] 张水昌, 张保民, 王飞宇, 等. 塔里木盆地两套海相有效烃源层-Ⅰ. 有机质性质, 发育环境及控制因素[J]. 自然科学进展，2001, 11（3）: 261-268.

[5] 张文正, 杨华, 李剑锋, 等. 论鄂尔多斯盆地长 7 段优质油源岩在低渗透油气成藏富集中的主导作用: 强生排烃特征及机理分析[J]. 石油勘探与开发, 2006, 33（3）: 289-293.

[6] 杨华, 张文正. 论鄂尔多斯盆地长_7 段优质油源岩在低渗透油气成藏富集中的主导作用: 地质地球化学特征[J]. 地球化学, 2005, 34（2）: 147-154.

[7] 邹才能, 杨智, 陶士振, 等. 纳米油气与源储共生型油气聚集[J]. 石油勘探与开发, 2012, 39（1）: 13-26.

[8] 郭凯. 鄂尔多斯盆地陇东地区长 7 段有效烃源岩及生排烃研究[J]. 石油实验地质, 2017, 39（1）: 15-23.

[9] 时保宏, 郑飞, 张艳, 等. 鄂尔多斯盆地延长组长 7 油层组石油成藏条件分析[J]. 石油实验地质, 2014, 36（3）: 285-290, 298.

[10] 付锁堂, 付金华, 牛小兵, 等. 庆城油田成藏条件及勘探开发关键技术[J]. 石油学报, 2020, 41（7）: 777-795.

[11] 付金华, 李士祥, 牛小兵, 等. 鄂尔多斯盆地三叠系长 7 段页岩油地质特征与勘探实践[J]. 石油勘探与开发, 2020, 47（5）: 870-883.

[12] 孙肇才, 谢秋元. 叠合盆地的发展特征及其含油气性: 以鄂尔多斯盆地为例[J]. 石油实验地质, 1980（1）: 13-21.

[13] 长庆油田石油地质志编写组. 中国石油地质志（卷十二）长庆油田[M]. 北京: 石油工业出版社, 1992: 1-103.

[14] 邓秀芹, 姚泾利, 胡喜锋, 等. 鄂尔多斯盆地延长组超低渗透岩性油藏成藏流体动力系统特征及其意义[J]. 西北大学学报（自然科学版），2011, 41（6）: 1044-1050.

[15] 付金华, 李士祥, 刘显阳. 鄂尔多斯盆地石油勘探地质理论与实践[J]. 天然气地球科学, 2013, 24（6）: 1091-1101.

[16] 付金华, 李士祥, 刘显阳, 等. 鄂尔多斯盆地上三叠统延长组长 9 油层组沉积相及其演化[J]. 古地理学报, 2012, 14（3）: 269-284.

[17] 杨华, 李士祥, 刘显阳. 鄂尔多斯盆地致密油、页岩油特征及资源潜力[J]. 石油学报, 2013, 34（1）: 1-11.

收稿日期: 2021-08-13

第一作者简介:
杨伟伟（1985—），女，博士，高级工程师，现从事地球化学与油气成藏富集机理研究工作。
通信地址: 陕西省西安市未央区明光路
邮编: 710018

Characteristics of hydrocarbon generation and expulsion in Mesozoic Chang7 source rocks of Ordos Basin and its geological significance

YANG WeiWei and CHANG Rui

(National Engineering Laboratory for Exploration and Development of Low Permeability Oil & Gas Fields;
Exploration and Development Research Institute of PetroChina Changqing Oilfield Company)

Abstract: The research of characteristics of hydrocarbon generation and expulsion of source rocks is crucial to the study of the mechanism of oil and gas accumulation to form a source –reservoir-caprock assemblage (SRCA). And at the same time the research promotes the progress of petroleum exploration. Multiple items of basic studies such as hydrocarbon generation thermal evolution simulation experiment, hydrocarbon evaluation experiment, free hydrocarbon extraction experiment and adsorbed hydrocarbon research experiment have been carried out, so as to promote the progress of intra-source unconventional oil exploration and increase the intensity of source rock evaluation. The results show that high-quality source rock of the Chang7 has high hydrocarbon generation rate, good properties of produced fluid, and strong power of hydrocarbon generation and expulsion, which lays an important material foundation for oil and gas enrichment in Mesozoic low permeability to tight reservoirs. Long hydrocarbon expulsion time and high efficiency make the hydrocarbon expulsion produced geochemical effect obvious. There are significant differences in the properties and characteristics between the retained and discharged hydrocarbons, but also between the free and adsorbed hydrocarbons of the retained hydrocarbons. The rapid development of shale oil exploration and development in Ordos Basin puts forward the requirements of fine research on source rocks. The next step is to conduct in-depth basic and experimental geological research around different types and different quality source rocks and different types of reservoirs, so as to lay a theoretical foundation for shale oil exploration and development.

Key words: source rock; hydrocarbon generation; hydrocarbon expulsion; Mesozoic; Ordos Basin

◇•

（上接第 23 页）

Characteristics of silty-fine sandstone reservoirs of coal-measure gas in central and eastern Ordos Basin

WANG SuRong and WANG HuaiChang

(National Engineering Laboratory for Exploration and Development of Low Permeability Oil & Gas Fields;
Exploration and Development Research Institute of PetroChina Changqing Oilfield Company)

Abstract: The Upper Paleozoic coal-measure gas in Ordos Basin has great potential for exploration. The petrological characteristics, reservoir physical properties, pore types and pore structures of silty fine sandstone reservoirs of the coal-measure gas are analyzed on the basis of the data such as core, thin section identification, scanning electron microscope, mercury intrusion, physical properties and logging. It is clear that the lithology combination controls the difference of silty fine sandstone reservoirs; Different combinations have important effects on the formation of pore structure and differential SRCA-forming of silty fine sandstone reservoirs. In the sandstone and coal assemblage, the relatively large throats of sandstone is more developed, with more coordination numbers, better pore structure and better pore connectivity. According to the gas well logging curves of the silty fine sandstone, two types of continuous toothed box type and continuous finger type were developed in the stratigraphic assemblage. The sandstone and coal assemblage is easy to be filled or injected, and has good gas-bearing property. It is a favorable exploration assemblage and should become the focus of coal-measure gas exploration.

Key words: Ordos Basin; coal-measure gas; silty fine sandstone; reservoir characteristics

湖相泥页岩镜质组反射率演化及校准模拟实验研究

吴　凯[1,2]，孔庆芬[1,2]，刘大永[3,4]

（1. 低渗透油气田勘探开发国家工程实验室；2. 中国石油长庆油田分公司勘探开发研究院；
3. 中国科学院广州地球化学研究所有机地球化学国家重点实验室；4. 中国科学院深地科学卓越创新中心）

摘　要：泥页岩热成熟演化过程中由于镜质组分受到生成烃类的浸染，会造成镜质组反射率的抑制。采取下三叠统延长组长7段低成熟度湖相泥页岩样品和成熟度相同的镜煤样品，进行不同温度点的恒温半封闭体系模拟实验，分别测得不同成熟度的泥页岩的镜质组反射率（R_o）及镜煤样的镜质组反射率（VR_o）。结果表明：在低成熟阶段，泥页岩实测 R_o 值均明显低于镜煤的 VR_o 值，且可以建立 R_o 与 VR_o 之间的线性关系。基于Rock-Eval测试结果，对泥页岩生排烃过程 R_o 与对应温度镜煤样 VR_o 之间的关系进行了讨论。VR_o 在 1.1% 以下的泥页岩的 T_{max} 值和镜质组反射率之间的具有符合多项式分布的正相关关系。
关键词：镜质组反射率；热演化；湖相泥页岩；长7段；鄂尔多斯盆地

成熟度是评价沉积岩在地质演化过程中经历的热过程的标准，是烃源岩评价的关键指标。目前镜质组反射率是公认的最有效、最精确的成熟度指标[1]，但由于镜质组来源于高等植物凝胶化形成的均质镜质组，分布层位及岩相有限，并不适用于缺少Ⅲ型有机质来源的碳酸盐岩和深湖相泥页岩的成熟度检测。因此，前人发展了诸多针对沉积岩中其他显微组分或碎屑的成熟度研究方法，并尽可能多地采用不同测试手段进行相关研究。如在缺乏镜质组的沉积岩中，采用固体镜质组或笔石表皮体[2-3]、几丁虫[4-5]等进行研究。此外，烃源岩可抽提物中的生物标志物[6]、甲基联苯、三联苯的相对浓度[7]等也可以作为成熟度指标。近年来，又发展了有机质/矿物复合体的显微激光拉曼光谱作为成熟度指标[8]。

有些研究很早就报道了生烃过程中镜质组的抑制作用[9-12]，富氢有机质及大量生烃使得Ⅰ型和Ⅱ型有机质中镜质组的反射率明显偏低。因此建立富有机质泥页岩中镜质组反射率与煤的镜质组反射率之间的关系，对于精确评价鄂尔多斯中生界富有机质烃源岩成熟度具有重要意义。

本次采用鄂尔多斯盆地低成熟泥页岩样品和相似成熟度的镜煤分别进行模拟实验，建立泥页岩实测镜质组反射率与镜煤镜质组反射率之间的联系，避免其他因素对镜质组反射的干扰，获得泥页岩真实成熟度。

1 样品与实验

1.1 样品

鄂尔多斯盆地位于华南克拉通盆地西南缘，由于晚三叠世华北地块与扬子地块的碰撞拼合，形成了一套厚达1000～1300m的完整的碎屑岩系沉积旋回，即延长组。而其中的长7段是一套广泛分布（最大湖盆面积可达50000km²）的沉积于深湖、半深湖环境，并经常受火山喷发影响的富有机质泥页岩沉积[13-15]。

模拟实验要求样品具有相对较低的成熟度，盆地边缘历史埋深较浅，没有经历过高的热作用。因此采取位于鄂尔多斯盆地西南缘的 M53 井（M1 样品）和西北缘的 ZT2 井（Z1 样品）下三叠统延长组长7段泥页岩岩心进行模拟实验的热演化研究。泥页岩生排烃与样品形态具有明显的关系，而块状样品具有原始的干酪根网络及岩石结构和矿物组成，更有利于模拟泥页岩的生排烃过程。因此本次将样品加工成立方柱状，以尽可能贴近地质实际。

采用新疆塔城小沟煤矿西山窑组低熟镜煤样（R_o 为 0.60%）作为对比样品，通过相同的实验条件，获取不同模拟实验温度点的镜煤实验残余，通过测试其镜质组反射率，应用于本次成熟度标定。

1.2 实验

样品称重后，置于内径为 3cm、高 14cm 的高压釜体中，用石英砂包埋，作为传递机械压力的介质，同时包埋产生的围压也保证岩心柱体不会由于垂向压力而破裂。高压釜底座套件连接排烃管，可控制生成流体的排出（图1）。本实验连接在高压釜底部的排烃管始终保持开放，保证生成的流体及时排出。轴向压力设定为40MPa，模拟岩石受到的静岩压力，依照等温间距20℃分别设置300～500℃之间11个温度点，以及540℃、570℃共计13个温度点。每个温度点在高压釜中放置一个原始样品，高压釜两端采用石墨环挤压封闭，外部安装温度可控的加热套作为热源，以1℃/min的升温速率加热到指定温度点并保持24小时。待高压釜温度冷却到室温后取出实验残余，进行后续测试。

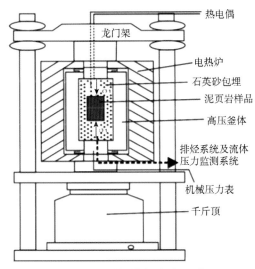

图1 半封闭模拟实验体系

将样品磨碎至粒径小于200目，去除无机碳，55℃烘24小时后，使用LECO CS-230硫碳分析仪进行有机碳测定；将同样粒径的样品110℃真空烘干24小时后，在Rock-Eval 6分析仪（Vinci Technologies，France）上进行岩石热解分析，评估样品的干酪根类型和生烃潜力。

2 结果与讨论

2.1 原始样品特征

硫碳分析仪测得M1样品有机碳含量为3.73%，T_{max}为439℃，氢指数为504mg/g；Z1样品有机碳含量为3.84%，T_{max}为440℃，氢指数为439mg/g。两个样品有机质类型较好，介于Ⅰ型和Ⅱ₁型之间。有机质含量与长7段暗色泥岩的平均有机质含量相当。

研究表明，鄂尔多斯盆地内部长7段镜质组反射率（R_o）大概处于0.7%～1.2%之间[16]。M1样品、Z1样品采自盆地边缘，实测原样R_o值为

0.36%和0.35%，但结合其T_{max}值，考虑镜质组抑制作用，估计泥页岩的VR_o小于0.60%，成熟度明显低于盆地中心，适用于模拟实验研究。实验采用的镜煤样品T_{max}值同样为439℃，原样实测VR_o值为0.60%。

X衍射结果表明，M1样品中石英含量较高，达43.8%，而黏土矿物仅占24.3%；另外一个典型特征是白云石含量达到23.2%。样品脆性矿物较多。Z1样品黏土矿物含量为52.6%，其余为石英（33.1%）和长石（14.3%）。

2.2 镜质组形貌特征及R_o演化

正交偏光下M1样品有机质呈纹层状分布，层理发育明显，粉色方解石矿物相对丰富（图2a、b），单偏光下除棕黑色有机质条纹外，还可见棕色黏土矿物准层状分布（图2c）。Z1样品矿物颗粒较大，分布广泛，为含粉砂质泥岩（图2d、e、f）。M1样品更接近湖盆中心，水动力条件相对较弱。

M1样品中的镜质组稀少，呈小块状分布；Z1样品中镜质组非常丰富，呈团块状或沿层理向的条带状分布。在相同条件下，随模拟实验温度升高，镜质组颜色由深灰色逐渐转变成浅灰色。

Z1样品中条带状镜质组丰富（图3c、d），从反射率测试的准确性而言，Z1样品具有更明显的优势。在成熟过程中，M1样品和Z1样品中观察到的镜质组形态仍保持原有的特征（图3），并没有随生排烃及过成熟阶段的聚合作用发生变化。在高温阶段，镜质组表面仍然光滑，未出现沥青体所特有的丰富孔洞结构，这也是认定观察到的显微组分是镜质组而不是沥青体的根本原因。

总体上，样品的实测成熟度（R_o）随模拟实验温度升高而逐渐增加（表1、图4）。在各演化阶段，泥页岩镜质组反射率均明显低于镜煤反射率，证明生烃过程中发生了镜质组成熟度抑制作用。

各成熟度指标在成熟作用早期均上升较缓，但在更高的成熟阶段具有快速上升的趋势。如镜煤样的VR_o在320℃之前随温度升高呈缓慢上升，其后快速上升；而Z1样品这一温度点为340℃，M1样品则为360℃，均明显高于煤样。不同模拟实验温度条件下，团块状镜质组（M1）、条带状镜质组（Z1）和镜煤样中的均质镜质组之间具有很好的线性关系。此外，M1样品中的镜质组在成熟作用早期，随模拟实验温度升高，R_o增加明显快于Z1样品；而在成熟作用晚期，条带状镜

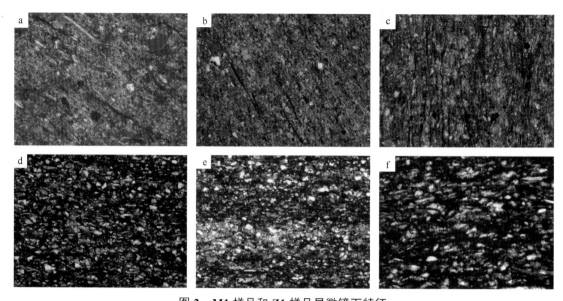

图 2　M1 样品和 Z1 样品显微镜下特征

a、b. M1，M53 井，2391.8m，暗色泥岩，正交偏光；c. M1，M53 井，2391.8m，暗色泥岩，单偏光；d、e. Z1，ZT2 井，2019.25m，暗色泥岩，正交偏光；f. Z1，ZT2 井，2019.25m，暗色泥岩，单偏光

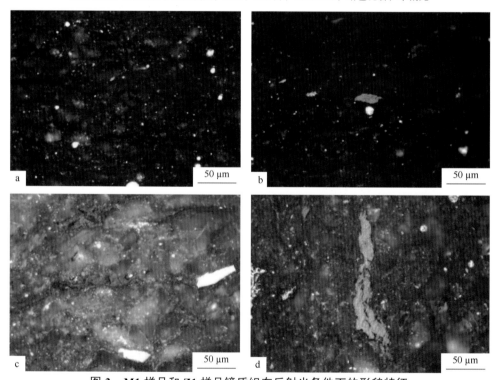

图 3　M1 样品和 Z1 样品镜质组在反射光条件下的形貌特征

a. M1，320℃，R_o=0.46%；b. M1，420℃，R_o=1.44%；c. Z1，320℃，R_o=0.43%；d. Z1，380℃，R_o=0.97%

表 1　不同模拟实验温度对应的泥页岩样品各成熟度指标值

实验温度/℃	实测 R_o 值/%			实验温度/℃	实测 R_o 值/%		
	VR_o	R_o（M1）	R_o（Z1）		VR_o	R_o（M1）	R_o（Z1）
原样	0.55	0.36	0.35	420	1.50	1.24	1.35
300	0.59	0.42	0.41	440	1.86	1.50	1.51
320	0.62	0.55	0.45	460	2.05	1.65	1.85
340	0.78	0.57	0.46	480	2.40	1.96	2.12
360	0.92	0.62	0.65	500	2.95	2.27	2.8
380	1.10	0.90	0.91	540	3.48	3.10	3.65
400	1.35	1.01	1.15	570	3.95	3.30	3.82

注：VR_o 为对应模拟温度镜煤样品实测 R_o 值。

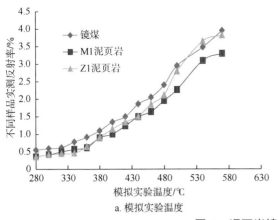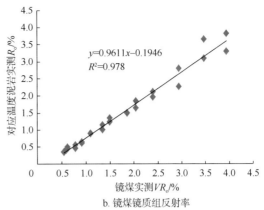

a. 模拟实验温度

b. 镜煤镜质组反射率

图 4　泥页岩镜质组演化趋势

质组发育更多，Z1 样品的 R_o 具有更快的上升趋势，并在过成熟阶段接近或超过镜煤样的 VR_o 值。

镜煤实测 VR_o 值与对应温度泥页岩实测 R_o 值之间有较好的线性关系（图 4b），可用来进行泥页岩的 R_o 值校正。

2.3　T_{max}、HI 与 R_o、VR_o 之间的关系

Rock-Eval 岩石热解仪测得的 T_{max} 和氢指数（HI）也具有成熟度指示作用，且不受人为作用干扰[17]。如图 5 所示，随模拟实验温度的增加 T_{max} 以 380℃和 440℃为界显示存在 3 种趋势：即在 300～380℃阶段，T_{max} 值随模拟实验温度的增加平缓升高；在 380～460℃阶段，T_{max} 值急速上升至接近 600℃；在更高的模拟实验温度时 T_{max} 基本稳定在 600℃附近，说明在模拟实验温度大于 460℃（VR_o=2.5%）时，T_{max} 值基本失去了使用的意义。HI 随模拟实验温度的增加呈 3 段式下降：在 300～340℃阶段，HI 值随模拟实验温度增加平缓下降；在 340～400℃阶段，HI 值随温度增高急速下降至 50mg/g 以下；在更高的模拟实验温度时，HI 值呈稳定且缓慢的下降，说明在模拟实验温度大于 400℃（VR_o=1.5%）时，泥页岩已经损失了 90%以上的生烃能力[18-20]。

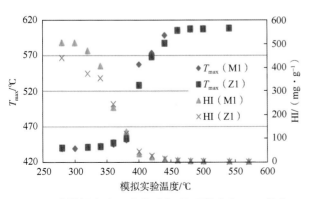

图 5　随模拟实验温度的增加泥页岩残余 T_{max} 值和 HI 的变化趋势

T_{max} 值在 380℃以后出现明显跃变，而泥页岩的 VR_o 值并未随模拟实验温度升高出现相似的变化（图 6），因此建立在 VR_o 约为 1.1%以前，镜煤、泥页岩的 VR_o 值与跃变前的 T_{max} 值之间的联系更为合理。结果表明，VR_o 值与 T_{max} 值之间具有符合多项式分布的正相关关系，相关性较好。但样品不同相关性有所差异，有机质类型相对较差的样品在 VR_o 相同的条件下，T_{max} 值相对较高。因此可以同时依据泥页岩样品的镜质组反射率和 T_{max} 值校正其成熟度。

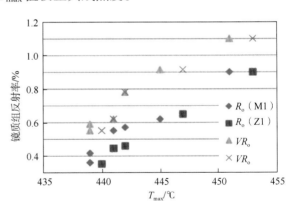

图 6　低成熟—成熟阶段 T_{max} 值与镜质组反射率的关系

3　结　论

（1）富有机质泥页岩中镜质组反射率随热成熟作用的演化存在抑制作用，并在生烃高峰时抑制作用达到最大值。在高过成熟阶段镜质组反射率抑制作用的影响一直存在，这导致富有机质泥页岩 R_o 测试值与真实成熟度相比偏低。

（2）通过不同温度下泥页岩生烃实验，明确了泥页岩实测镜质组反射率与镜煤镜质组反射率之间的联系，可用来进行湖相优质泥页岩镜质组反射率校正。低成熟—成熟阶段（VR_o 低于 1.1%）可通过镜质组反射率和 T_{max} 值共同校正样品的热成熟度。

参考文献

[1] 肖贤明，毛鹤龄，金奎励. 从镜质组的成因论其作为烃源岩成熟度指标的意义[J]. 煤田地质与勘探，1990，（6）：24-31.

[2] 樊云鹏，刘岩，文志刚，等. 雪峰山西侧北缘五峰组-龙马溪组含笔石页岩热成熟度特征[J]. 地球科学，2019，44（11）：3725-3735.

[3] 王晔，邱楠生，马中良，等. 固体沥青反射率与镜质体反射率的等效关系评价[J]. 中国矿业大学学报，2020，49（3）：563-575.

[4] Bertrand R. Correlations among the reflectances of vitrinite，chitinozoans，graptolites and scolecodonts[J]. Organic Geochemistry，1990，15（6）：565-574.

[5] Bertrand R，Malo M. Source Rock analysis，thermal maturation and hydrocarbon generation in Siluro-Devonian rocks of the Gaspé Belt basin，Canada[J]. Bulletin of Canadian Petroleum Geology，2001，49（2）：238-261.

[6] 赵文，郭小文，何生，等. 生物标志化合物成熟度参数有效性：以伊通盆地烃源岩为例[J]. 西安石油大学学报（自然科学版），2016，31（6）：23-31.

[7] 刘晓强，李美俊，唐友军，等. 有机质中三联苯成熟度参数及其化学机理：基于地球化学数据和量子化学计算[J]. 地球化学，2020，49（2）：218-226.

[8] 肖贤明，周秦，程鹏，等. 高一过成熟海相页岩中矿物-有机质复合体（MOA）的显微激光拉曼光谱特征作为成熟度指标的意义[J]. 中国科学：地球科学，2020，50（9）：1228-1241.

[9] 赵师庆，王飞宇. 镜质组反射率的抑制效应及富氢镜质体的形成模式[J]. 淮南矿业学院学报，1990，10（3）：1-11.

[10] Wilkins Ronald W T，Wilmshurst John R，Hladky G，et al. Should fluorescence alteration replace vitrinite reflectance as a major tool for thermal maturity determination in oil exploration?[J]. Organic Geochemistry，1995，22（95）：191-209.

[11] 刘德汉，史继扬. 高演化碳酸盐烃源岩非常规评价方法探讨[J]. 石油勘探与开发，1994，21（3）：113-115.

[12] 丰国秀，陈盛吉. 岩石中沥青反射率与镜质体反射率之间的关系[J]. 天然气工业，1988，8（8）：20-25.

[13] 杨华，张文正. 论鄂尔多斯盆地长7段优质油源岩在低渗透油气成藏富集中的主导作用：地质地球化学特征[J]. 地球化学，2005，34（2）：147-154.

[14] Yang H，Zhang W Z. Leading effect of the seventh member high-quality source rock of Yanchang formation in Ordos Basin during the enrichment of low-penetrating oil-gas accumulation：geology and geochemistry[J]. Geochimica，2005，34（2）：147-154.

[15] Zhang W Z，Yang H，Fu S T，et al. Discovery and significance of seismitesfrom high-quality lacustrine source rock in Late Triassic period in Ordos Basin[J]. J. Northwest Univ.，2006（36）：31-37.

[16] 杨华，牛小兵，徐黎明，等. 鄂尔多斯盆地三叠系长7段页岩油勘探潜力[J]. 石油勘探与开发，2016，43（4）：511-520.

[17] Lohr C D，Hackley P C. Relating T_{max} and hydrogen index to vitrinite and solid bitumen reflectance in hydrous pyrolysis residues：Comparisons to natural thermal indices[J]. International Journal of Coal Geology，2021（242）：103768.

[18] Hackley P C，Cardott B J. Application of organic petrography in North American shale petroleum systems：a review[J]. Int. J. Coal Geol.，2016（163）：8-51.

[19] 陈尚斌，左兆喜，朱炎铭，等. 页岩气储层有机质成熟度测试方法适用性研究[J]. 天然气地球科学，2015，26（3）：564-574.

[20] Hackley P C，Jubb A M，McAleer R J，et al. A review of spatially resolved techniques and applications of organic petrography in shale petroleum systems[J]. International Journal of Coal Geology，2021（241）：103745.

收稿日期：2021-08-13

第一作者简介：
吴凯（1980— ），男，硕士，高级工程师，主要从事油气地球化学综合研究工作。
通信地址：陕西省西安市未央区长庆兴隆园小区
邮编：710018

Simulated experimental study on reflectance evolution and calibration of vitrinite in lacustrine shale

WU Kai[1], KONG QingFen[1], and LIU DaYong[2]

(1. National Engineering Laboratory for Exploration and Development of Low Permeability Oil & Gas Fields;
Exploration and Development Research Institute of PetroChina Changqing Oilfield Company;
2. State Key Laboratory of Organic Geochemistry, Guangzhou Institute of Geochemistry, Chinese Academy of Sciences;
CAS Center for Excellence in Deep Earth Sciences)

Abstract: During the thermal maturity evolution of the shale, the vitrinite components are impregnated by the generated hydrocarbons, which will inhibit the vitrinite reflectance. The low maturity lacustrine shale samples and vitrinite samples with the same maturity in Chang7 Member of Yanchang Formation of Lower Triassic were taken to conduct constant temperature semi-closed system simulation experiments at different temperature points, and the vitrinite reflectance (R_o) of the shale and vitrinite reflectance (VR_o) of vitrinite samples with different maturities were measured respectively. The results show that in the low maturity stage, all the measured R_o values of the shale are significantly lower than the VR_o value of the vitrinite, and the linear relationship between R_o and VR_o can be established. The relationship between the R_o of the shale during the process of hydrocarbon generation and expulsion and the VR_o of the vitrinite samples at the corresponding temperatures is discussed on the basis of Rock-Eval test results. There is a positive correlation between T_{max} value of the shale with VR_o below 1.1% and R_o in accordance with polynomial distribution.

Key words: vitrinite reflectance; thermal evolution; lacustrine shale; Chang7 Member; Ordos basin

环西地区 H66 井长 8 原油油源分析及勘探意义

罗丽荣[1,2]，马　军[1,2]，张晓磊[1,2]，李　欢[1,2]，王　龙[1,2]

（1. 低渗透油气田勘探开发国家工程实验室；2. 中国石油长庆油田分公司勘探开发研究院）

摘　要：利用原油物性、色谱和色谱—质谱分析了鄂尔多斯盆地天环坳陷腹部 H66 井长 8 储层原油的有机地球化学特征和来源。分析结果显示，H66 井长 8 原油密度为 0.8608g/cm³，运动黏度为 13.23mm²/s，凝点为 24.0℃，为中质油。原油全烃色谱图的主峰碳为 C_{15}，OEP 小于 1.2，Pr/Ph 为 1.2，C_{21}^-/C_{21}^+为 2.2。甾萜烷生物标志化合物主要参数特征为：重排藿烷类相对丰度低、伽马蜡烷低，Ts/Tm 比值低（1.37），C_{30} 重排藿烷/C_{30} 藿烷（C_{30}^*/C_{30}）比值低（0.07），ααα-20R 构型甾烷呈 "V" 形分布。油—油对比、油—源对比显示，H66 井长 8 原油来自邻近的东部湖盆长 7 优质烃源岩。推测成藏期东部长 7 烃源岩生成的石油在生烃增压的动力驱动下，沿断层、不整合面和砂体侧向输导，在有利部位聚集成藏。环西地区长 8 油层组具备良好的成藏与勘探潜力。

关键词：长 8 油层组；油源对比；天环坳陷；勘探意义

鄂尔多斯盆地位于中国中部阴山以南、秦岭以北，西至贺兰山—六盘山一带，东抵吕梁山，横跨陕、甘、宁、蒙、晋 5 省区，构造上分为西缘冲断带、天环坳陷、伊陕斜坡、渭北隆起、伊盟隆起和晋西挠褶带 6 个构造单元[1]。

环西地区处于天环坳陷低洼部位，油气勘探长期以来一直未有突破。2021 年长庆油田加强地震地质联合攻关。在 H75 井、H234 井钻遇长 8_1 油层，H66 井在长 8 试油获得高产，日产油达到 33.49t。近年来天环坳陷地质研究集中在盆地西缘的构造演化、低幅度鼻隆构造形成机理、侏罗系储层特征及侏罗系原油油源分析等方面[2-3]，对延长组油藏缺乏系统研究，油源认识不清，制约了勘探进一步深入。

本文通过系统分析环西地区 H66 井长 8 原油的物理性质、全烃色谱和甾萜烷生物标志物特征，与中生界原油和潜在烃源岩的生物标志化合物进行比较，厘清油源，为天环坳陷西翼新类型油藏后续勘探提供理论依据。

1　长 8 原油地球化学特征与成因类型

H66 井长 8 油藏地面原油物性分析结果：密度为 0.8608g/cm³，原油运动黏度为 13.23mm²/s，原油凝点为 24.0℃，原油为中质油。原油族组成分析结果显示，原油中饱和烃含量高（68.67%），芳香烃含量次之（18.07%），饱和烃/芳香烃比值为 3.79，非烃与沥青质含量之和较高（10.84%）。与中生界原油族组成特征相比较，H66 井长 8_1 原油的非烃和沥青质含量较高，其密度和黏度明显高于其他地区的原油（表 1）。

表 1　原油族组成参数和物性数据表

井号	层位	饱和烃/芳香烃	非烃+沥青质/%	运动黏度/（mm²·s⁻¹）	密度/（g·cm⁻³）
H66	长 8_1	3.79	10.84	13.230	0.8608
M105	长 8_1	2.31	11.13	9.082	0.8540
S101	长 8_1	4.51	2.50	5.674	—
D68	长 8	3.86	3.82	5.383	—
B14	长 7	3.83	2.94	5.735	0.8350
X149	长 8_2	3.30	10.28	6.080	0.8333
S117	长 8_1	5.32	1.89	2.437	0.8243
W515	长 8_1	4.11	7.79	6.711	0.8348

H66 井长 8 原油的饱和烃色谱—质谱分析结果显示，藿烷化合物中重排藿烷丰度低，伽马蜡烷低，γ 蜡烷/C_{30} 藿烷比值低（0.07），T_S/T_m 比值低（1.37），C_{30} 重排藿烷/C_{30} 藿烷（C_{30}^*/C_{30}）比

值低（0.07）。甾烷中重排甾烷含量低，C_{27}—C_{29} 原生甾烷（ααα-20R 构型）呈 "V" 形分布，具有淡水—微咸水湖相油型油的特点。

杨华等依据鄂尔多斯盆地中生界湖相油型

表2 原油全烃色谱数据表

井号	层位	Pr/Ph	Pr/nC$_{17}$	Ph/nC$_{18}$	Max	OEP	CPI	C$_{21-}$/C$_{21+}$
H66	长 8$_1$	1.16	0.33	0.29	15	1.05	1.09	2.19
M105	长 8$_1$	1.41	0.34	0.25	15	1.08	1.18	2.3
B14	长 8$_1$	1.09	0.27	0.25	14	—	1.17	2.68
D49	长 8	1.64	0.19	0.12	27	—	1.07	1.06
B300	长 7$_3$	1.24	0.24	0.22	11	1.04	1.28	7.08
C18	长 8$_2$	1.59	0.27	0.17	15	1.05	1.02	2.37

注：Max 表示主峰碳，OEP 表示奇偶优势指数，CPI 表示碳优势指数。

油的藿烷类化合物中重排藿烷丰度存在显著差异，将中生界原油细分为 a 类、b 类和 c 类 3 类[4-5]。a 类原油的 C$_{30}$*、Ts 等相对丰度较低，重排甾烷也为低或较低；b 类原油的 C$_{30}$*、Ts 相对丰度高，重排甾烷也相对较高；c 类原油的 C$_{30}$*、Ts 异常丰富，重排甾烷丰富，且正常藿烷低（图1）。与中生界不同地区的原油相比，环西地区 H66 井长 8 原油与 a 类原油具有良好的相似性。

部大范围沉积了富含有机质的优质烃源岩。长 9 沉积时期为湖盆发展初期的次一级湖泛期，仅在志丹地区南部的局部凹陷发育厚度为 5~18m 的暗色泥页岩；长 6、长 8 油层组暗色泥岩不太发育，仅在湖盆振荡沉降期的局部较深水区发育暗色泥岩，单层薄，累计厚度一般小于 10m；长 4+5 油层组暗色泥岩更不发育。地震综合预测表明，环西地区 H66 井邻近东部长 7 优质烃源岩，因此，选择长 7 烃源岩、陕北地区长 9 烃源岩和长 8 暗色泥岩与原油进行对比。长 7 油页岩（优质烃源岩）以低—较低、较低的重排甾烷、较低的 Ts 为特征（图2、图3）。长 8—长 9 暗色泥岩以较高—高的 C$_{30}$*、较高的 C$_{29}$Ts、较高的重排甾烷

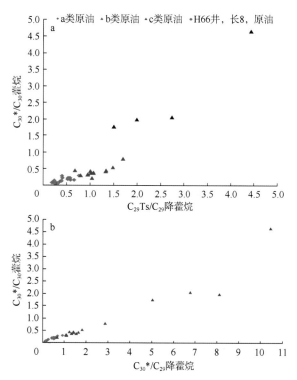

图1 H66 井原油与中生界原油的甾烷、萜烷参数对比
a. 原油 C$_{29}$Ts/C$_{29}$ 降藿烷与 C$_{30}$*/C$_{30}$ 藿烷交会图；
b. 原油 C$_{30}$*/C$_{29}$ 降藿烷与 C$_{30}$*/C$_{30}$ 藿烷交会图

2 原油与烃源岩的对比

如前所述，H66 井长 8 原油属于湖相油型油，其烃源岩应属湖相腐泥型—混合型烃源岩。在强烈的区域地球动力背景下，长 7 沉积时期鄂尔多斯盆地形成了晚三叠世湖盆最大湖泛，在湖盆中

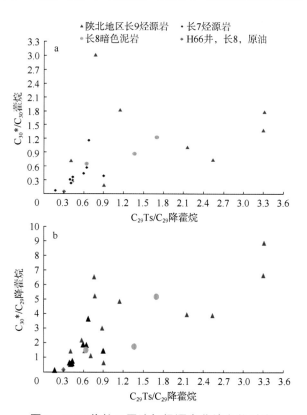

图2 H66 井长 8 原油与烃源岩藿烷参数对比
a. 原油与烃源岩 C$_{29}$Ts/C$_{29}$ 降藿烷与 C$_{30}$*/C$_{30}$ 藿烷交会图；
b. 原油与烃源岩 C$_{29}$Ts/C$_{29}$ 降藿烷与 C$_{30}$*/C$_{29}$ 降藿烷交会图

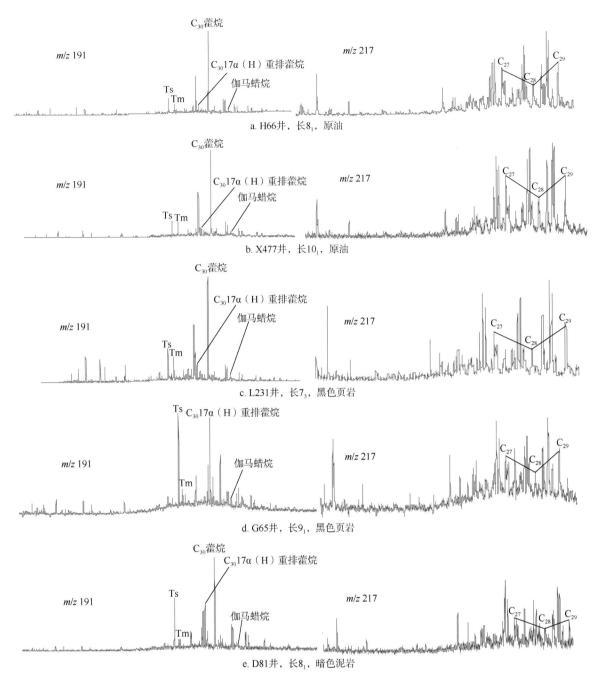

图 3　H66 井原油与潜在烃源岩的甾烷、萜烷生物标志化合物特征

为特征。以 C_{30}* 相对丰度等相关参数进行油源对比，结果显示，H66 井长 8 原油与长 7 烃源岩对比关系好，与陕北地区长 9 烃源岩和长 8 暗色泥岩对比较差，H66 井所在地区长 7 烃源岩不发育，推测原油来东部长 7 湖相优质烃源岩。

3　勘探意义

H66 井长 8_1 油藏储层物性好，视孔隙度为 16.2%，视渗透率为 9.25mD，油层厚 10.5m。H66 井长 8_1 位于鼻隆构造上，砂体较连续，形成良好的构造—岩性圈闭，面积为 4.0km²，预测储量规模超百万吨，有利勘探范围向西拓展了 500km²。H66 井工业油流的获得，打开了环西地区复杂油藏勘探的新局面。

4　结论与认识

（1）环西地区长 8_1 原油中饱和烃、芳香烃含量高，非烃与沥青质含量高。原油密度高、黏度大，属于中质油。

（2）原油色谱分析显示，主峰碳为 C_{15}，原始母质以藻类为主，原油 OEP 小于 1.2，Pr/Ph 值在 1.0 左右，烃源岩沉积环境为淡水—微咸水、弱还原环境。

（3）长 8_1 原油中重排藿烷类相对丰度低、伽马蜡烷低，Ts/Tm 比值低，$C_{30}*/C_{30}$ 藿烷比值低，ααα-20R 构型甾烷呈"V"形分布。油—油对比、油—源对比显示，H66 井长 8 原油来源于长 7 优质烃源岩，环西地区长 8 油藏勘探潜力好。

参考文献

[1] 姚泾利, 高岗, 庞锦莲, 等. 鄂尔多斯盆地陇东地区延长组非主力有效烃源岩发育特征[J]. 地学前缘, 2013, 20（2）: 117-124.

[2] 刘广林, 马爽, 邵晓州, 等. 鄂尔多斯盆地天环坳陷北段长 8 储层致密成因[J]. 东北石油大学学报, 2016, 40（5）: 38-45.

[3] 赵彦德, 刘显阳, 张雪峰, 等. 鄂尔多斯盆地天环坳陷南段侏罗系原油油源分析[J]. 现代地质, 2011, 25（1）: 86-93.

[4] 杨华, 张文正, 蔺宏斌, 等. 鄂尔多斯盆地陕北地区长 10 油源及成藏条件分析[J]. 地球化学, 2010, 39(3): 274-279.

[5] 杨华, 张文正, 彭平安, 等. 鄂尔多斯盆地中生界湖相油型油的精细划分与油源对比[J]. 地球科学与环境学报, 2016, 38(2): 197-205.

收稿日期：2021-08-13

第一作者简介：
罗丽荣（1977—），女，博士，高级工程师，主要从事石油天然气与烃源岩地球化学研究工作。
通信地址：陕西省西安市未央区明光路 51 号
邮编：710018

Analysis of crude oil sources in Chang8 Member of well H66 in Huanxi area and its exploration significance

LUO LiRong, MA Jun, ZHANG XiaoLei, LI Huan, and WANG Long

(National Engineering Laboratory for Exploration and Development of Low Permeability Oil & Gas Fields; Exploration and Development Research Institute of PetroChina Changqing Oilfield Company)

Abstract: Organic geochemistry characteristics and the sources of the crude oil in the Chang8 Member of well H66 in the hinterland of Tianhuan Drepression, Ordos Basin are analyzed by application of crude oil physical property analysis, chromatography and chromatography-mass spectrometry data. The results show the density of crude oil in Chang8 Member of Well H66 is 0.8608g/cm^3, with the kinematic viscosity of 13.23 mm^2/s and the condensation point of 24.0℃, belonging to the medium-density oil. The main peak carbon in total hydrocarbon chromatogram is C_{15}, with the OEP<1.2, Pr/Ph = 1.2 and C_{21-}/C_{21+} = 2.2. The main parameter characteristics of steroidal terpanes biomarkers are as follows. The relative abundance of rearranged hopanes is low. The content of gammacerane is low. The Ts/Tm ratio is low (1.37). The $C_{30}*/C_{30}$ hopane ratio is low (0.07). The sterane with ααα-20R configuration assumes a V-type distribution. Oil-oil and oil-source comparison show the crude oil in the Chang8 Member of Well H66 comes from the high-quality source rock in Chang7 Member in the adjacent eastern lake basin. It is speculated that the oil generated by Chang7 source rock in the East during the SRCA-forming period migrated laterally along the faults, unconformities and sand bodies, and accumulated into a SRCA in favorable parts under the driving forces of hydrocarbon generation pressurization. The Chang8 reservoir group in Huanxi area has good potential for SRCA-forming and exploration.

Key words: Chang8 reservoir group; oil-source; Tianhuan Depression; exploration significance

鄂尔多斯盆地延长组长7优质烃源岩岩石学微观特征及地质意义

解丽琴[1,2]，杨伟伟[1,2]

（1. 低渗透油气田勘探开发国家工程实验室；2. 中国石油长庆油田分公司勘探开发研究院）

摘　要：选取40个烃源岩样品，采用场发射扫描电子显微镜与能谱仪对烃源岩岩石学微观特征、有机质赋存状态、主要矿物类型、特殊矿物类型及孔隙裂隙发育情况等进行了分析。结果表明，长7优质烃源岩包括纹层状页岩与块状页岩两种，前者富含有机质纹层与莓球状黄铁矿，有机质以纹层状、条带状为主；后者黏土矿物含量相对较高，有机质以团块状、不规则状等为主。优质烃源岩内可见多种特殊矿物类型，如水铵长石、黄铁矿、菱锰矿、磷灰石等，反映长7沉积期湖盆富营养化及频繁的湖底热液活动。泥页岩中可见多种微孔隙、微裂隙，构成了基质页岩的有效储集空间。储集空间发育区可成为页岩油富集的甜点。

关键词：优质烃源岩；岩石学；微观特征；储集空间；特殊矿物；鄂尔多斯盆地

鄂尔多斯盆地是我国陆上第二大沉积盆地，油气资源十分丰富。晚三叠世延长组长7期是湖盆发育鼎盛时期，沉积了一套黑色泥页岩为主夹薄层粉细砂岩、凝灰岩地层，有机质异常富集，是盆地主力烃源岩层段[1-4]。对该地层的研究多集中于地球化学方向，较少涉及岩石学微观特征研究[5-8]。本文应用先进的扫描电子显微镜—能谱仪对鄂尔多斯盆地长7烃源岩进行了微观特征分析，详细观察分析烃源岩的岩石学微观结构特征，并进行归纳总结，以期为盆地烃源岩精细评价与页岩油勘探开发奠定重要基础。

1 样品选取与分析

样品选自鄂尔多斯盆地长7烃源岩岩心，取垂直层理方向的自然断面或切割面，用不同粗细砂纸打磨，部分样品打磨之后采用氩离子抛光进行抛磨，之后将样品上桩、镀膜、上机观察分析。分析实验主要应用FEI公司Quanta FEG450场发射扫描电子显微镜、Bruker公司Quantax200型X射线能谱分析仪及Fischione公司的M1060 SEM Mill精密离子束抛光仪。

扫描电子显微镜分析观察中，依据分析目的选择合适的分析参数，以扫描电子显微镜的背散射电子图像和二次电子图像相结合，从低倍开始，观察岩石样品的整体微观结构特征；再逐步提高放大倍率，观察泥页岩中主要矿物类型、有机质赋存状态及分布、微观孔隙及裂隙分布类型、成岩作用现象、微体古生物化石的结构特征等；对无法

鉴别的矿物类型，借助能谱根据其化学元素组成加以鉴别。整个观测分析过程中根据需要随时调整参数，系统分析了长7泥页岩样品的微观特征。

2 认识与讨论

2.1 长7泥页岩显微结构特征

利用场发射扫描电子显微镜（以下简称电镜）观察泥页岩的基本结构特征，一般采用机械抛磨结合氩离子抛光的光面进行分析，样品处理一般采用喷镀碳导电膜，分析过程中一般选用扫描电镜的背散射模式观察，这种模式是利用原子序数差异成像，易于识别泥页岩中的矿物质与有机质。场发射扫描电子显微镜观察显示，长7泥页岩的矿物组成主要为石英、长石、碳酸盐、黄铁矿及黏土矿物等，X射线衍射资料也证实了这些矿物存在（表1）。其显微结构特征存在明显差异，不同结构特征的泥页岩中，主要矿物含量不一样，其有机质丰度差别也较大（表1）。部分长7泥页岩样品中见少量磷灰石质生物碎屑及丰富的金藻化石，有时富集呈层状分布，部分还可见到透镜状磷灰石，其长轴方向从毫米级到微米级不等，分布不均，大致可以分为3类：

（1）富含有机质纹层及黄铁矿，具有较低的黏土矿物含量，有机质纹层分布特征明显，整体结构呈纹层状。有机碳含量高为20%左右，是鄂尔多斯盆地最优质的一种烃源岩（图1a）。

（2）整体结构无明显的纹层状特征，呈块状结构，富含有机质及黄铁矿，但相较于第一类明

基金项目：国家自然科学基金"鄂尔多斯盆地湖相页岩油富集区评价研究"（编号：41473046）。

表1 长7泥页岩X射线衍射分析结果

井号	井深/m	矿物含量/%（质量分数）						TOC/%
		石英	长石	碳酸盐	黏土	黄铁矿	其他	
L57	2348.20	9.19	19.38	11.03	27.96	32.43	—	20.68
L68	2071.40	16.72	20.20	9.55	24.25	29.27	—	9.61
L68	2076.60	21.02	16.32	9.29	24.94	28.43	—	15.61
L68	2077.70	22.40	16.32	9.08	21.46	30.73	—	20.41
L68	2079.15	20.95	23.41	7.89	22.80	24.95	—	21.82
L68	2079.80	15.01	15.92	10.60	21.48	36.98	—	35.85
L68	2081.00	19.30	19.70	12.42	23.81	24.77	—	31.65
Z37	2237.20	29.95	16.88	2.94	25.73	24.50	—	28.80
Z50	1943.20	24.69	19.91	4.28	24.47	27.65	—	27.50
Z50	1944.10	22.50	17.22	6.18	22.94	31.17	—	24.97
L57	2333.55	30.10	15.51	4.86	36.73	12.80	—	12.09
L57	2335.48	28.27	17.13	4.56	36.57	13.47	—	14.80
L57	2344.50	27.51	19.41	4.70	34.41	13.97	—	14.09
L68	1998.40	32.04	14.58	2.92	34.68	15.78	—	7.80
M14	2122.20	34.00	17.50	3.60	33.90	10.92	—	11.61
M14	2123.30	29.00	19.10	3.20	34.20	13.54	—	19.38
G43	1970.08	45.90	9.80	1.90	39.70	2.60	—	11.58
G43	1979.90	48.50	6.10	1.90	40.60	2.80	—	6.97
G43	1983.45	43.50	8.00	1.70	41.70	5.10	—	10.32
G43	1985.44	46.00	10.80	2.20	40.30	0.90	—	7.56
M53	2390.00	47.50	5.80	12.70	31.70	2.10	—	7.07
M53	2391.30	40.00	4.90	24.60	29.20	1.50	—	3.25
M53	2392.67	49.80	5.50	16.10	25.30	3.20	—	2.89
ZT2	2013.02	29.10	12.90	17.70	34.40	1.50	4.30	2.88
ZT2	2014.60	44.00	9.60	1.10	41.70	1.40	2.20	9.80
ZT2	2017.65	41.10	9.90	1.40	31.60	9.90	6.00	7.39
ZT2	2020.15	33.70	20.50	4.00	38.00	1.90	1.90	4.79
ZT2	2023.01	53.80	7.20	2.20	35.10	1.70	—	5.11
ZT2	2027.00	34.60	16.30	1.80	46.30	1.10	—	5.82
L435	2415.50	35.30	10.80	3.50	32.40	15.00	3.10	9.20
L435	2421.73	41.10	15.80	1.60	34.20	7.30	—	6.46
Y66	2305.30	40.60	19.80	2.00	33.70	2.10	1.80	4.82
Y66	2341.50	41.60	13.40	0.60	42.20	2.20	—	6.04

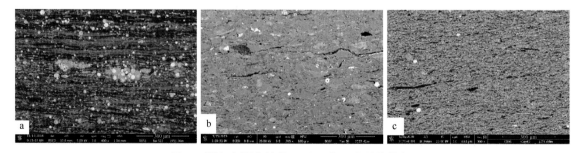

图1 鄂尔多斯盆地长7泥页岩显微结构特征
a. B522井，1951.36m，有机质纹层及黄铁矿丰富；b. Y56井，3057.42m，块状结构，富有机质及黄铁矿；
c. G43井，1770.08m，富含黏土，贫有机质及黄铁矿

显变少，有机质大多以团块状或其他形式存在，有机碳含量多为10%左右，甚至更低（图1b）。

（3）整体结构无纹层状，有机质相对较少，黏土矿物明显增多，黄铁矿少见，有机碳含量更低，多为5%以下。有机质主要以黏土复合型存在（图1c）。

以上3种类型只是电镜下粗略分类，常常一块样品中可以看到一种类型为主，有的样品中不同类型的微观特征不规律出现。纵向上特征变化明显，其厚度较薄，通常几十微米到几百微米，甚至更小，这种变化一般不易识别，电镜下可准确识别，充分体现了电镜分析的优势，也表明常规分析方法确认相同特征的样品，其分析结果相差较大的原因，就是因为微观取样位置不同，分析结果差异明显。泥页岩中不同层段特征差别明显，常常还夹杂薄砂岩层，尽管厚度不大，但有时候因层数较多，具有明显差异。所以借助更先进的分析手段能更准确地对泥页岩进行岩石学特征分析[9-10]。

2.2 长7泥页岩中有机质赋存状态

张永刚[11]通过显微荧光观察，将烃源岩中有机质的赋存状态分为分散、顺层富集、局部富集（斑块状）和生物碎屑等几种形式。张慧等[12]根据有机质与矿物的接触关系将页岩中有机质赋存状态划分为条带状、散块状、填隙状、封裹状。本文在前人分类基础上，结合显微镜观察进行分类。

电镜下有机质分布特征明显，根据其分布特征分为纹层状、条带状、团块状、不规则状、充填状及黏土复合型等（图2）。纹层状指有机质与矿物质交替沉积形成规模大小不等、薄厚不均的纹层。条带状指有机质局部富集呈条带状分布；团块状指有机质局部富集呈团块状，大小不等；不规则状指有机质形状奇特，呈不规则状；充填状指有机质充填于矿物质孔隙或矿物颗粒之间，胶结矿物质碎屑，或充填于生物碎屑体腔中；黏土复合型指有机质复合在细小的黏土矿物中或细小的碎屑颗粒中，无明显形状特征，不易识别。纹层状有机质多发育在纹层结构明显的泥页岩中，团块状及不规则状多见于块状结构泥页岩中。

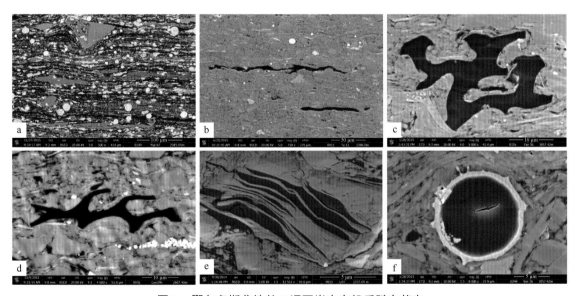

图2 鄂尔多斯盆地长7泥页岩中有机质赋存状态
a.Y67井，2045.05m，纹层状有机质；b.T11井，1386.0m，条带状有机质；c.Y56井，3057.42m，不规则形态有机质；d.L196井，2667.40m，不规则形态及黏土复合有机质；e.L57井，2337.05m，云母层间有机质；f.Y56井，3057.42m，生物体腔充填有机质

2.3 长7泥页岩中的孔隙类型及发育特征

泥页岩孔隙主要测定方法包括定性及定量分析，定量分析一般采用气体吸附法、压汞、核磁共振等方法，定性分析主要借助显微镜直接观察。泥页岩孔隙以微纳米级为主，而场发射扫描电镜具有分辨率高、放大倍数大等特点，是泥页岩微观孔隙定性观察的最佳工具。本文以电镜观察为基础，结合前人分类标准，将鄂尔多斯盆地长7泥页岩孔隙划分为以下类型。

2.3.1 与有机质有关的孔隙

鄂尔多斯盆地长7泥页岩中富含有机质，有机质赋存状态不同，有机质中的孔隙类型也不相同，根据电镜下特征，可细分为微孔及微裂隙两种（图3）。

长7泥页岩中有机质微孔较少，仅在少量样品中见到，大多孤立状分布，多呈圆形或不规则

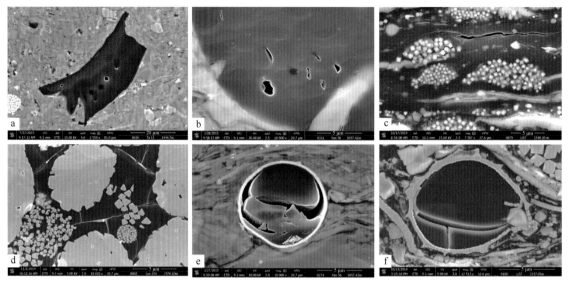

图 3　与有机质有关的孔隙

a. T11 井，1444.3m，有机质粒内孔；b. Y56 井，3057.42m，有机质粒内孔；c. L57 井，2348.20m，有机质微裂隙；
d. L254 井，2570.16m，有机质微裂隙；e. Y56 井，3057.42m，有机质微裂隙；f. L57 井，2337.05m，有机质微裂隙

状，孔壁光滑，孔内无充填物，多见于团块状有机质中。有机质纹层、有机质条带及充填状有机质中可见到细条状微裂隙，微裂隙分布不规则，长度大多达微米级，宽度以亚微米—纳米级不等。

2.3.2　无机矿物中的孔隙

长 7 泥页岩中无机矿物类型丰富，与无机矿物有关的孔隙主要有溶蚀微孔、晶间微孔、微裂隙，包括粒内微孔裂隙及层间微裂隙（图 4）。泥

页岩中石英、长石及碳酸盐等陆源碎屑在成岩过程中遭受溶蚀淋滤，产生溶蚀微孔，这类孔隙在电镜下主要有钾长石、钠长石及碳酸盐粒内溶蚀微孔，孔隙直径较小，大小不一。石英、长石、碳酸矿物，磷灰石、黄铁矿、草莓状黄铁矿集合体和云母等层片状矿物因压实等作用可以见到破裂、形变产生的微裂隙，部分黄铁矿集合体及黏土矿物中可见晶间微孔，整体上孔隙、微裂隙的形状不规则、大小不一。

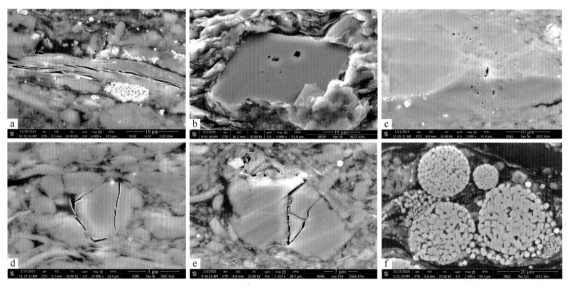

图 4　无机矿物中的微孔隙及微裂隙

a. L57 井，2337.05m，云母层间缝隙；b. Y56 井，3057.42，白云石粒内微孔；c. Y56 井，3057.42m，石英粒内微孔；
d. Y56 井，3057.420，石英粒内微裂隙；e. L254 井，2569.47m，钠长石粒内微裂隙；f. B522 井，1951.36m，黄铁矿晶间孔

2.4　长 7 泥页岩中主要矿物类型及特征

泥页岩主要组成矿物有石英、长石、碳酸盐矿物，黏土矿物等，各种矿物相对含量一般采用

X 射线衍射方法；各种矿物单个形态、集合体形貌、整体赋存状态、分布特征、相互接触关系等特征通过电镜观察。

2.4.1 石英

长 7 泥页岩中的石英主要有陆源碎屑成因及自生成因两种，陆源碎屑石英大小差别较大，几微米到几十微米都有，少量较粗大的石英表面发生不同程度的溶蚀，产生微孔，由于碎屑细小，很少见到石英次生加大。自生石英发育程度不一，部分自形非常好，呈条带状顺层分布，部分充填孔隙之中。

2.4.2 长石

长石同样具有陆源碎屑和自生成因两种类型。陆源碎屑长石有不同程度的溶蚀，有的长石被碳酸盐交代。自生长石在长 7 泥页岩中普遍存在，主要为自生钠长石、钾长石；另外在某些样品中普遍存在一种形态上类似长石的矿物，甚至富集成层，能谱分析其主要元素类似钾长石，但主要成分半定量分析显示（表 2），与标准的钾长石相比，其钾含量明显较低（能谱分析），综合认为该种矿物应为水铵长石。

水铵长石是美国地质学家波丁顿最早发现的一种含铵的新的长石矿物，分子式为 $NH_4AlSi_3O_8$ 或（NH_4，K）$AlSi_3O_8$。NH_4^+ 和 K^+ 具有相同的离子半径（K^+ 半径为 0.133nm，NH_4^+ 半径为 0.148nm），导致 NH_4^+ 可以替代 K^+ 参与成岩作用形成含铵硅酸盐矿物。常见的含铵硅酸盐矿物有水铵长石、含铵黑云母、铵伊利石等。

表 2　长 7 泥页岩中长石能谱分析结果

井号	井深/m	主要化学组成/%（质量分数）			井号	井深/m	主要化学组成/%（质量分数）		
		Al_2O_3	SiO_2	K_2O			Al_2O_3	SiO_2	K_2O
L57	2342.40	21.00	73.61	5.39	Y67	2045.05	23.11	70.07	6.82
		22.37	73.76	3.87			23.01	69.80	7.19
		23.22	72.77	4.01			23.10	71.82	4.79
		21.56	74.84	3.60			22.73	71.48	5.80
		22.78	73.17	4.05			22.14	72.23	5.63
	2338.40	25.18	71.63	3.19			23.49	72.40	4.11
		25.90	71.14	2.96			23.46	71.03	4.29
		24.40	72.63	2.97			23.16	72.07	4.77
		24.99	71.99	3.02			22.51	71.14	6.36
		25.59	70.99	3.42			23.22	72.26	4.52
		24.45	72.85	2.70			23.58	71.40	5.02
		25.26	71.76	2.98			23.19	72.31	4.49
		24.29	72.66	3.05			23.16	71.07	5.77
		26.21	70.64	3.15			23.24	72.28	4.49
		23.87	73.04	3.09			23.36	70.69	5.09
N154	1840.18	23.38	70.19	6.43			23.56	71.79	4.66
		22.70	68.41	8.89			23.49	71.27	5.24
		22.46	71.25	6.19			23.14	71.81	5.05
		22.52	71.29	6.20			24.01	70.53	5.47
		22.78	68.81	7.41		1844.10	23.81	68.52	7.67
		23.65	69.77	6.57			22.21	69.04	8.75
		22.93	69.62	6.25			19.31	72.99	7.70
		22.66	71.41	5.94			22.42	68.91	8.67
		22.96	70.81	6.23			22.18	70.17	7.64
		22.87	70.54	6.60	钾长石		18.40	64.70	16.90

水铵长石电镜下特征有两种：一是以孔隙充填状、斑状出现，另一种是层状富集出现。孔隙充填存在的水铵长石自形较好，晶体较粗大，部分水铵长石疑似沿孔壁周围生长，与孔隙充填有机质紧密镶嵌，充填于孔隙中，整体外形疑似颗粒形态，这可能是原来的碎屑溶孔中自生生长的水铵长石。层状富集的水铵长石整体晶形相对较小，有顺层分布趋势，可能是同沉积形成的，层状富集层中常常可见斑状沿孔隙壁生长的粗大晶体。某些层段水铵长石与粗大的长石晶体混杂一

起，这些粗大的长石大多是斜长石（钙钠长石），斜长石沿边缘变成水铵长石，同时可见方解石及钠长石产出。

水铵长石的产出一部分为自生成因，另一部分主要由 NH_4^+ 取代 K^+ 形成，NH_4^+ 主要来源于有机质的分解。长 7 沉积时期鄂尔多斯湖盆热液及火山活动频繁，带来的营养物质较丰富，生物繁盛，有机质丰富，在热液作用下有机质分解产生大量 NH_4^+，丰富的水铵长石也是湖盆热液活动的一个佐证。

2.4.3 云母

云母在长 7 泥页岩中较常见，其含量比石英、长石低，主要为陆源碎屑成因，云母的蚀变程度整体较低，一般层间缝隙较发育（图 5），部分层间缝隙在后期成岩过程中又被有机质或其他矿物充填。

2.4.4 碳酸盐矿物

碳酸盐矿物在长 7 泥页岩中的含量变化较大，主要为方解石、白云石、菱铁矿。部分碳酸盐矿物可见溶蚀，产生粒内微孔，部分碳酸盐矿物在成岩过程中发生变化，有时可见自生碳酸盐矿物充填孔隙。

部分样品中还可见到疑似菱锰矿，这种矿物形态特殊，依据能谱测定结果暂定为菱锰矿（钙菱锰矿）（图 5）。菱锰矿在长 7 泥页岩中不是很常见，仅见于两口井的两块样品中，形态稍有差别，一块样品中平面上呈四方形，部分充填有机质，四方形边长 5μm 左右；另一块样品中晶体为立方体状，大小不等。两个样品中菱锰矿很少单个出现，都呈密集层状分布，后者在菱锰矿层中因晶体大小不同又分为明显的粗细两层，中间界限分明。

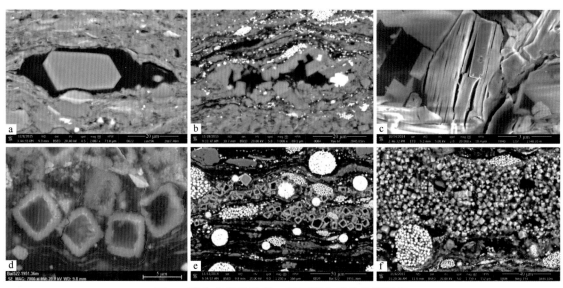

图 5 鄂尔多斯盆地长 7 泥页岩中矿物微观特征
a. L196 井，2667.40m，自生石英充填孔隙；b. Y67 井，2045.05m，水铵长石充填孔隙；c. L57 井，2348.20m，云母层间缝发育；
d、e. B522 井，1951.36m，菱锰矿层状分布；f. N154 井，1844.10m，菱锰矿密集层状分布

前人认为菱锰矿在热液沉积及变质条件下均能形成，热液成因多为显晶质，呈粒状或柱状集合体；而变质成因为显隐晶质，多呈块状、鲕状、肾状、土状等。多数学者认为菱锰矿是锰的氧化物、氢氧化物在成岩过程中经有机质还原转化的产物。陈登辉等[13]认为菱锰矿为海水相对较深的还原环境产物且与海底火山热液有关。陆相湖盆中菱锰矿报道很少见到，本文认为鄂尔多斯盆地长 7 菱锰矿的形成与湖底热液活动密切相关。

2.4.5 黄铁矿

长 7 泥页岩中黄铁矿普遍存在，含量变化较大，主要以单晶分散状和集合体形式出现。常见的集合体形态有条带状、透镜状（可能是成岩过

程中堆积松散的莓球状集合体被压扁）、团窝状、莓球状等，其中莓球状黄铁矿是分布最广、最为常见的一种集合体形态；莓球状黄铁矿的莓球直径变化较大，反映沉积水体的差异性。莓球状黄铁矿的堆积方式也不同，有的晶体松散堆积，发育晶间微孔；有的堆积紧密，近乎镶嵌，看起来像一个球状单晶。

2.4.6 磷灰石

扫描电镜—能谱分析显示，磷灰石在长 7 泥页岩中普遍存在，分布不均。一种是毫米级的磷酸钙团块（结核），多呈透镜体状，大小不等，顺层分布；第二种是与生物有关的，即生物壳体及生物碎屑磷灰石化；第三种是自生磷灰石矿物充

填孔隙，晶体自形较好。磷灰石常与生物作用密切相关。

2.4.7 黏土矿物

黏土矿物是泥页岩中最常见、含量较多的矿物类型，不同类型泥页岩黏土矿物含量差别较大。鄂尔多斯盆地长7泥页岩中黏土矿物丰富，主要类型有伊利石、伊/蒙混层、高岭石等，伊利石与伊/蒙混层在扫描电镜及能谱分析中不易区分，都称为伊利石。黏土矿物成因上有陆源碎屑成因、蚀变成因、自生成因三种类型。蚀变成因的黏土矿物颗粒边界不清，常成团窝状产出。长7泥页岩中能清楚分辨、有意义的黏土矿物主要是自生高岭石。

3 结 论

（1）长7优质烃源岩包括纹层状页岩与块状页岩两种，前者富含有机质纹层与莓球状黄铁矿，有机质以纹层状、条带状为主；后者黏土矿物含量相对较高，有机质以团块状、不规则状为主。

（2）优质烃源岩内可见多种特殊矿物类型，如水铵长石、黄铁矿、菱锰矿、磷灰石等，反映长7沉积期湖盆富营养化及频繁的湖底热液活动。通过场发射扫描电子显微镜技术可见泥页岩中发育多种孔隙与裂隙，构成了基质页岩的有效储集空间。

参考文献

[1] 邹才能，陶士振，侯连华，等.非常规油气地质[M].北京：地质出版社，2013：37，127-167.

[2] 杨智，付金华，郭秋麟，等.鄂尔多斯盆地三叠系延长组陆相致密油发现、特征及潜力[J].中国石油勘探，2017，22（6）：9-15.

[3] 邹才能，杨智.页岩油形成机制、地质特征及发展对策[J].石油勘探与开发，2013，40（1）：14-26.

[4] 邹才能，翟光明，张光亚，等.全球常规-非常规油气形成分布、资源潜力及趋势预测[J].石油勘探与开发，2015，42（1）：3-13.

[5] 白斌，朱如凯，吴松涛，等.利用多尺度CT成像表征致密砂岩微观孔喉结构[J].石油勘探与开发，2013，40（3）：329-333.

[6] 崔景伟，朱如凯，李士祥，等.致密砂岩油可动量及其主控因素：以鄂尔多斯盆地三叠系延长组长7为例[J].石油实验地质，2016，38（4）：536-542.

[7] 张忠义，陈世加，姚泾利，等.鄂尔多斯盆地长7段致密储层微观特征研究[J].西南石油大学学报（自然科学版），2016，38（6）：70-80.

[8] 杨华，李士祥，刘显阳.鄂尔多斯盆地致密油、页岩油特征及资源潜力[J].石油学报，2013，34（1）：1-11.

[9] 钱门辉，蒋启贵，黎茂稳，等.湖相页岩不同赋存状态的可溶有机质定量表征[J].石油实验地质，2017，39（2）：278-286.

[10] 付金华，牛小兵，淡卫东，等.鄂尔多斯盆地中生界延长组长7段页岩油地质特征及勘探开发进展[J].中国石油勘探，2019，24（5）：601-614.

[11] 张永刚，蔡进功，许卫平，等.泥质烃源岩中有机质富集机制[M].石油工业出版社，2007.

[12] 张慧，焦淑静，李贵红，等.非常规油气储层的扫描电镜研究[M].地质出版社，2016.

[13] 陈登辉，隋清霖，赵晓健，等.西昆仑穆呼锰矿晚石炭世含锰碳酸盐岩岩石地质地球化学特征及其沉积环境[J].沉积学报，2019，37（3）477-486.

收稿日期：2021-08-13

第一作者简介：
解丽琴（1967—），女，硕士，高级工程师，主要从事岩矿储层研究工作。
通信地址：陕西省西安市未央区明光路51号
邮编：710018

Petrological microscopic characteristics and geological significance of high quality Chang7 source rocks of Yanchang Formation in Ordos Basin

XIE LiQin and YANG WeiWei

(National Engineering Laboratory for Exploration and Development of Low Permeability Oil & Gas Fields;
Exploration and Development Research Institute of PetroChina Changqing Oilfield Company)

Abstract: Selecting 40 source rock samples, the petrological micro-features, occurrence state of organic matter, main mineral types, special mineral types, and the pore and fissure development of the source rocks were analyzed by using field emission scanning electron microscope and energy spectrometer. The results show that the high-quality source rocks of Chang7 Member include laminar shale and massive shale. The former is rich in organic matter laminae and berry spherical pyrite; the organic matter is mainly laminar and band-like. The clay mineral content of the latter (the massive shale) is relatively high; the organic matter is mainly massive and irregular. A variety of special mineral types can be seen in the high-quality source rocks, such as ammonium hydroxide feldspar, pyrite, rhodochrosite, apatite etc., reflecting the lake basin eutrophication and frequent lake bottom hydrothermal activities in the sedimentary period of Chang7 Member. There are many kinds of micro-pores and micro-fissures in the shale, which constitute the effective reservoir space of the matrix shale. The reservoir space development area may become the sweet spots of the shale oil enrichment.

Key words: high quality source rock; petrology; microscope feature; special mineral; Ordos Basin

陕北地区三叠系延长组长8储层特征及低渗透致密成因机理

王邢颖[1,2]，柳 娜[1,2]，南珺祥[1,2]

（1. 低渗透油气田勘探开发国家工程实验室；2. 中国石油长庆油田分公司勘探开发研究院）

摘 要： 应用偏光显微镜、场发射扫描电镜、图像粒度、全岩与黏土X衍射分析、恒压压汞等分析测试技术，对陕北地区三叠系延长组长8储层特征进行了研究。结果表明，研究目的层沉积之后处于相对稳定的匀速下沉埋藏期，区内岩性组成相对复杂，以岩屑长石砂岩和长石砂岩为主，粒度细，填隙物含量高。储层孔隙度一般在4%～12%之间，平均为8.05%，渗透率一般在0.03～0.5mD之间，平均为0.16mD。压实作用强，钙质、硅质、自生伊利石胶结作用发育，是形成低渗透致密储层的重要原因。早期形成的绿泥石膜对孔隙具有一定的保护作用，保存了部分残余粒间孔，形成了局部相对高孔高渗的优质储层发育区。

关键词： 陕北地区；长8储层；低渗致密；成因机理

近几年，随着鄂尔多斯盆地延长组油气勘探不断深入，盆地北部陕北地区吴起、志丹、安塞等地石油勘探不断取得新突破，前人对该地区沉积相[1-3]、成藏机理[4-6]等有较多研究，但在储层微观孔隙结构特征、致密机理成因等方面做的工作较少，仅有少量针对小区块的研究，对陕北地区长8储层整体研究不多[7]，专门针对陕北地区长8储层特征、孔隙结构特征、成岩演化及致密因素分析等的研究成果基本没有，因此有必要开展研究。

1 地质背景

鄂尔多斯盆地是一个沉积稳定、坳陷迁移、扭动明显的多旋回复合克拉通盆地，具有丰富的油气资源。地层平缓，倾角一般小于1°，现今构造可分为6个二级构造单元，包括伊盟隆起、渭北隆起、西缘冲断带、天环坳陷、伊陕斜坡及晋西挠褶带。受印支运动影响，盆地自晚三叠世以来发育完整、典型的陆相碎屑岩沉积体系，上三叠统延长组是在鄂尔多斯盆地持续凹陷和稳定沉降过程中堆积的河流—湖泊相陆源碎屑岩系。

陕北地区三叠系延长组石油资源丰富，经过连续30多年的勘探开发，主力油层长6勘探开发程度高，下步持续发展难度非常大，为确保实现陕北地区原油产量稳中有升的发展目标，亟须寻找新的接替层系，夯实增储上产的资源基础。陕北地区长8具有丰富的油气资源，研究区位于伊陕斜坡构造带内，西起吴起，东至安塞（图1），属于三角洲前缘沉积[1]，距离长7烃源岩近，砂

体发育，是长庆油田目前重要的石油勘探接替层位。本文通过对该地区长8储层岩石学、孔隙结构、成岩作用等方面的研究，指明致密储层的形成机理，为下步勘探提供地质依据。

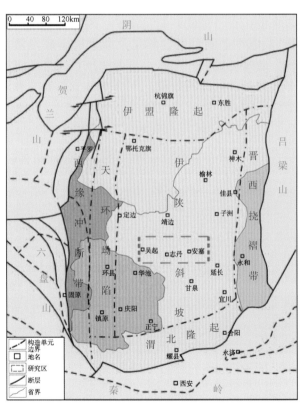

图1 工区位置图

2 储层岩石学特征

2.1 岩石类型

根据鄂尔多斯盆地吴起—志丹—安塞地区

100 口井的 185 个长 8 砂岩铸体薄片鉴定资料统计分析，按照 SY/T 5368—2016《岩石薄片鉴定》的划分方法，长 8 岩石类型以极细—细粒岩屑长石砂岩和长石砂岩为主（图 2）。

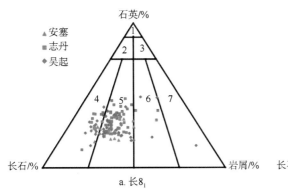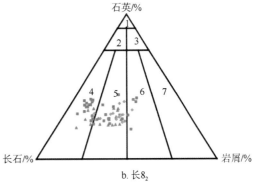

图 2　吴起—志丹—安塞地区长 8 砂岩分类三角图

1—石英砂岩；2—长石石英砂岩；3—岩屑石英砂岩；4—长石砂岩；5—岩屑长石砂岩；6—长石岩屑砂岩；7—岩屑砂岩

2.2　碎屑组合特征

吴起—志丹—安塞地区长 8 储层碎屑成分含量统计表明（表 1），砂岩碎屑含量介于 57.3% ~ 96.5%之间，平均含量为 85.9%，填隙物含量相对较低。碎屑组分以"两高一低"，即高长石、高云母等软组分，低岩屑为特征，这是陕北地区长 8 储层区别于盆地其他地区储层的典型特征[7-9]。

表 1　吴起—志丹—安塞地区长 8 储层碎屑成分含量表

层位	石英/%	长石/%	火成岩岩屑/%	变质岩岩屑/%	沉积岩岩屑/%	云母及其他/%
长 8₁	30.2	46.4	5.9	8.3	0.2	8.9
长 8₂	31.5	45.6	3.9	8.3	0.3	10.3

2.3　填隙物特征

研究区长 8 砂岩填隙物含量较高，与盆地陇东及姬塬地区长 8₁ 相当[7, 9]，平均含量为 13.0%。长 8₁ 砂岩填隙物含量较高，为 14.5%；长 8₂ 砂岩填隙物含量相对较低，为 11.5%。填隙物类型以伊利石、绿泥石和碳酸盐类为主（表 2）。

表 2　吴起—志丹—安塞地区长 8 储层填隙物含量统计表

层位	高岭石/%	水云母/%	绿泥石/%	铁方解石/%	铁白云石/%	长英质/%	总量/%
长 8₁	0.1	4.5	3.4	3.8	1.3	1.4	14.5
长 8₂	0.5	2.0	3.6	4.1	0.2	1.1	11.5

绿泥石主要为薄膜状分布（图 3a、b）。自生伊利石呈丝状、搭桥状分布（图 3c）。铁方解石呈斑状、粗—巨晶状充填孔隙，交代碎屑。长英质以加大、自生充填孔隙为主（图 3d），碳酸盐矿物以充填孔隙、交代碎屑为主（图 3e、f）。

3　储层孔隙结构特征

3.1　储层物性特征

66 口井 3234 个长 8 岩心分析物性数据统计显示，长 8 储层孔隙度变化范围为 0.76% ~ 15.89%，主要分布于 6% ~ 10%之间，平均孔隙度为 8.05%；渗透率变化范围为 0.03 ~ 3.34mD，主要分布于 0.1 ~ 0.5mD 之间，平均渗透率为 0.16mD。依据石油天然气行业标准 SY/T 6285—2011《油气储层评价方法》，研究区长 8 储层主要为特低孔、超低渗透储层。从平面上看（表 3），吴起地区储层孔隙度平均值为 7.74%，渗透率平均值为 0.16mD；志丹地区储层孔隙度平均值为 7.54%，渗透率平均值为 0.16mD；安塞地区储层孔隙度平均值为 8.88%；渗透率平均值为 0.17mD。说明研究区长 8 储层的渗透率非均质性不强，安塞地区储层孔隙度要相对好于吴起地区和志丹地区。

3.2　孔隙类型

研究区长 8 砂岩储层孔隙类型主要为残余粒间孔和长石溶孔，少量微裂隙，以溶孔—粒间孔型储层为主，面孔率为 2% ~ 3%（表 4）。

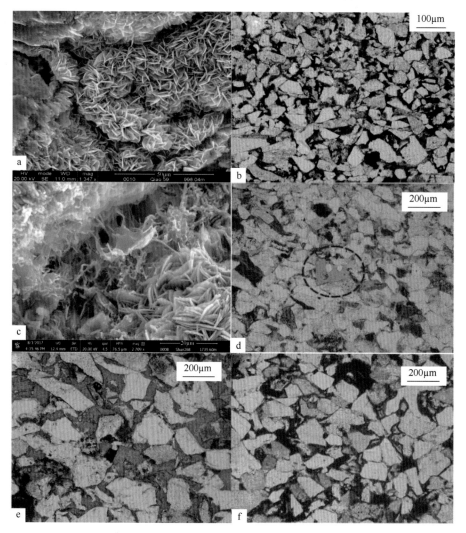

图3 吴起—志丹—安塞地区长8填隙物薄片和扫描电镜照片

a. 颗粒表面绿泥石薄膜，Q59井，998.04m；b. 颗粒边缘绿泥石薄膜，Q54井，1480.53m；c. 丝状伊利石充填孔隙，S268井，1739.60m；d. 自生石英，Y55井，2036.50m；e. 铁方解石充填孔隙并交代碎屑，X311井，2063.00m；f. 铁白云石充填孔隙，X416井，1954.10m

表3 吴起—志丹—安塞地区长8储层物性统计表

地区	孔隙度/%			渗透率/mD			样品数
	最小值	最大值	平均值	最小值	最大值	平均值	
吴起	0.88	14.82	7.74	0.03	1.59	0.16	1155
志丹	0.76	14.59	7.54	0.03	2.40	0.16	1027
安塞	1.39	15.89	8.88	0.03	3.34	0.17	1052

表4 吴起—志丹—安塞地区长8储层孔隙类型统计表

层位	残余粒间孔/%	粒间溶孔/%	长石溶孔%	岩屑溶孔%	晶间孔/%	微裂隙/%	总面孔率/%	平均孔径/μm
长8_1	1.80	0.04	0.87	0.27	0.06	0.05	3.1	43
长8_2	1.04	0.05	1.10	0.04	0.06	0.04	2.4	28
平均	1.56	0.04	0.94	0.20	0.06	0.05	2.9	38

3.3 孔隙结构特征

研究区 50 块样品的恒压压汞分析表明，排驱压力介于 0.11 ~ 3.54MPa 之间，平均为 1.22MPa；中值压力介于 1.45 ~ 33.44MPa 之间，平均为 11.07MPa；最大连通孔喉半径介于 0.21 ~ 6.67μm 之间，平均中值孔喉半径为 0.07μm（200MPa 进汞条件下），孔隙平台较发育，平台段达到 70% ~ 80%（图4），束缚孔喉小于 30%，部分甚至小于 10%，显示了研究区长8良好的储集性能。

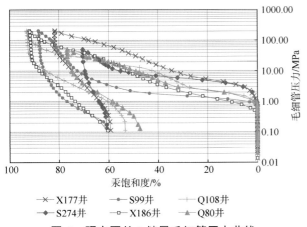

图 4　研究区长 8 储层毛细管压力曲线

图例：
—×— X177井　　—●— S99井　　—+— Q108井
—◆— S274井　　—□— X186井　　—▲— Q80井

4　低渗致密储层的形成机理

4.1　沉积基础较差，长期稳定下沉埋藏压实是形成低渗致密储层的关键因素

操应长等通过模拟实验研究表明，粒度及分选系数（本文对应的为标准偏差）对砂岩储层的原始孔隙度和渗透率影响巨大，模拟上覆地层压力条件下研究了压实作用对储层储集性能的影响。结果表明，只经历机械压实作用的情况下，

相同物源、相同分选的砂岩，颗粒粒度越粗，压实过程中压实减孔率越小，最终保存的孔隙越多，砂岩渗透性越好；不同分选、相近粒度的砂岩，分选越差，压实过程中压实减孔率越大，最终保存的孔隙越少，砂岩渗透性越差。不同岩相类型的砂岩，在压实缓变阶段，分选好中砂岩相平均百米减孔量最小，其次为分选好细砂岩相和分选好粉砂岩相，再次为分选中等粗砂岩相，分选差含砂砾岩相平均百米减孔量最大[10]。研究区 117 个样品的图像粒度分析表明，长 8_1、长 8_2 储层具有较一致的结构特征，砂岩粒度以细砂和极细砂为主，中砂、粉砂及悬浮组分泥质等少量，分选中等（表 5），属于压实过程中不利于孔隙保存的岩相类型，且延长组长 8 沉积之后，目的层处于持续缓慢下沉埋藏和压实的过程[11]。因此，长 8 储层粒度细、千枚岩屑及云母等软组分含量高（表 1），加上长期稳定下沉埋藏并持续压实是导致研究区长 8 储层低渗致密的关键因素，埋藏深度与孔隙度的相关图也从侧面证明了这一点（图 5）。

表 5　吴起—志丹—安塞地区长 8 储层砂岩粒度统计表

层位	中砂/%	细砂/%	极细砂/%	粉砂/%	泥/%	标准偏差	C 值/mm	M 值/mm
长 8_1	6.03	50.40	34.80	5.57	3.18	0.62	0.27	0.14
长 8_2	9.14	54.22	27.18	6.49	3.12	0.62	0.28	0.15

注：C 值是累积曲线上颗粒含量 1% 处对应的粒径，即粒度最大值；M 值是累积曲线上 50% 处对应的粒径，即粒度中值。

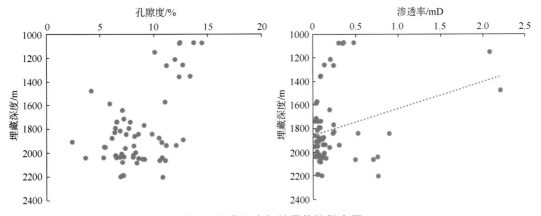

图 5　埋藏深度与储层物性散点图

4.2　破坏性成岩作用为主的成岩演化，是形成低渗致密储层的重要因素

根据储层铸体薄片和扫描电镜观察与分析，主要成岩作用有压实作用、胶结作用、溶解作用和交代作用。颗粒之间线状接触，R_o 值为 0.7% ～ 1.0%，黏土矿物组合以有序混层黏土矿物为主，混层比一般为 25%，成岩阶段位于中成岩 A 阶段。孔隙演化表明，压实作用和胶结作用损失的孔隙

度占原始孔隙度的 80% 以上，其中碳酸盐、伊利石、硅质等影响最为严重，与孔隙度具有明显的负相关关系（图 6a、c、d）。孔隙演化简略过程为：原始孔隙度 38.85%→压实作用损失孔隙度 19.90% 至 18.95%→胶结作用损失孔隙度 14.10% 至 4.35%→溶解作用增加孔隙度 3.20% 至 8.05%（最终孔隙度）。

溶蚀作用对孔隙度的贡献平均为 15.78%，早

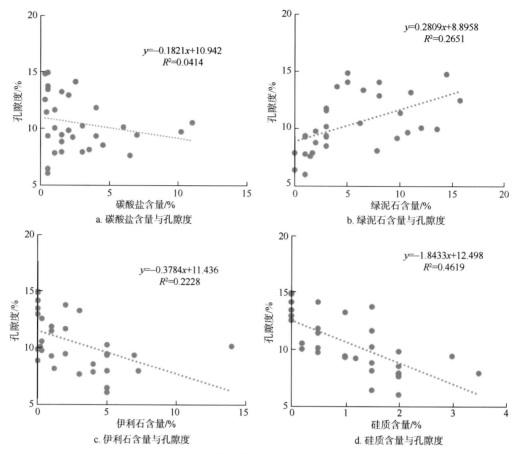

图6 吴起—志丹—安塞地区长8储层胶结物与孔隙度关系图

成岩阶段绿泥石膜的形成阻止了残余粒间孔中后期矿物的形成，一定程度上保护了储层（图6b），使得研究区局部存在以绿泥石膜胶结为主，粒间孔发育，孔隙连通性较好的相对高渗储层发育区。

5 结论与认识

（1）陕北地区吴起—志丹—安塞地区长 8 储层以长石砂岩或岩屑长石砂岩为主，储集空间以溶孔—粒间孔为主，虽然以低渗透致密储层为主，但孔隙平台发育，进汞饱和度高，储集性能相对较好。

（2）造成陕北长 8 储层致密的因素包括沉积作用和成岩作用。粒度细、碎屑软组分及胶结物含量高、压实作用强烈是形成低渗透致密储层的主要因素。早期绿泥石膜对孔隙具有保护作用，局部形成相对"高孔高渗"储层发育区。

参考文献

[1] 李玉宏，李文厚，张倩，等. 鄂尔多斯盆地及周缘沉积相图册[M]. 北京：地质出版社，2020.

[2] 李相博，完颜容，魏立花，等. 鄂尔多斯盆地长8油层组古地理环境与沉积特征[J]. 沉积学报，2011，29（6）：1086-1095.

[3] 李树同，姚宜同，刘志伟，等. 姬塬、陕北地区长 8₁浅水三角洲水下分流河道砂体对比研究征[J]. 天然气地球科学，

2015，26（5）：813-822.

[4] 付金华，邓秀芹，王琪，等. 鄂尔多斯盆地三叠系长 8 储集层致密与成藏耦合关系：来自地球化学和流体包裹体的证据[J]. 石油勘探与开发，2017，44（1）：48-55.

[5] 楚美娟，李士祥，刘显阳，等. 鄂尔多斯盆地延长组长 8 油层组石油成藏机理及成藏模[J]. 沉积学报，2013，31（4）：683-691.

[6] 姚泾利，徐丽，邢蓝田，等. 鄂尔多斯盆地延长组长 7 和长 8 油层组流体过剩压力特征与油气运移研究[J]. 天然气地球科学，2015，26（12）：2219-2225.

[7] 刘翰林，杨友运，王凤琴，等. 致密砂岩储集层微观结构特征及成因分析：以鄂尔多斯盆地陇东地区长 6 段和长 8 段为例[J]. 石油勘探与开发，2018，45（12）：223-234.

[8] 张纪智，陈世加，肖艳，等. 鄂尔多斯盆地华庆地区长 8 致密砂岩储层特征及其成因[J]. 石油与天然气地质，2013，34（5）：679-684.

[9] 陈朝兵，朱玉双，陈新晶，等. 鄂尔多斯盆地姬塬地区延长组长8₂储层沉积成岩作用[J]. 石油与天然气地质，2013，34（5）：685-693.

[10] 操应长，蒽克来，王健，等. 砂岩机械压实与物性演化成岩模拟实验初探[J]. 现代地质，2011，25（6）：1152-1159.

[11] 李相博，刘显阳，周世新，等. 鄂尔多斯盆地延长组下组合油气来源及成藏模式[J]. 石油勘探与开发，2012，39（2）：172-180.

（英文摘要下转第59页）

收稿日期：

第一作者简介：
王邢颖（1995—），女，硕士，助理工程师，主要从事油气储层岩石学、成岩作用、储层评价研究工作。
通信地址：陕西省西安市未央区明光路
邮编：710018

泥页岩中可动烃岩石热解测试实验方法的建立与应用

吴　凯[1,2]，李善鹏[1,2]

（1. 低渗透油气田勘探开发国家工程实验室；2. 中国石油长庆油田分公司勘探开发研究院）

摘　要： 泥页岩中可动烃量的测定是页岩油资源评价的关键。利用岩石热解技术，探讨了泥页岩样品保存时间、进样粒度、热解仪设定参数等客观因素对泥页岩 S_1 值的影响。通过开展冷冻岩心 3 段式岩石热解实验，明确 S_{1a}（≤100℃）、S_{1b}（100～200℃）、S_{1c}（200～300℃）之间的关系，建立了泥页岩中可动烃岩石热解测试实验方法，并将该方法应用于鄂尔多斯盆地中生界长 7 段泥页岩可动烃评价。

关键词： 泥页岩；可动烃；岩石热解

泥页岩中的可动烃是指开采过程中潜在可能流动的油质部分，包括游离烃和吸附烃中易挥发的轻烃组分。泥页岩中可动烃的量是反映页岩油富集程度的关键参数，因此，其测试方法对页岩油评价意义重大。

近年来，鄂尔多斯盆地中生界长 7 段页岩油已取得重大勘探突破。从采出的长 7 段页岩油全烃色谱图（图 1）可以看出，泥页岩中可动烃（页岩油）以轻质烃、中质烃为主，主峰碳为 nC_{15} 左右，nC_{25} 以上烃类组分含量较低，油质偏轻。

页岩油族组成呈高饱和烃、较低的芳香烃和非烃、极低的沥青质的特征（表 1）。说明泥页岩中的非烃组分不易与烃类组分一起流出，而沥青质几乎是不可动的。因此，页岩中可动烃理

论上应以轻质烃—中质烃为主，包括少量的非烃组分。

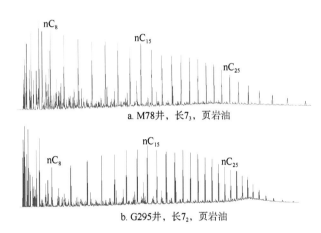

a. M78 井，长 7_3，页岩油

b. G295 井，长 7_2，页岩油

图 1　鄂尔多斯盆地典型井长 7 页岩油全烃色谱图

表 1　长 7 页岩油族组成分析数据

井号	产层	样品	族组成/%			
			饱和烃	芳香烃	非烃	沥青质
G295	长 7	页岩油	81.09	8.96	9.95	0
M81	长 7	页岩油	85.44	10.06	3.98	0.50
M78	长 7	页岩油	82.57	10.83	5.92	0.68

由于泥页岩极低的孔隙度与渗透率，以及黏土矿物和有机质对烃类具有较强的吸附作用，直接测定泥页岩中可动烃比较困难。近年来，国内外一些学者尝试用不同方法评价泥页岩中可动烃量，多数学者使用热解 S_1 值和氯仿沥青 "A" 作为泥页岩含油丰度指标。Jarvie 认为热解（S_1/TOC）×100 的值高于 100mg/g 的泥页岩层段为页岩油产出层段[1]。李吉军发现，S_1 值越大，泥页岩孔隙度越大，页岩油流动性越强，认为 S_1 值适用于表示可动页岩油[2]。薛海涛指

出，由于泥页岩层系的低孔低渗特征，通常使用的热解参数 S_1、氯仿沥青 "A" 不适合作为单独的含油率参数，必需对 S_1 进行轻烃补偿和重烃校正[3]。

一些学者[4-6]认为，因样品自身热演化程度、有机质类型及存放、分析等原因造成轻烃损失，在应用 S_1 和氯仿沥青 "A" 做含油丰度指标时，有必要对 S_1 和氯仿沥青 "A" 进行轻烃补偿。宋国奇等通过新鲜样品冷冻密闭处理与常规条件分析测试对比发现，处于成熟演化阶段的样品轻烃

平均损失率为 50%左右[4]。

本次研究根据泥页岩中可动烃的组分特征，使用 Rock Eval 6 型岩石热解仪，用岩石热解法测试了冷冻岩心与正常样品在不同样品形态与保存条件下以及不同热解升温速率与保持时间等参数下 S_1 值的变化特征，探讨各种测试条件对 S_1 值尤其是轻烃散失的影响，探索通过岩石热解测试技术建立近似、有效、可行的泥页岩可动烃测试方法。

1 仪器、实验方法及实验条件对 S_1 影响的测试

岩石热解分析方法是常用的生油岩与储集岩快速评价方法，目前执行国家标准 GB/T 18602—2012《岩石热解分析》[7]，国内石油地质实验室主要使用的分析仪器为法国万奇公司生产的 Rock Eval 6 型岩石热解仪。用岩石热解分析方法测定泥页岩中可动烃的含量，需要解决两方面问题：一是确定适当的热解温度，使得热蒸发烃（S_1）的组成与可动烃更加接近；二是轻烃组分具有易挥发散失的特点，较易受到样品保存时间、存放条件及样品处理过程等的影响，从而显著影响热蒸发烃测试数据的稳定性与可靠性，需建立可靠的轻质烃恢复方法。实验样品为采自鄂尔多斯盆地延长组长 7 段的湖相富有机质泥页岩，样品 R_o 值约为 1.0%。Rock Eval 6 岩石热解仪可设定的最低炉温为 100℃，与长 7 泥页岩埋藏地层的地温接近，因此本次实验起始测量温度为 100℃。

由于轻质烃容易挥发散失，实验中泥页岩 S_1 值受到挥发作用影响。通过对岩石热解实验仪器特点、实验原理、实验流程梳理，分析 S_1 值检测结果可靠性受以下几个条件的影响：

（1）受仪器测量过程影响：轻烃类组分在室温下会有一定的挥发，测量过程中样品挥发是否对测量结果造成重要影响需要评估。

（2）受样品保存状态影响：由于测量对象是低温下易于挥发烃类，样品的保存状况（包括分析样品的粒度、样品粉碎后至制样时间等）会对分析数据产生影响。

（3）仪器实验参数的影响：岩石热解实验参数主要有升温速率、保持时间，选取不同的升温速率、保持时间等实验参数，可能对实验数据产生影响。

为建立比较稳妥的实验方法，需要对以上 3 点进行评估和优选。实验采用分段式升温，分别检测 100℃及以下、100～350℃和 350～650℃共 3 个温度段泥页岩产生的烃类。实验中，100℃以下的热蒸发烃含量更容易受到挥发作用影响。因此，重点评价该温度下的实验参数。

1.1 样品形态与保存条件对检测结果的影响

1.1.1 检测过程的轻烃挥发影响重复性

选取质地均匀的长 7 段黑色泥页岩样品，分为 5 份，粉碎至同等颗粒大小，立即开展实验。采用同样的实验参数，对比热解烃量数据。

从测试结果来看（表 2、图 2），5 个样品在不同温度段测试的热解烃类含量比较接近，根据现行国家标准 GB/T 18602—2012《岩石热解分析》[7]对分析精密度的要求（表 3、表 4），计算岩石热解烃相对双差与偏差。

表 2 同一样品、同一状态下不同温度段岩石热解数据

样品编号	井号	井深/m	层位	有机碳/%	热解烃量/(mg·g⁻¹)				T_{max}/℃
					≤100℃	100～350℃	350～650℃	总量	
1	L254	2561.76	长 7	14.19	0.61	4.08	28.34	33.03	449
2	L254	2561.76	长 7	14.19	0.60	4.64	29.86	35.10	450
3	L254	2561.76	长 7	14.19	0.60	4.75	30.71	36.06	450
4	L254	2561.76	长 7	14.19	0.52	4.69	30.16	35.37	450
5	L254	2561.76	长 7	14.19	0.54	4.80	30.41	35.75	449

5 个样品测试数据 T_{max} 偏差为 1℃，相对双差经过 350～650℃热解烃值两两计算，其平均值小于 10%，符合国家标准中规定的分析精密度值。

国标中标准双差是选用 S_2 值进行计算的，根据实验结果，在选取同一个样品进行快速测试时，本实验室的 Rock Eval 6 岩石热解仪产生的数据符合国家标准的误差要求，数据可信。同时，100℃时热蒸发烃含量彼此接近，100～350℃热蒸发烃含量数据也彼此接近，总体上数据误差为 10%左右，数据稳定性较好。

1.1.2 样品粒度影响

常规砂岩储层岩石热解实验的样品要求为岩

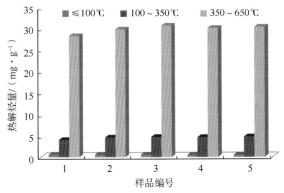

图2 同一样品、同一状态下不同温度段测量的
热解烃量对比柱状图

表3 GB/T 18602—2012《岩石热解分析》规定的 S_2
相对双差

S_2/（mg·g^{-1}）	相对双差/%
> 3	≤10
1 ~ 3	≤20
0.5 ~ 1	≤30
0.1 ~ 0.5	≤50
< 0.1	不规定

注：相对双差 $= \dfrac{|A-B|}{(A+B/2)}$。

表4 GB/T 18602—2012《岩石热解分析》规定的 T_{max}
偏差

T_{max}/℃	偏差/℃
<450	≤2
>450	≤5

注：S_2<0.5mg/g 时，不规定 T_{max} 值的偏差范围。

屑级，颗粒较大，是为了防止磨样时造成烃类损失；而泥页岩储层由于物性差、有机质含量高，对烃类吸附能力较强，前期在不同粒度样品氯仿沥青抽提实验中已发现细粒样品和粗粒样品测试结果有很大的差异（表5），对采自 L231 井

2115.9m 长 7 段黑色泥岩样品开展了不同粒度的氯仿沥青 "A" 抽提实验，结果发现随样品粒度增大，抽提出的氯仿沥青 "A" 含量逐渐降低。样品直径较大时（2~3cm），抽提出的氯仿沥青 "A" 仅为粉末样品的 1/6，说明样品粒度对测试结果影响很大。

表5 不同粒度黑色泥岩样品氯仿沥青 "A" 抽提
测试结果

编号	井号	井深/m	层位	样品直径/cm	氯仿沥青 "A" /%
1	L231	2115.9	长 7	2.0 ~ 3.0	0.0961
2	L231	2115.9	长 7	0.5 ~ 1.0	0.1339
3	L231	2115.9	长 7	0.2 ~ 0.5	0.1973
4	L231	2115.9	长 7	< 0.2	0.3933
5	L231	2115.9	长 7	粉末	0.6475

选取一块质地均匀的长 7 黑色泥页岩样品，分为 8 份，依次粉碎至 200 目以上、160 ~ 200 目、120 ~ 160 目、80 ~ 120 目、40 ~ 80 目、20 ~ 40 目、小颗粒（直径为 3 ~ 5mm）、大颗粒（直径为 5 ~ 10mm）8 种粒径，在同等条件下开展岩石热解实验，比较热蒸发烃量实验数据。

实验结果显示（表 6），100℃条件下，热蒸发烃量随粒度增大而降低，其他温度段热解烃量与粒度关系不明显。由于泥页岩孔隙度和渗透率极低，以及泥页岩中有机质对烃类有较强的吸附能力，使得在样品颗粒较大、温度较低，烃类难以逸出。因此，开展热蒸发烃量测定的样品应粉碎至粉末状态。而粉末状样品在放置过程中不可避免地会发生烃类挥发，需评价样品放置时间对测试数据的影响。

表6 不同粒度条件下岩石热解实验数据

井号	井深/m	热解烃量/（mg·g^{-1}）				T_{max}/℃	备注
		100℃	100 ~ 350℃	350 ~ 650℃	总量		
L254	2561.76	1.20	4.05	27.12	32.37	450	200 目以上
L254	2561.76	0.98	4.27	28.06	33.31	449	160 ~ 200 目
L254	2561.76	0.85	4.43	27.99	33.27	448	120 ~ 160 目
L254	2561.76	0.73	4.48	28.17	33.38	449	80 ~ 120 目
L254	2561.76	0.54	4.49	27.73	32.76	447	40 ~ 80 目
L254	2561.76	0.34	4.30	28.27	32.91	446	20 ~ 40 目
L254	2561.76	0.10	4.01	28.62	32.73	449	直径 3 ~ 5mm 小颗粒
L254	2561.76	0.09	4.24	29.20	33.53	448	直径 5 ~ 10mm 大颗粒

1.1.3 样品放置时间影响

选取一块质地均匀的长 7 黑色泥页岩样品，将其粉碎至 200 目以上及 160 ~ 200 目，分别分为

3 份，1 份立即测试，另外 2 份在空气中自然放置，分别在 1 天后和 1 个月后测试，采用同样的实验参数，对比实验数据。

结果显示（表7），放置1天后100℃条件下热蒸发烃量减少约15%，放置1个月后100℃条件下热蒸发烃量减少50%以上；放置后100~350℃条件下热蒸发烃量测试差别不大。结果证明，样品放置时间对100℃条件下的热蒸发烃量产生重要影响。因此，评价轻质烃含量时应格外重视样品的新鲜度。此外，样品粉碎后应立即测试，不可等待太久。

表7　粉末样品热蒸发烃量与样品测试时间的关系

井号	井深/m	热解烃量/（mg·g⁻¹）				T_{max}/℃	样品粒径及测试时间
		100℃	100~350℃	350~650℃	总量		
L254	2561.76	1.20	4.05	27.12	32.37	450	200目以上（立即）
L254	2561.76	0.91	4.52	28.71	34.14	450	200目以上（隔1天）
L254	2561.76	0.47	4.43	27.52	32.42	447	200目以上（隔1个月）
L254	2561.76	0.98	4.27	28.06	33.31	449	160~200目（立即）
L254	2561.76	0.84	4.51	28.28	33.63	449	160~200目（隔1天）
L254	2561.76	0.38	4.72	29.03	34.13	447	160~200目（隔1个月）

1.2　岩石热解仪设置参数对检测结果的影响

岩石热解仪参数主要有恒温时间和升温速率两个。恒温时间是指样品在样品炉中加热到指定温度后在该温度下的保持时间。常规储层岩石热解恒温时间一般为2~3℃。对页岩储层来讲，即使是粉末样品，泥页岩有机质对烃类的吸附能力依然较强，恒温时间越长，在该温度下烃类释放越充分。但是从样品测试经济性角度，并不是恒温时间越长越好，而是应该寻找一个合理的平衡点，既能使绝大多数烃类逸出，又能使测试时间保持在适当范围内。

选取同一样品称量3份，在其他所有测试条件不变的情况下，在100℃下分别恒温10分钟、30分钟、60分钟，对比实验数据。

从测试结果（表8）可以看出，100℃条件下恒温时间越长，热蒸发烃量越多，恒温时间10分钟比恒温时间30分钟检测到的热蒸发烃量少50%左右，而恒温30分钟与恒温60分钟测得的热蒸发烃量差别不大。从热解图谱（图3）上也可以看到，100℃保持10分钟时，信号峰并未降到基线附近，该温度下能够释放出的烃类并未完全释放。综合考虑，选取30分钟恒温时间较为合适。

表8　粉末样品热蒸发烃量与恒温时间的关系

井号	井深/m	热解烃量/（mg·g⁻¹）				T_{max}/℃	100℃恒温时间/min
		100℃	100~350℃	350~650℃	总量		
L254	2561.76	0.48	5.37	30.55	36.40	450	10
L254	2561.76	1.11	4.73	29.48	35.32	451	30
L254	2561.76	1.13	4.45	29.73	35.31	449	60

升温速率是指样品在样品炉中从一个指定温度加热到下一个指定温度时的升温速度。GB/T 18602—2012《岩石热解分析》中烃源岩测试采用的升温速率为25℃/min，考虑到本实验温度相对较低，温度段要求更精确，而热蒸发烃受实验温度影响较大，为防止升温速率过快导致温度瞬时冲过设定值，本实验升温速率设定为10℃/min。

1.3　条件实验结果讨论

（1）Rock Eval 6岩石热解仪可用来快速测定泥页岩可动烃量，在仪器稳定时，低温100℃获取的轻烃数据具有良好再现性，是稳定可靠的；

（2）样品前处理以粉碎至粉末状为宜，不宜采用颗粒样品；

（3）应尽量采取新鲜样品，且在样品粉碎后立即开始测试，减少轻烃挥发的影响；

（4）恒温时间设置为30分钟，升温速率设置为10℃/min。

2　取心现场冷冻泥页岩样品实验

前述实验使用的是存放已久的岩心，虽然取样时尽量选取岩心中部未暴露在空气中的样品，但在理论上，岩心在出岩心筒压力释放的那一刻，就开始了轻质烃的散失，加上岩样从井场送到实验室经过数天时间，烃类会发生不同程度的散失。因此，不同批次样品由于保存条件不一致，测得的热蒸发烃数据难以相互对比。本次开展了取心

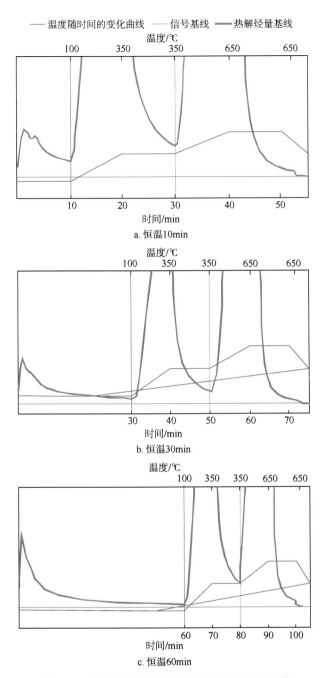

a. 恒温10min

b. 恒温30min

c. 恒温60min

图3 100℃条件下不同恒温时间岩石热解图谱

现场冷冻取样，在 Y67 井、L196 井取心现场将刚离开井口的岩心样品在 20 分钟内取样，用保鲜膜包裹，放入冰柜冷冻，冷冻温度始终保持在－16℃以下，立即送回实验室开展实验。

前述实验中 S_1 最高温度为 350℃，对于可动烃的测试可能偏高，温度过高会造成不易流动的重质组分加入，同时可能生成少量裂解烃，使测定的可动烃数值偏高。考虑到长 7 页岩油的油质偏轻（图1），氯仿沥青 "A" 饱和烃组分也偏轻（图4），为了使 S_1 的组分更接近页岩油，同时避免产生裂解烃，将热解温度由 350℃降低为 300℃。

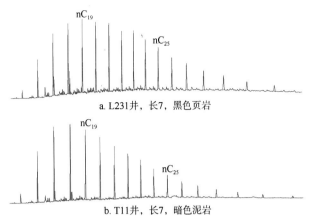

a. L231井，长7，黑色页岩

b. T11井，长7，暗色泥岩

图4 鄂尔多斯盆地长7段泥页岩氯仿沥青 "A" 饱和烃色谱图

为了解 300℃前热蒸发烃的组分特征，将冷冻岩心在一定的保温条件下送往中国科学院广州地球化学研究所有机地球化学国家重点实验室，进行 PY—GC—MS 分析。仪器为热解/裂解器（Frontier Lab PY2020ID）—色谱质谱仪（Thermo Trace-DSQⅡ），分析条件如下：（1）色谱柱，HP-5MS（30m×0.32mm×0.25μm）；（2）升温条件，初始温度35℃，恒温 2 分钟，然后以 3℃/min 速率升温至 300℃，恒温 10 分钟。

结果显示（图5），油页岩 300℃前热蒸发烃的碳数分布范围与页岩油相近，峰型也较为相似。因此，热解温度降低为 300℃是合适的，测定的数值可近似看作泥页岩中可动烃量。

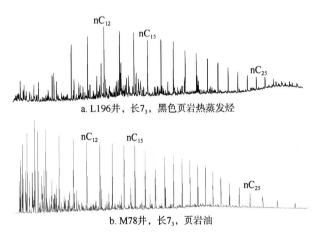

a. L196井，长7₃，黑色页岩热蒸发烃

b. M78井，长7₃，页岩油

图5 300℃条件下长7冷冻岩心热蒸发烃与页岩油组分色谱图对比

从图5还可以看出，即使岩样的保存条件较好（井场岩心出筒后，快速采集岩样，在车载冰柜中－16℃冷冻保存，然后送回实验室立即进行分析），热蒸发烃中 nC_{10}-组分仍然显著偏低。因此，用热解法测定泥页岩中可动烃量就必须解决轻烃组分易挥发散失的问题。

为此，尝试运用岩石热解仪进行 3 段式升温—恒温热解法对冷冻岩心热蒸发烃进行测试，结果显示（图 6），第一温度段（不高于 100℃）得到的热蒸发烃（S_{1a}）以较易挥发散失的 nC_{14}-轻质烃组分为主；第二温度段（100～200℃）得到

的热蒸发烃（S_{1b}）为中质烃；第三温度段（200～300℃）得到的热蒸发烃（S_{1c}）为重质烃。中质烃的分子量较大，相对不易挥发散失，受样品保存条件的影响较小，而重质烃组分受挥发散失的影响更小。

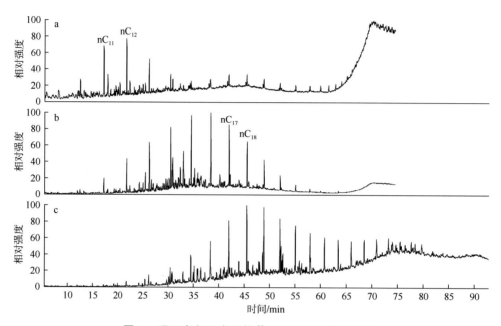

图 6　泥页岩各温度段热蒸发烃组分色谱图对比
（L196 井，长 7，现场冷冻泥页岩岩心）
a. 温度不高于 100℃；b. 温度为 100～200℃；c. 温度为 200～300℃

此外，进行了 4 组岩样在冷冻状态下与粉碎后室温下放置 1 个月后的对比测试，结果（表 9）

显示，室温下挥发散失作用导致轻烃含量显著降低，平均损失率为 82.4%，而中质烃、重质烃平均

表 9　冷冻岩心与室温下放置 1 个月后样品的热解分析结果

序号	井号	井深/m	层位	岩性	S_{1a}/ (mg·g^{-1}) ≤100℃	S_{1b}/ (mg·g^{-1}) 100～200℃	S_{1c}/ (mg·g^{-1}) 200～300℃	S_1/ (mg·g^{-1})	$(S_{1b}+S_{1c})$/ (mg·g^{-1})	备注
1①	Y67	2030.22	长 7	含粉砂泥岩	1.20	1.54	0.95	3.69	2.49	冷冻岩心
1②					0.39	1.36	0.92	2.67	2.28	室温放置 1 个月
相对双差					—	0.08	0.02	—	—	—
挥发损失率/%=（1①-1②）/1①×100					67.5	11.7	3.2	27.6	8.4	—
2①	Y67	2035.65	长 7	油页岩	1.46	2.86	2.99	7.31	5.85	冷冻岩心
2②					0.14	2.44	2.50	5.08	4.94	室温放置 1 个月
相对双差					—	0.10	0.12	—	—	—
挥发损失率/%=（2①-2②）/2①×100					90.4	14.7	16.4	30.5	15.6	—
3①	Y67	2039.65	长 7	油页岩	1.26	1.95	1.75	4.96	3.70	冷冻岩心
3②					0.21	1.59	1.55	3.35	3.14	室温放置 1 个月
相对双差					—	0.13	0.08	—	—	—
挥发损失率/%=（3①-3②）/3①×100					83.3	18.5	11.4	32.5	15.1	—
4①	Y67	2045.95	长 7	油页岩	1.04	1.43	1.29	3.76	2.72	冷冻岩心
4②					0.12	1.31	1.02	2.45	2.33	室温放置 1 个月
相对双差					—	0.06	0.15	—	—	—
挥发损失率/%=（4①-4②）/4①×100					88.5	8.4	20.9	34.8	14.3	—
4 组样品平均挥发损失率/%					82.4	13.3	13.0	31.4	13.4	—

损失率小于 13.5%。两种状态岩样测试得到的中质烃（S_{1b}）、重质烃（S_{1c}）数据的相对双差值（表9）均小于 0.15，达到国家标准 GB/T 18602—2012《岩石热解分析》的规定，说明中质烃、重质烃挥发损失较少。理论上重质烃（S_{1c}）比中质烃（S_{1b}）更不易挥发，而 4 组样品的中质烃、重质烃平均损失率很接近，说明中质烃、重质烃含量的降低部分是仪器误差造成的。因此，3 段式热解分析方法可用于测定泥页岩中中质烃与重质烃的含量。

3 泥页岩中可动烃的岩石热解分析方法

泥页岩中可动烃可用岩石热解仪进行 3 段式升温—恒温热解法检测，而分析方法分为现场冷冻取样和非冷冻取样两类。

3.1 现场冷冻泥页岩可动烃分析方法及结果

现场冷冻样品分析方法为：现场取样后迅速冷冻送至实验室，取岩心中部新鲜样品，粉碎至粉末状后立即开始测试；实验起始温度 100℃，

在该温度下保持 30 分钟；以 10℃/min 的速率升温至 200℃，保持 30 分钟；再以 10℃/min 的速率升温至 300℃，保持 30 分钟，实验结束。获得样品在 3 个温度下的热蒸发烃 S_{1a}、S_{1b}、S_{1c}（图 7）。

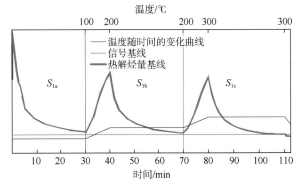

图 7　泥页岩 3 段式热解图谱
（Y67 井，2036.45m，长 7，冷冻岩心）

鄂尔多斯盆地 Y67 井延长组长 7 段岩心采用现场冷冻方式采集了 25 个样品，开展了 3 段式岩石热解实验，数据详见表 10。数据显示，25 个长 7

表 10　Y67 井长 7 泥页岩（冷冻岩心）3 段式热解数据

序号	井号	井深/m	岩性	S_{1a}/（mg·g^{-1}）≤100℃	S_{1b}/（mg·g^{-1}）100~200℃	S_{1c}/（mg·g^{-1}）200~300℃	S_1/（mg·g^{-1}）	S_{1a}/S_1	S_{1b}/S_1	S_{1c}/S_1
1	Y67	2027.82	油页岩	1.20	1.78	1.02	4.00	0.30	0.45	0.26
2	Y67	2028.42	油页岩	0.83	1.88	1.50	4.21	0.20	0.45	0.36
3	Y67	2030.22	油页岩	1.20	1.54	0.95	3.69	0.33	0.42	0.26
4	Y67	2031.12	油页岩	1.07	2.29	1.90	5.26	0.20	0.44	0.36
5	Y67	2031.82	黑色泥岩	1.01	1.44	1.02	3.47	0.29	0.41	0.29
6	Y67	2035.05	油页岩	0.58	1.03	1.05	2.66	0.22	0.39	0.39
7	Y67	2035.65	油页岩	1.46	2.86	2.99	7.31	0.20	0.39	0.41
8	Y67	2036.45	油页岩	1.37	1.74	1.42	4.53	0.30	0.38	0.31
9	Y67	2037.15	黑色泥岩	0.52	0.67	0.64	1.83	0.28	0.37	0.35
10	Y67	2038.15	油页岩	0.72	1.12	0.94	2.78	0.26	0.40	0.34
11	Y67	2038.95	油页岩	1.28	1.68	1.28	4.24	0.30	0.40	0.30
12	Y67	2039.65	油页岩	1.26	1.95	1.75	4.96	0.25	0.39	0.35
13	Y67	2040.45	油页岩	0.72	1.56	1.30	3.58	0.20	0.44	0.36
14	Y67	2041.25	油页岩	0.65	0.87	0.75	2.27	0.29	0.38	0.33
15	Y67	2042.45	油页岩	0.80	1.19	1.03	3.02	0.26	0.39	0.34
16	Y67	2044.25	油页岩	2.00	2.99	2.52	7.51	0.27	0.40	0.34
17	Y67	2044.25	油页岩	1.06	2.27	2.05	5.38	0.20	0.42	0.38
18	Y67	2045.05	油页岩	1.02	3.14	3.30	7.46	0.14	0.42	0.44
19	Y67	2045.95	油页岩	1.04	1.43	1.29	3.76	0.28	0.38	0.34
20	Y67	2046.95	油页岩	1.86	3.37	3.32	8.55	0.22	0.39	0.39
21	Y67	2047.85	油页岩	1.11	1.62	1.22	3.95	0.28	0.41	0.31
22	Y67	2048.65	油页岩	2.38	3.09	2.45	7.92	0.30	0.39	0.31
23	Y67	2049.55	油页岩	0.80	1.08	0.92	2.80	0.29	0.39	0.33
24	Y67	2049.85	油页岩	1.00	2.31	1.91	5.22	0.19	0.44	0.37
25	Y67	2050.65	油页岩	2.40	3.44	2.56	8.40	0.29	0.41	0.30
		平均值		1.17	1.93	1.64	4.75	0.25	0.41	0.34

泥页岩样品平均总热蒸发烃量（S_1）为 4.75mg/g，主要分布在 2~5mg/g 之间（图 8），最高达 8.55mg/g。S_{1a}（轻质烃）平均为 1.17mg/g，S_{1b}（中质烃）平均为 1.93mg/g，S_{1c}（重质烃）平均为 1.64mg/g。S_{1a}、S_{1b}、S_{1c} 占热蒸发烃 S_1 的比例相对稳定，S_{1a} 占比平均为 25%，S_{1b} 占比平均为 41%，S_{1c} 占比平均为 34%（图 9）。S_{1a} 占 S_1 的比例主要分布在 20%~30%之间，且 S_{1a}/S_1 值与井深和样品有机碳含量没有相关性（图 10、图 11）。S_{1a}/S_{1c} 与 S_{1b}/S_{1c} 呈现一定的正相关（图 12），说明轻质烃比例高的样品，中质烃比例也相对较高。而 S_{1a}/S_{1b} 与 S_{1b}/S_{1c} 没有相关性（图 13）。

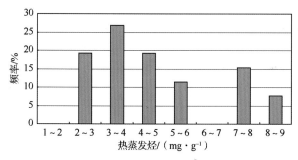

图 8 冷冻泥页岩样品热蒸发烃量（S_1）频率分布图

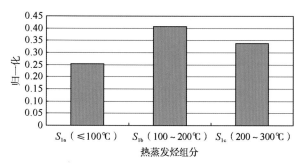

图 9 现场冷冻岩心热蒸发烃相对组成

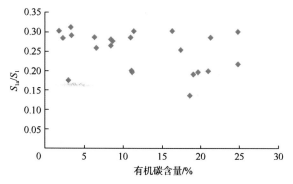

图 10 不同有机碳含量样品轻质烃（S_{1a}）占热蒸发烃（S_1）的比例

3.2 非现场冷冻泥页岩可动烃计算方法

非现场冷冻泥页岩样品的分析方法与冷冻岩心相同，由于轻质烃 S_{1a} 大部分已散失，中质烃 S_{1b} 和重质烃 S_{1c} 较稳定，故选取 S_{1b}、S_{1c} 为有效

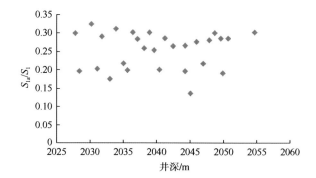

图 11 不同深度样品轻质烃（S_{1a}）占热蒸发烃（S_1）的比值

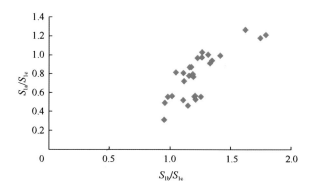

图 12 长 7 泥页岩（冷冻）热解 S_{1a}/S_{1c}－S_{1b}/S_{1c} 交会图

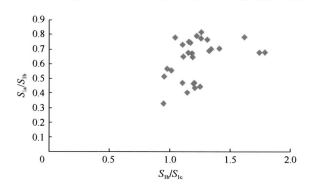

图 13 长 7 泥页岩（冷冻）热解 S_{1b}/S_{1c}－S_{1a}/S_{1b} 交会图

数据。冷冻样品实验表明，S_{1a}/S_1 保持稳定数值，与样品深度、有机碳含量等无关，因此可选 S_{1a}/S_1 的平均值 0.25 作为长 7 泥页岩轻质烃恢复系数 k，根据公式计算泥页岩中可动烃量。

$$S_1 = (S_{1b}+S_{1c}) / (1-k) \tag{1}$$

式中 S_1——泥页岩中可动烃量，mg/g；

S_{1a}——泥页岩中轻质烃量，mg/g；

S_{1b}——泥页岩中中质烃量，mg/g；

S_{1c}——泥页岩中重质烃量，mg/g；

k——轻质烃恢复系数，k＝（S_{1a}/S_1）。

需要指出的是，对于不同盆地、不同地层的样品，受烃源岩母质类型及成熟度的影响，轻质烃恢复系数不同，在利用岩石热解法计算可动烃时，首先需通过实验确定轻质烃恢复系数。

参考文献

[1] Jarvie D M, Jarive B M, Weldon W D, et al. Components and processes impacting production success from unconventional shale resource systems[J]. Search and Discovery Article #40908, 2012.

[2] 李吉君, 史颖琳, 黄振凯, 等. 松辽盆地北部陆相泥页岩孔隙特征及其对页岩油赋存的影响[J]. 中国石油大学学报（自然科学版）, 2015, 39（4）: 27-34.

[3] 薛海涛, 田善思, 卢双舫, 等. 页岩油资源定量评价中关键参数的选取与校正: 以松辽盆地北部青山口组为例[J]. 矿物岩石地球化学通报, 2015, 34（1）: 70-78.

[4] 宋国奇, 张林晔, 卢双舫, 等. 页岩油资源评价技术方法及其应用[J]. 地学前缘, 2013, 20（4）: 221-228.

[5] Lu S F, Huang W B, Chen F W, et al. Classification and evaluation criteria of shale oil and gas resources: Discussion and application[J]. Petroleum Exploration and Development, 2012, 39（2）: 268-276.

[6] 李进步, 卢双舫, 陈国辉, 等. 大民屯凹陷 $E_2s_4^2$ 段页岩油资源评价关键参数 S_1 的校正[C]. 2014 年中国地球科学联合学术年会, 2014: 2494-2496.

[7] 全国石油天然气标准化技术委员会. 岩石热解分析: GB/T 18602—2012[S]. 北京: 中国标准出版社, 2012.

收稿日期: 2021-08-13

第一作者简介:
吴凯（1980—）, 男, 硕士, 高级工程师, 主要从事油气地球化学综合研究工作.
通信地址: 西安市未央区长庆兴隆园小区
邮编: 710018

Establishment and application of rock pyrolysis test method for movable hydrocarbons in shale

WU Kai and LI ShanPeng

(National Engineering Laboratory for Exploration and Development of Low Permeability Oil & Gas Fields; Exploration and Development Research Institute of PetroChina Changqing Oilfield Company)

Abstract: The determination of the amount of movable hydrocarbons in shale is the key to the evaluation of shale oil resources. The impact of objective factors such as the preservation time of shale samples, sample granularity and pyrolysis instrument setting parameters on the shale S_1 value were discussed by using rock pyrolysis technology. Through the three-stage rock pyrolysis experiment of frozen core, the relationship among S_{1a} ($\leqslant 100\,°C$), S_{1b} (100-200 °C) and S_{1c} (200-300 °C) is clarified, and the experimental method for pyrolysis of movable hydrocarbons in the shale is established. It is applied to the evaluation of movable hydrocarbons in shale of Chang7 Member of Mesozoic in Ordos Basin.

Key words: shale; movable hydrocarbon; rock pyrolysis

（上接第 50 页）

Characteristics and genesis mechanism of low permeability and tight Chang8 reservoirs of Triassic Yanchang Formation in Northern Shaanxi

WANG XingYing, LIU Na, and NAN JunXiang

(National Engineering Laboratory for Exploration and Development of Low Permeability Oil & Gas Fields; Exploration and Development Research Institute of PetroChina Changqing Oilfield Company)

Abstract: The characteristics of the Chang8 reservoirs of the Triassic Yanchang Formation in northern Shaanxi were studied by using analysis and testing techniques such as polarization microscope, field emission scanning electron microscope, granularity by image, total rock and clay X-ray diffraction analysis, and constant pressure mercury intrusion. The results show that the target layers were in a relatively stable and uniform sinking and burial period after deposition. The lithological composition in the area is relatively complex, mainly composed of lithic-arkose and arkose (feldspar sandstone), with fine particle size and high content of interstitial materials. The reservoir porosity is generally between 4% and 12%, with an average of 8.05%; permeability is generally between 0.03 and 0.5 mD, with an average of 0.16 mD. Strong compaction and developed cementation of calcareous, siliceous and authigenic illite are important reasons for the formation of low-permeability tight reservoirs. The chlorite film formed in the early stage has a certain protective effect on the pores, preserves part of the residual intergranular pores, and forms a local high-quality reservoir development area with relatively high porosity and high permeability.

Key words: northern Shaanxi; Chang8 reservoirs; low permeability tight reservoir; genesis mechanism

鄂尔多斯盆地合水地区延长组长8油层组砂体结构及成因分析

邓　静[1,2]，冷胜远[3]，庞锦莲[1,2]，孙　勃[1,2]，程党性[1,2]

（1. 低渗透油气田勘探开发国家工程实验室；2. 中国石油长庆油田分公司勘探开发研究院；
3. 中国石油长庆油田分公司第三采气厂）

摘　要： 鄂尔多斯盆地合水地区延长组长8油层组为三角洲前缘亚相沉积，是该区主要石油勘探开发层系。长8发育低渗透储层，沉积类型、砂体结构复杂，储层非均质性强，制约了对有效砂体和含油富集区的预测。在砂体区域性分布研究基础上，通过岩心观察、测井解释成果对比、单井相分析、砂体对比等方法，根据不同沉积微相类型的纵向叠置组合关系，将长8砂体划分为连续叠置型、间隔叠置型和多泥夹储型3种结构类型，其中连续叠置型和间隔叠置型为合水地区主要砂体结构类型。砂体结构的平面分布差异主要受沉积物粒度、水动力条件和湖盆底形等因素控制。

关键词： 长8油层组；砂体结构；成因分析；鄂尔多斯盆地；合水地区

近年来，鄂尔多斯盆地延长组长8油层组勘探取得了新突破，展现出较大的勘探潜力，是增储上产重点层系。鄂尔多斯盆地三叠系延长组以湖泊、三角洲、重力流沉积为主[1-2]，在经历长9沉积时期短暂湖侵后[3]，长8沉积时期湖盆整体水体变浅，地形较缓，发育大面积浅水三角洲沉积[4-5]。合水地区位于鄂尔多斯盆地南部，区域构造位于伊陕斜坡构造东部（图1）。该地区处于延长组生油坳陷内，油源充足[6]，主力目的层长8发育大面积三角洲分流河道砂体[7]。但合水地区砂体类型不明确，砂体平面及纵向变化快，储层物性差异明显，油藏特征复杂，本次进行砂体结构及成因分析，以期为该区长8油层组扩大勘探成果提供依据。

1　沉积特征

1.1　沉积构造

沉积构造是沉积物沉积时或沉积之后，由于物理作用、化学作用及生物作用形成的。特别是物理成因的原生沉积构造，最能反映沉积物形成过程中的水动力条件，故作为分析和判断沉积相的重要标志。大量岩心观察发现，合水地区长8储层层理较为发育，在细砂岩、粉细砂岩中常见槽状交错层理、沙纹层理、平行层理、块状层理和滑塌变形构造等（图2）；煤线在长8沉积中期比较发育，反映沉积时期水体较浅，沉积韵律主要有正韵律、正复合韵律、反韵律及正反复合韵律等，总体表现为三角洲前缘沉积特征（图3）。

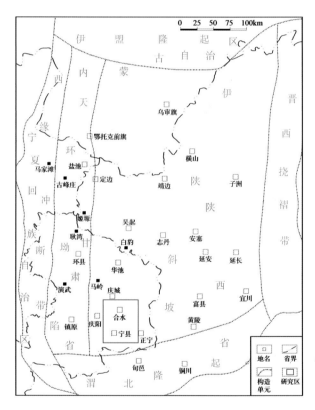

图1　合水地区地理位置图

1.2　沉积微相

以沉积构造为基础，分析沉积相类型，结合岩石颜色、粒度等信息，确定研究区长8期砂体为三角洲前缘砂体。本区长8期发育三角洲前缘沉积，主要发育水下分流河道、河口坝、分流间湾等微相。

a. C27井，1551.7m，虫孔　　　b. Z74井，1816.6m，煤线　　　c. C27井，1547.7m，交错层理

d. Z154井，2022.34m，芦木化石　　　e. Z110井，1884.8m，块状层理　　　f. Y68井，2077.0m，波状层理

图 2　合水地区延长组长 8_1 岩石典型沉积构造

图 3　鄂尔多斯盆地延长组长 8_1 沉积相图

1.2.1　水下分流河道

从 Z146 井单井沉积相可以看出（图 4），砂岩以灰绿色细砂岩为主，泥岩颜色为深灰色，可见到反映强水动力的平行层理、槽状层理、板状层理、变形层理等，纵向上发育河口坝，具有反旋回的沉积特征，自然电位曲线为漏斗形。自然伽马、自然电位曲线为中高幅的钟形组合。依据其上下相邻或相近发育河口坝、滑塌体、席状砂等微相，判断其为水下分流河道。

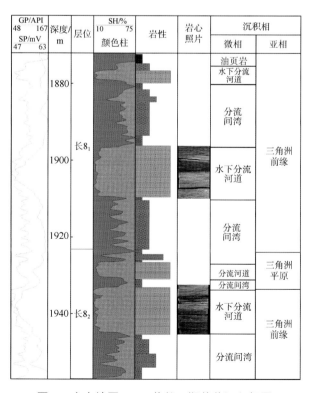

图 4　合水地区 Z146 井长 8 期单井沉积相图

1.2.2 河口坝

该微相为具有大型斜层理（板状层理、楔状层理）及平行层理的中砂岩、细砂岩，局部见变形层理及泥岩撕裂屑。砂岩较为纯净，泥质含量少，分选中—好，一般粒径为 $1\sim3\phi$，概率曲线为两段式，无过渡组分。自然伽马、自然电位曲线均为中—高幅度漏斗形（图4）。由于三角洲不断向湖推进，形成多个反旋回叠置，曲线上表现为多个漏斗形的叠置。常与水下分流河道组合构成"漏斗形+钟形"的复合型形态，其与水下分流河道砂体都是研究区长 8 油层组主要储集体。

1.2.3 分流间湾

该微相是分流河道向湖延伸较远，在分流河道近岸一侧或在分流河道与前缘朵体之间形成的低能湖湾沉积环境，岩性多为粉砂质泥岩与泥质粉砂岩互层，发育沙纹层理。泥岩为灰黑色、深灰色，具水平层理，含少量植物碎片，夹灰绿色泥质粉砂岩及煤线（图4）。自然伽马曲线形态与分流间洼地非常类似，幅值略高。

2 砂体结构类型及分布特征

2.1 砂体结构类型

水下分流河道和河口坝是主要的沉积微相。纵向上，根据水动力变化与测井曲线特征，以不同组合方式形成了长 8 砂体叠加特征。可划分为连续叠置型、间隔叠置型、多泥夹储型 3 种砂体结构形态（图5）。反映出合水地区水动力条件变化快、稳定性差，河道摆动加剧，砂体多期发育，泥质含量增加，砂体内部非均质性增强。

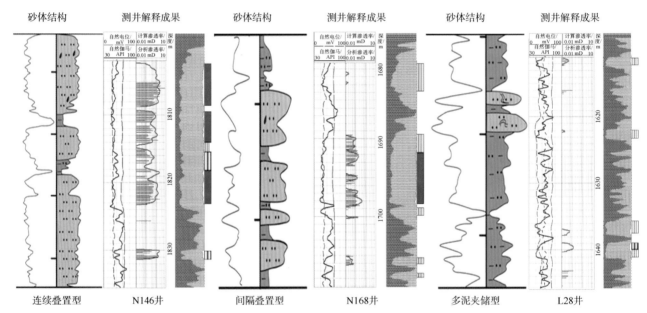

图5 合水地区延长组长 8₁ 砂体结构图

连续叠置型砂体发育于河道主体部位，箱形分流河道相互叠置，沉积厚度大、河道宽、砂体连续性好、分布稳定，河流的水动力条件强，块状层理段沉积厚度大、交错层理段厚度薄。底部有一冲刷面，自然电位、自然伽马曲线呈大块箱形。垂向上不同时期砂体叠加厚度约为 $10\sim30m$，单期砂体厚度大。

间隔叠置型砂体发育于河道主体部位，多期箱形分流河道砂体相互叠置，早期的河道顶部细粒沉积被后期的河道侵蚀削顶，块状层理与板状层理、平行层理同等发育。该结构类型主河道有 3 期或 3 期以上箱形曲线叠加。单期河道砂体厚度和总厚度比连续叠置型小，垂向上多期叠置，不同时期砂体叠加厚度约为 $10\sim20m$。

多泥夹储型砂体发育于河流的边缘部位，砂泥互层、相互叠置，砂体厚度相对较小，块状层理不发育。自然电位、自然伽马曲线呈指状、齿形。夹层厚度大，分隔明显，单期以小型钟形砂体、席状砂和泥岩为主，不同时期砂体叠加厚度约为 $2\sim8m$，平均约为 $4.5m$。

2.2 砂体分布特征

合水地区以三角洲前缘水下分流河道砂体和河口坝砂体为主，总体上呈北东—南西向展布，很好地显示了物源方向，主要发育 5 支砂体，其中西峰砂体比较发育，向东砂体连续性变差，平面上具有东西差异性（图6）。

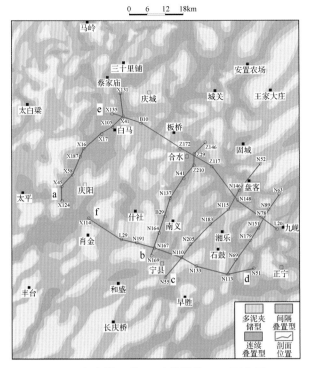

图6 合水地区长 8_1 砂体结构平面展布图

西部砂体西峰主带发育,河道宽 2～16km,砂体厚度一般为10m以上,较稳定,呈北东—南西向展布。从X124井—X131井剖面长 8_1 砂层对比图来看(图7a),砂体发育在长 8_1 中部,厚度一般为 10～20m,分布稳定。

西峰主带砂体东部砂体 N169 井—Z145 井剖面长 8_1 多期河道叠加(图7b),呈北东—南西向展布,砂体厚度分布不均,累计砂厚 10～30m,下部砂体呈孤立状分布,上部砂体较连续,厚 10m左右。

研究区东部 N55 井—N52 井剖面和 N113井—N63 井剖面长 8_1 为多期河道叠加,砂体厚 8～25m,连续性差(图7c、d),厚度分布不均,造成砂体纵向上非均质性强、平面上差异性强。

从砂体展布的横切剖面来看,该区北部 X135井—L20 井剖面显示砂体发育在长 8_1 中上部,比较整装,分布稳定,形成一个砂带,延伸 75km,砂带宽 7～20km,厚度为 20m左右(图7e)。南部 X114 井—N51 井剖面显示长 8_1 砂体为多期小河道,纵向砂体较薄,厚度为 2～15m,横向砂体不连续,变化较大(图7f)。

研究表明,研究区长 8_1 砂体在平面上存在差异,西峰主带砂体厚、整装、分布稳定,厚度大于 15m 的砂带较为发育。X114 井砂带砂体较不发育,砂体厚 2～15m,大于 15m 的砂带分布面积较少。N169 井砂带宽度较窄,但砂体厚度大于15m 的分布面积较 X114 井砂带要大。

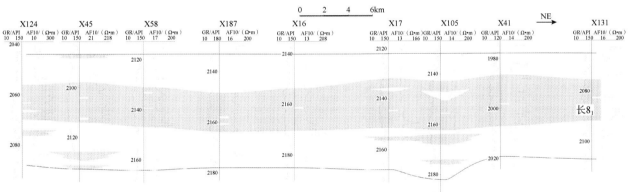

a. 连续叠置型砂体为主

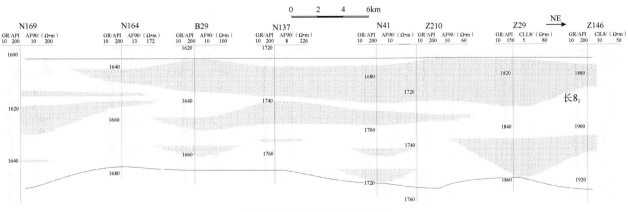

b. 连续叠置型和间隔叠置型砂体为主

图7

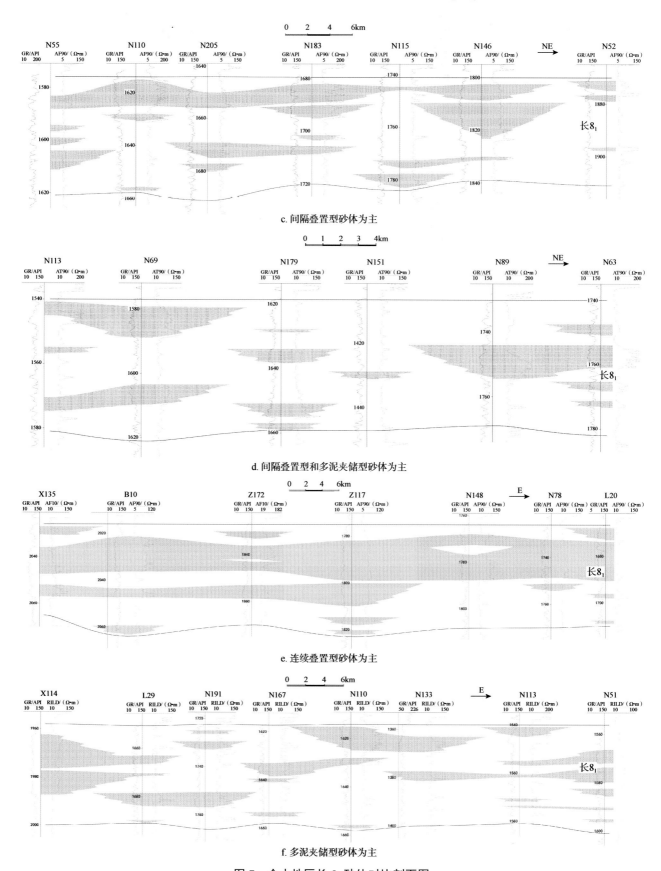

c. 间隔叠置型砂体为主

d. 间隔叠置型和多泥夹储型砂体为主

e. 连续叠置型砂体为主

f. 多泥夹储型砂体为主

图 7　合水地区长 8_1 砂体对比剖面图

3　成因分析

　　砂体的平面展布和垂向演化都受粒度、水动

力条件和湖盆底形等因素控制，不同成因砂体在空间上展现出不同叠置样式。综合研究认为水动力条件弱、粒度细、弱沉积动力环境造成了合水地区长 8 砂体为多期小河道沉积叠加。

3.1 粒度特征

粒度分布平面图及粒度统计直方图表明（图8、图 9），合水地区岩石粒度整体以细砂为主，东西有差别。研究区西部西峰地区粒度较粗，中砂含量较高，可达 45.9%，水动力条件强。而东部地区粒度相对西峰细，细砂含量增加，中砂含量减少为 19.1%，表明沉积时期水动力条件相对较弱，尤其是南部地区，基本上为细砂、粉砂。

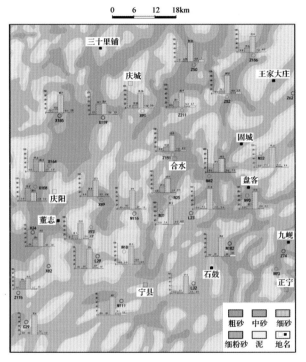

图 8　合水地区长 8_1 粒度特征分布图

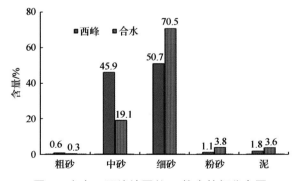

图 9　合水、西峰地区长 8_1 粒度特征分布图

3.2 沉积水动力条件

Pejurp 三角图从沉积物的结构组成及其反映的水动力强度来区分现代河口环境及其不同的亚环境。在三角图中，按黏土在泥质组分（粉砂+黏土）中的含量分成 4 个不同的水动力区，从 I 到 IV 表示水动力条件逐渐增强，分别指示不同的环境；再以沉积物中砂的百分含量分成 4 个组别，

从 A 到 D 表示含砂量逐渐减少，并以 10%、50%、90%作为结构分类标志线。I—IV区反映递变悬浮组分（粉砂）与均匀悬浮组分（黏土）的量比，是介质扰动度的反映，该值越低说明水动力条件越强；A—D 区反映沉积物的基本粒度组分和分选程度，进而反映介质的流动强度和浑浊度，砂的含量越大，介质的流动强度越大。合水、西峰地区长 8_1 Pejurp 三角图表明，合水地区的水动力条件弱于西峰地区（图 10）。

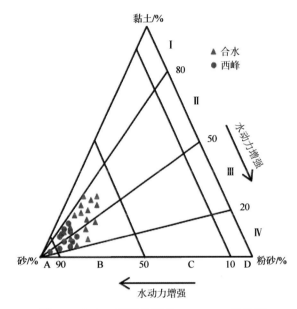

图 10　合水、西峰地区长 8_1 Pejurp 三角图

3.3 湖盆底形

采用地层厚度去压实校正法恢复长 8_1 沉积时期湖盆底形，发现盆地西部湖盆底形较陡（图11），发育坡折带，水动力相对较强，沉积物粒度

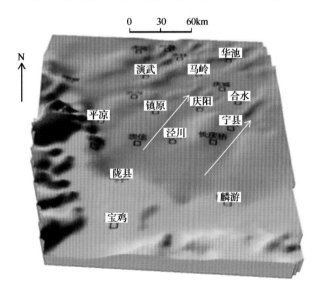

图 11　鄂尔多斯盆地陇东地区长 8_1 沉积时期湖盆底形恢复图

粗，主要发育连续叠置型砂体，自然电位、自然伽马曲线形态呈大块箱形。盆地东部湖盆底形比较平缓，水动力相对较弱，沉积物粒度较细，主要发育间隔叠置型砂体，测井曲线表现为齿状箱形—钟形；湖盆底形差异决定了砂体形态的不同，长 8 期为水下分流河道砂体，受水动力条件影响。研究区湖盆底形平缓，湖水较浅，西峰、宁县一带发育北东—南西向展布的小幅度洼槽。

4 结 论

（1）鄂尔多斯盆地合水地区长 8 油层组为三角洲前缘沉积，主要发育水下分流河道、河口坝和分流间湾 3 种沉积类型。

（2）不同的沉积类型形成了 3 种砂体结构：连续叠置型、间隔叠置型、多泥夹储型，连续叠置型与间隔叠置型砂体为合水地区主要砂体结构类型。平面上砂体总体呈北东—南西向展布，由西向东砂体连续性变差，平面上具有东西差异性。

（3）合水地区长 8 砂体分布和砂体结构的差异受沉积物粒度、水动力条件和湖盆底形等因素控制。

参考文献

[1] 邓秀芹，付金华，姚泾利，等. 鄂尔多斯盆地中及上三叠统延长组沉积相与油气勘探的突破[J]. 古地理学报，2011，13（4）：443-455.

[2] 郭艳琴，张梦婷，李百强，等. 鄂尔多斯盆地沉积体系与古地理演化[J]. 古地理学报，2019，21（2）：293-320.

[3] 郭艳琴，惠磊，张秀能，等. 鄂尔多斯盆地三叠系延长组沉积体系特征及湖盆演化[J]. 西北大学学报（自然科学版），2018，48（4）：593-602.

[4] 付金华，李士祥，刘显阳，等. 鄂尔多斯盆地石油勘探地质理论与实践[J]. 天然气地球科学，2013，24（6）：1091-1101.

[5] 朱筱敏，邓秀芹，刘自亮，等. 大型坳陷湖盆浅水辫状河三角洲沉积特征及模式：以鄂尔多斯盆地陇东地区延长组为例[J]. 地学前缘，2013，20（2）：19-28.

[6] 杨华，张文正. 论鄂尔多斯盆地长 7 段优质油源岩在低渗透油气成藏富集中的主导作用：地质地球化学特征[J]. 地球化学，2005，34（2）：147-154.

[7] 李士祥，楚美娟，黄锦绣，等. 鄂尔多斯盆地延长组长 8 油层组砂体结构特征及成因机理[J]. 石油学报，2013，34（3）：435-444.

收稿日期：2021-08-13

第一作者简介：
邓静（1982—），女，硕士，高级工程师，主要从事石油勘探及石油地质综合研究工作。
通信地址：陕西省西安市未央区明光路
邮编：710018

Analysis of structure and genesis of sand-body in oil reservoir groups of Chang8 Member of Yanchang Formation in Heshui Area of Ordos Basin

DENG Jing[1], LENG ShengYuan[2], PANG JinLian[1], SUN Bo[1], and CHENG DangXing[1]

(1. National Engineering Laboratory for Exploration and Development of Low Permeability Oil & Gas Fields;
Exploration and Development Research Institute of PetroChina Changqing Oilfield Company;
2. No. 3 Gas Recovery Plant of PetroChina Changqing Oilfield Company)

Abstract: The Chang8 Member of Yanchang Formation in Heshui area of Ordos Basin is the delta front subfacies deposit, and the main series of strata for oil exploration and production in the area. There were low-permeability reservoirs developed in the Chang8 Member with complex deposition types and complicated sandbody structures as well as strong heterogeneity, which restrict the prediction of effective sand-bodies and oil-rich regions. Based on the analysis of regional distribution of the sand bodies in the plane, the sand bodies of Chang8 Member are divided into three structures of continuous superimposition, spacing superimposition and multi-mudstone with intercalated reservoirs types through the methods of core observation, comparison analysis of well logging interpretation, individual well phase analysis, sandbody contrast and so on, and according to vertical superimposed combinatorial relationship on various sedimentary subfacies types. The main sandbody structure types in Heshui area are the continuous superimposition and spacing superimposition types. The differences in the horizontal distribution of the sandbody structures are mainly controlled by the factors such as the granularity of the deposits, hydrodynamic conditions and bottom shapes of the lake basins.

Key words: Chang8 oil reservoir group; sandbody structure; analysis of genesis; Ordos Basin; Heshui Area

裂缝发育对致密砂岩气成藏富集的控制作用
——以鄂尔多斯盆地青石峁地区上古生界为例

虎建玲[1]，宋佳瑶[1]，魏　源[1]，李涛涛[2]，付勋勋[1]，王康乐[1]，张君莹[1]

（1. 中国石油长庆油田分公司勘探开发研究院；2. 中国石油长庆油田分公司勘探事业部）

摘　要：依据野外露头、岩心、薄片、成像测井等资料，对鄂尔多斯盆地青石峁地区上古生界天然裂缝分布特征进行研究，探讨了裂缝对致密砂岩储层储集空间、渗流能力的影响，以及裂缝对天然气成藏富集的控制作用。结果表明，研究区以高角度垂直张裂缝为主，微裂缝宽度主要分布在 10~35μm 之间，而喉道半径主要分布在 0.1~7μm 之间，裂缝宽度要显著大于喉道半径，是重要的渗流通道；裂缝提高了储层的渗流能力，有利于天然气的充注和产出；裂缝发育的时间和空间位置不同，对致密砂岩气藏富集及高产的控制作用也不同。印支期和燕山期形成的裂缝提高了天然气充注成藏效率，形成高含气饱和度，喜马拉雅期裂缝只对气藏起调整作用。裂缝系统破坏了气藏边界时，导致天然气散失，降低了含气饱和度。裂缝发育于气藏内部时，可以形成局部富集的甜点。

关键词：裂缝；储集物性；致密气藏；青石峁；上古生界

青石峁地区位于鄂尔多斯盆地天环坳陷，处于构造低洼地带（图 1）。经过多年研究与勘探，2019 年该地区天然气勘探获得了重要突破，发现了宁夏首个千亿立方米大气田，是鄂尔多斯盆地西部构造复杂区天然气勘探近 50 年来获得的历史性突破。该气藏储层主要为上古生界二叠系山西组和石盒子组，埋深达 3700~4500m，属深层储层[1-2]。地层埋深大，储层致密，岩心基质实测孔隙度平均约为 7.4%，渗透率约为 0.44mD，属于致密砂岩储层[3-4]。青石峁地区紧邻西缘冲断带，构造复杂、裂缝发育，地震资料显示发育多期断层。据岩心观察，在目的层盒 8 段和山 1 段发育大量裂缝，显微尺度观察显示储层内部也发育大量的微裂缝，这些裂缝在致密砂岩气成藏、富集与产出过程中都具有重要的控制作用[5-7]。本文系统研究和探讨了天然裂缝对致密砂岩储层储集空间、渗流能力的影响，进而分析了裂缝对致密砂岩气成藏富集的控制作用。

1 裂缝特征

1.1 裂缝类型及发育特征

1.1.1 岩心裂缝发育特征

系统观察统计青石峁地区内 48 口取心井的岩心裂缝发育特征，岩心裂缝以高角度张性构造裂缝为主，占总数的 70.65%，裂缝面粗糙，见分叉、间断（图 2），同时也见有少量的低角度张剪性裂缝；裂缝以未充填（占 41.94%）或半充填（占 39.78%）为主，少量充填，充填物多为硅质、钙

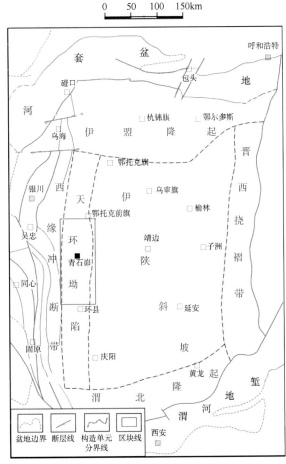

图 1　青石峁地区构造位置图

质和泥质；裂缝开启度为 0.5~5mm 不等，以小于 1mm 居多，占总数的 43.96%，开启度为 1~3mm 的裂缝占总数的 40.66%；裂缝纵向延伸长度分布在 6~120cm 之间，平均为 39cm（图 3、

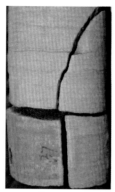

a. L57井，3796.62m，盒8段，未充填高角度张裂缝 | b. L53井，3989.78m，盒8段，高角度张裂缝 | c. L12井，3532.71m，山1段，泥质充填张裂缝 | d. S408井，4108.32m，盒8段，垂直张剪性裂缝 | e. L40井，4102.69m，盒8段，碳质充填成岩缝

图2　青石峁地区岩心裂缝特征

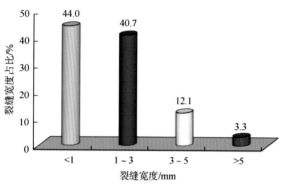

图3　青石峁地区岩心裂缝宽度分布特征

图4）。另外，泥岩及煤层中见压扭性裂缝，挤压镜面光亮，具斜向擦痕、阶步等构造行迹，亦可见少量缝合线等成岩缝，岩心上缝合线裂缝充填炭质。

1.1.2 微裂缝发育特征

根据微裂缝与岩石颗粒的位置关系，将裂缝分为穿粒缝、粒缘缝和粒内缝3种类型[8-9]。大量岩石铸体薄片观察发现，青石峁地区上古生界储层中这3种类型的裂缝均有发育（图5），以穿粒缝为主，其规模尺度跨度较大，微裂缝宽度平均为45μm，最大可达210μm，对储层物性及渗流能力的改善十分重要。

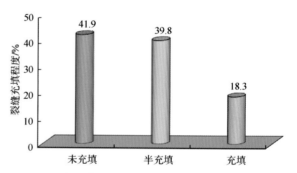

图4　青石峁地区岩心裂缝充填程度分布特征

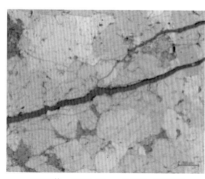
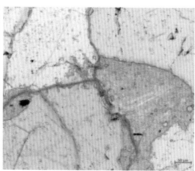

a. S307井，4477.68m，盒8段，穿粒缝 | b. L53井，3990.36m，盒8段，粒缘缝 | c. L53井，3947.73m，盒8段，粒内缝

图5　青石峁地区上古生界储层微裂缝类型及特征

1.2 裂缝有效性

裂缝有效性主要与裂缝充填程度和现今最大主应力方向有关。通过研究区内15口电成像测井资料的裂缝分析与描述，裂缝优势走向为北东东—南西西、北东—南西及近东西走向3组方向。根据岩石各向异性资料分析，现今该区水平最大主应力方位主要为北东—南西向（图6）。裂缝走向与现今水平最大主应力方位呈小角度相交或一

致，裂缝的有效开度可得到较好的保存。因此，裂缝有效性主要与裂缝充填程度有关，根据前文

分析，未充填和半充填裂缝占裂缝总数的81.72%，裂缝充填程度较低，有效性较好。

a. 盒8段裂缝走向　　　　　b. 山1段裂缝走向　　　　　c. 现今水平最大主应力方位

图6　青石峁地区上古生界裂缝方位及现今主应力方位图

1.3 构造裂缝分布规律

根据岩心、电成像测井进行构造裂缝识别及统计分析，构造裂缝在垂向剖面上和平面都具有一定的规律性。

垂向上，盒8上亚段、盒8下亚段、山1段单井裂缝线密度平均分别为0.10条/m、0.22条/m、0.31条/m，剖面裂缝发育规律表现为：山1段>盒8下亚段>盒8上亚段。

平面上，青石峁地区构造裂缝的规模及密度呈现"西强东弱、西多东少"特点，这主要与地区构造位置有关。该区向斜西翼受构造挤压作用强烈，发育北西—南东向背斜，断裂系统发育，伴生的构造裂缝发育；东翼延续伊陕斜坡构造特征，发育平缓西倾单斜，裂缝发育程度相对较低（图7）。

2 裂缝对致密砂岩气富集的控制作用

2.1 裂缝有效增大储集空间

由于成岩作用强烈，致密砂岩储层中有效孔隙大大减少，导致岩石孔隙结构及类型变得复杂多样[10]。裂缝在改善致密储层储集空间和孔喉结构上具有重要意义。

青石峁上古生界致密砂岩储层孔隙主要为长石颗粒溶蚀和泥质杂基溶蚀形成的次生溶孔，这些孔隙大部分孤立、分散地存在于泥质和矿物之间，孔隙之间缺乏有效连通[11]，难以形成有效的储集空间。而后期形成的裂缝沟通了相互孤立的粒内及粒间溶孔，形成致密砂岩储层中连通的储集空间。同时，裂缝发育之处，粒间溶孔和粒内溶孔也相对比较发育，且次生溶孔沿着裂缝延伸方向呈定向分布（图8）。另外，裂缝自身具有一

定的宽度，可以作为天然气储集的场所，构造裂缝的产生提高了储层有效孔隙度，对储层物性改善具有积极作用。

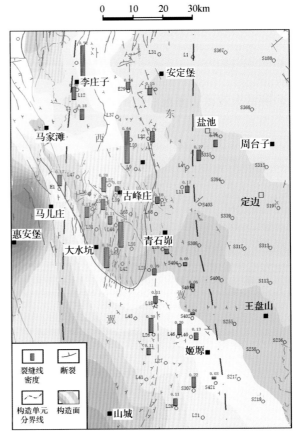

图7　青石峁地区盒8段裂缝线密度平面分布图

研究区大量实验数据统计显示，孔隙类型中微裂缝占总孔隙的0.01%~0.38%，平均为0.14%，微裂缝面孔率平均为1.06%，占总面孔率的13.41%（图9），微裂缝孔隙与面孔率成正相关性（图10），表明裂缝对改善储层储集空间有一定

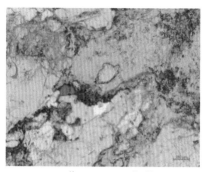  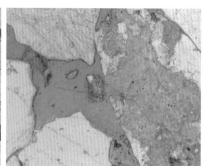

a. L26井，4276.2m，盒8段，
粒缘缝沟通粒间溶孔

b. L53井，3979.79m，盒8段，
沿微裂缝发育次生溶孔

c. L40井，4094.61m，盒8段，
微裂缝沟通孔喉，发育次生溶孔

图8　沿裂缝发育次生溶孔

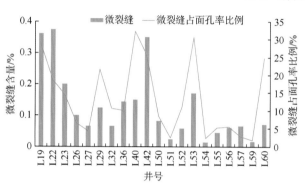

图9　青石峁地区上古生界微裂缝分布图

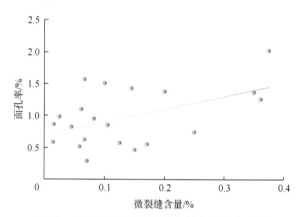

图10　青石峁地区微裂缝含量与面孔率关系

的贡献。

2.2　裂缝有效改善储层渗流能力

　　对青石峁地区上古生界致密砂岩 23 个铸体薄片的 263 个数据进行统计，得到该区有效显微构造裂缝宽度半径在 6~210μm 之间，主要分布在 10~35μm 之间；而储层孔隙之间的喉道半径范围主要分布在 0.1~7μm 之间（图 11）。可以看出，裂缝宽度要显著大于喉道半径，有效改善了储层孔喉结构，提高了储层渗流能力。

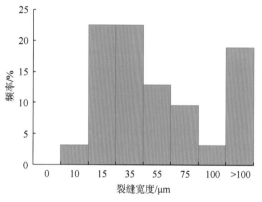

图11　裂缝宽度及孔喉半径分布图

　　选取半充填—未充填的岩心构造裂缝进行微米 CT 扫描（图 12），半充填缝 CT 扫描成像中表现为断续黑线，未充填缝表现为连续黑线，裂缝沟通了 90% 以上的孔隙，大大提高了致密砂岩储层孔喉配位数，有效开启度在 25μm 左右，形成良好的渗流通道。

2.3　裂缝渗透率定量评价

　　裂缝渗透率可根据裂缝相关参数进行定量评价，本文通过大量的岩心观察和显微镜下观测，进行裂缝有效性的确定，并测量裂缝的开度、长度和密度等参数，分别计算了两种尺度的裂缝渗透率。

2.3.1　宏观裂缝渗透率

　　影响宏观裂缝渗透率最主要的因素是裂缝的开度和间距（或密度），裂缝渗透率可根据式（1）进行计算[12]：

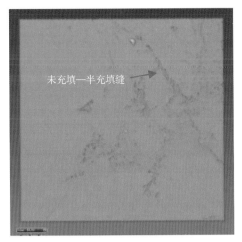

a. 全直径岩心CT扫描横截面

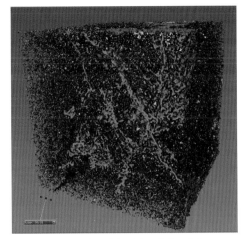

b. 岩心CT扫描分析裂缝、孔喉3D分布

图 12　L57 井，盒 8 段，3786.43m，裂缝 CT 扫描

$$K_h = b^3 D / 12 \qquad (1)$$

式中　K_h——裂缝渗透率，mD；

　　　　b——裂缝有效开度，mm；

　　　　D——裂缝线密度，条/m。

岩心上可观察到的宏观裂缝长度为 0.06～1.2m，平均为 0.4m；有效开度为 0.5～5.0mm，平均为 1mm；裂缝线密度平均为 0.07～0.42 条/m。利用式（1）计算出裂缝渗透率为 1.1～906.7mD。以 L53 井为例，裂缝线密度为 0.42 条/m，有效开度为 1.5mm，计算裂缝渗透率为 118.1mD。

2.3.2 微裂缝渗透率

微观裂缝的渗透率可根据式（2）[13]进行计算：

$$K_f = C b^3 L / S \qquad (2)$$

式中　K_f——微观裂缝渗透率，mD；

　　　　L——微裂缝长度，cm；

　　　　b——微裂缝有效开度，μm；

　　　　S——薄片面积，cm²；

　　　　C——微裂缝比例系数。

显微镜下观测到的微裂缝有效开度分布在 6～210μm 之间，平均为 45μm，大部分微裂缝都贯穿了整个铸体薄片。利用式（2）计算出的微裂缝渗透率分布在 0.01～332.34mD 之间。

由式（1）和式（2）可知，裂缝的渗透率与线密度呈线性正相关，而与有效开度的 3 次方呈正相关，表明裂缝有效开度对渗透率的贡献要高于裂缝线密度，裂缝线密度并不能准确反映裂缝的真正渗流能力。

2.4 裂缝对致密砂岩气成藏富集的控制作用

裂缝发育的时间和空间位置不同，对致密砂岩气藏成藏富集及高产的控制作用也不同。

2.4.1 裂缝形成时期对气藏的控制作用

当裂缝形成期早于致密砂岩气充注期或与天然气充注期时间重合时，裂缝发育为天然气充注提供运移通道，增加了天然气充注的有效面积，可极大提高致密砂岩储层的充注成藏效率，形成高含气饱和度。青石峁气田共发育 3 期构造裂缝，分别为印支期、燕山期和喜马拉雅期，印支期和燕山期形成的裂缝早于天然气充注期或与充注期同时，在超压充注作用下，天然气沿孔—缝输导网络系统运移，在构造高部位的相对高渗储集砂带聚集成藏，构造隆起区含气饱和度高，可达 60%～80%；而喜马拉雅期形成的裂缝晚于天然气充注时期，对原始致密砂岩气藏起调整改造作用[5]。

2.4.2 裂缝发育部位对气藏的控制作用

在对气藏调整改造的过程中，裂缝发育部位控制了气藏调整改造的程度。当裂缝发育在致密气藏顶界且破坏了气藏边界处气体的力平衡时，天然气发生渗漏，原始致密气藏遭受破坏[5]，致使天然气产能下降。如位于构造高部位的 L51 井，试气结果显示为含气水层或水层（图 13），但流体包裹体显示在地质历史时期该区发生过天然气充注及聚集成藏（图 14）。这是由于该井位于断裂上，裂缝的沟通作用使致密气藏遭到破坏（图 15），天然气大量散失，造成含气饱和度降低，含水饱和度增大。

当裂缝发育在原型致密砂岩气藏内部，则裂缝对储层内已聚集的气体起再调整分配作用，通过改善致密砂岩储集空间，提高储层渗流能力，气体会向裂缝发育区的构造高部位汇聚调整，形成"甜点区"[14-16]，最终控制天然气高产。如 L57 井位于背斜隆起区，裂缝发育，裂缝线密度高，且绝大部分裂缝处于未充填—半充填状态，形成了相对高含气饱和度的"甜点"区域，基本不含水；而在西倾单斜缓坡带，构造位置相对较低，

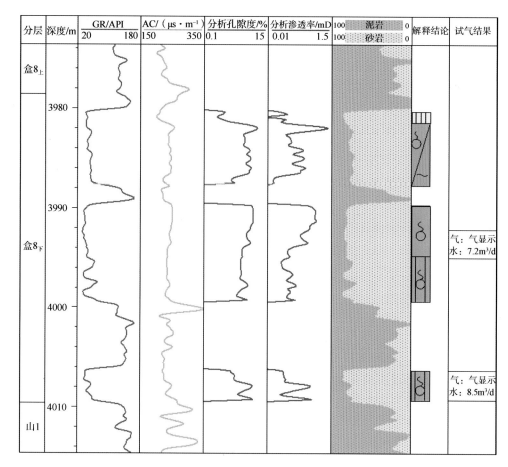

图 13 青石峁地区 L51 井测井解释综合图

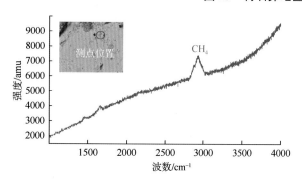

图 14 青石峁地区 L51 井盒 8 下亚段石英加大边中包裹体激光拉曼光谱（深度为 3993.84m）

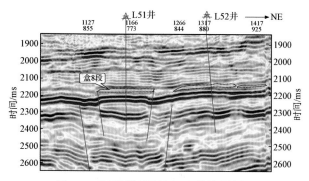

图 15 青石峁地区过 L51 井地震剖面

地层平缓，裂缝发育程度低，整体含气饱和度低，储层普遍含水，气井产能相对较低（图 16）。

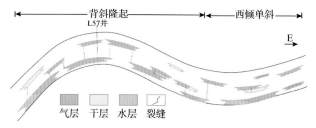

图 16 青石峁地区裂缝对致密气藏调整改造模式图

3 结 论

（1）青石峁地区气藏具有储层致密、裂缝发育的特征，储层喉道半径普遍分布在 0.1 ~ 7μm 之间，而裂缝宽度普遍分布在 10 ~ 35μm 以上；裂缝对储层储集空间、流体渗流和富集高产都起到重要的控制作用。

（2）裂缝自身具有一定的宽度，可作为天然气运移聚集的场所；另外，裂缝可沟通相互孤立的微孔，并沿裂缝发育次生溶孔，有效改善了致密砂岩储层储集性能。

（3）印支期、燕山期形成的裂缝与基质孔喉形成孔—缝输导网络，有利于天然气聚集成藏；喜马拉雅期形成的裂缝对气藏起调整改造作用。当裂缝系统发育且破坏了气藏边界时，天然气沿裂缝系统散失，试气结果显示为含气水层或水层；裂缝系统发育在原型气藏内部时，天然气易在砂层中部或顶部富集，气水分异明显。

（4）青石峁西翼背斜隆起区裂缝发育，且以未充填—半充填为主，为高含气饱和度的"甜点"区域，基本不含水；东翼为宽缓斜坡带，裂缝发育程度低，气藏含气饱和度低，单井普遍产水。

参考文献

[1] 牛嘉玉，王玉满，焦汉生. 中国东部老油田区深层油气勘探潜力分析[J]. 中国石油勘探，2004，9（1）：33-40.

[2] 李武广，杨胜来，孙晓旭，等. 超深油气藏储层岩石孔隙度垂向变化研究[J]. 特种油气藏，2011，18（5）：83-85.

[3] 戴金星，倪云燕，吴小奇. 中国致密砂岩气及在勘探开发上的重要意义[J]. 石油勘探与开发，2012，39（3）：257-264.

[4] 张茜，孙卫，杨晓菁，等. 致密砂岩储层差异性成岩演化对孔隙度演化定量表征的影响：以鄂尔多斯盆地华庆地区长 6₃ 储层为例[J]. 石油实验地质，2017，39（1）：126-133.

[5] 王鹏威，陈筱，庞雄奇，等. 构造裂缝对致密砂岩气成藏过程的控制作用[J]. 天然气地球科学，2014，25（2）：185-191.

[6] 郝国丽，柳广弟，谢增业，等. 川中地区须家河组致密砂岩气藏气水分布模式及影响因素分析[J]. 天然气地球科学，2010，21（3）：427-434.

[7] Shanley K W, Cluf R M, Robinson J W. Factors controlling prolific gas production from low-permeability sandstone reservoirs: Implications for resource assessment, prospect development, and risk analysis[J]. AAPG Bulletin, 2004, 88（8）: 1083-1121.

[8] Zeng L B. Microfracturing in the Upper Triassic Sichuan Basin tight-gas sandstones: Tectonic, overpressure, and diagenetic origins[J]. AAPG Bulletin, 2010, 94（12）: 1811-1825.

[9] Aguilera R. Role of natural fractures and slot porosity on tight gas sands[C]. SPE Un-conventional Reservoirs Conference, Keystone, Colorado, 2008. SPE 114174: 1-15.

[10] Rushing J A, Newsham K E, Blasingame T A. Rock typing: Keys to understanding productivity in tight gas sands [C]. SPE Unconventional Reservoirs Conference, Keystone, Colorado, 2008. SPE 114164: 1-31.

[11] 林潼，易士威，叶茂林，等. 库车坳陷东部致密砂岩气藏发育特征与富集规律[J]. 地质科技情报，2014，33（2）：116-122.

[12] 吴胜和. 储层表征与建模[M]. 北京：石油工业出版社，2010.

[13] E.M. 斯麦霍夫. 裂缝性储层勘探的基本理论与方法[M]. 北京：石油工业出版社，1991.

[14] 杨升宇，张金川，黄卫东，等. 吐哈盆地柯柯亚地区致密砂岩气储层"甜点"类型及成因[J]. 石油学报，2013，34（2）：272-282.

[15] 张金川，金之钧，庞雄奇. 深盆气成藏条件及其内部特征[J]. 石油实验地质，2000，22（3）：210-214.

[16] Law B E. Basin-centered gas systems[J]. AAPG Bulletin, 2002, 86（11）: 1891-1919.

收稿日期：2021-08-13

第一作者简介：

虎建玲（1987—），女，硕士，主要从事油气田地质勘探工作。

通信地址：陕西省西安市未央区凤城四路

邮编：710018

The control action of fracture growth on tight sandstone gas accumulation —A case study of Upper Paleozoic in Qingshimao area, Ordos Basin

HU JianLing[1], SONG JiaYao[1], WEI Yuan[1], LI TaoTao[2], FU XunXun[1], WANG KangLe[1], and ZHANG JunYing[1]

(1. Exploration and Development Research Institute of PetroChina Changqing Oilfield Company;
2. Exploration Department of PetroChina Changqing Oilfield Company)

Abstract: The distribution features of the natural fissures in the Upper Paleozoic in Qingshimao area, Ordos basin, are studied on the basis of analyzing the outcrops, cores, thin sections, imaging well-logging and other data. The influence of fractures on the reservoir space and percolation capability of tight sandstone reservoirs, and the control action of fractures on natural gas accumulation is discussed. The results show that high-angle vertical tension fractures dominate in the study area. The width of micro-fractures is mainly between 10 and 35 μm, and the throat radius is mainly between 0.1 and 7 μm. The fracture width is obviously larger than the throat radius. Therefore the fractures are the important percolation paths. Fractures improve the percolation capability of reservoirs, which is beneficial for natural gas filling and flowing out. Different time and space positions of fracture development play different roles in controlling the accumulation and high production of tight sandstone gas. The fractures formed in Indosinian and Yanshanian periods improved the efficiency of natural gas filling and SRCA-forming, and formed high gas saturation. Himalayan fractures only adjust the gas reservoirs. When the fracture system destroys the gas reservoir boundaries, it leads to the escape of natural gas and reduces the gas saturation. When fractures are developed within the gas reservoir, locally enriched sweet spots can be formed.

Key words: fracture; physical properties of reservoir; tight gas reservoir; Qingshimao Area; Upper Paleozoic

基于核磁共振的致密砂岩 CO_2 驱机理研究

郑自刚 [1,2]，苟聪博 [1,2]，刘家琪 [3]，袁颖婕 [1,2]

（1. 低渗透油气田勘探开发国家工程实验室；2. 中国石油长庆油田分公司勘探开发研究院；
3. 中国石油长庆油田分公司第十一采油厂）

摘　要： 基于核磁共振定量表征不同喉道原油动用程度的方法，以鄂尔多斯盆地典型三叠系长8区油藏为研究对象，选取渗透率范围为 0.1～1.5mD 的不同基质渗透率砂岩岩心，开展水驱和 CO_2 驱对比实验，评价不同尺度喉道中原油的动用程度和不同阶段剩余油分布特征，明确致密砂岩 CO_2 驱提高采收率机理。研究结果表明：喉道尺度越大，水驱动用程度越高，超过 70% 的水驱剩余油主要分布在小于 100nm 的中小喉道中，水驱可动用喉道半径下限为 100nm；CO_2 驱可动用喉道尺度下限为 10nm，可大幅提高 100nm～1μm 喉道和 10～100nm 喉道中剩余油动用程度，其中混相驱比非混相驱的驱油效率高 20%～30%。建议 CO_2 驱尽量实现混相驱，非混相驱可通过提高注入压力提高驱油效果。研究成果为提升致密砂岩 CO_2 驱试验效果提供了依据。

关键词： 核磁共振；致密油；CO_2 驱；水驱；原油动用程度；剩余油分布；提供采收率；驱油机理

　　鄂尔多斯盆地油气资源丰富，为典型的低渗透油气藏，随着三叠系长 6 和长 8 油藏储量和产量占比逐年上升，低渗透油藏开发过程中注水能力下降和开发效果不佳问题日益凸显[1-2]。CO_2 驱主要通过降低原油黏度、改善流度比、使原油体积膨胀、降低界面张力等方式提高原油采收率[3-4]，该技术作为一种温室气体资源化利用的有效方法日益受到业界重视，在低渗透致密砂岩油藏开发中具有良好的应用前景[5-7]。由于 CO_2 驱机理较多，不同驱油机理对 CO_2 驱提高采收率的贡献无法量化，特别是对于致密砂岩油藏，现有的 CO_2 驱机理是否适用还不明确[8-10]。为此，以核磁共振测试为主要手段，结合高压压汞测试喉道半径，实现 T_2 图谱和喉道半径的定量转换，结合长庆特低/超低渗透油藏喉道分级，开展水驱和 CO_2 驱对比实验，评价不同尺度孔隙中原油的动用程度和不同阶段剩余油的分布情况，定量评价 CO_2 驱提高采收率机理，为 CO_2 驱实验注采参数优化和调整提供理论依据[11-12]。

1 实验方法及过程

　　选取长庆油田姬塬油田长 8 致密油藏岩心，按照 SY/T 5354—2007《岩石中两相流体相对渗透率测定》进行气测渗透率、孔隙度等测试。基于核磁共振方法，针对不同渗透率的岩心，在水驱、CO_2 驱、水驱转 CO_2 驱方式下，测试不同尺度喉道中原油的动用程度和剩余油分布情况，探究不同开发方式的微观驱油机理，实验流程如图 1 所示。

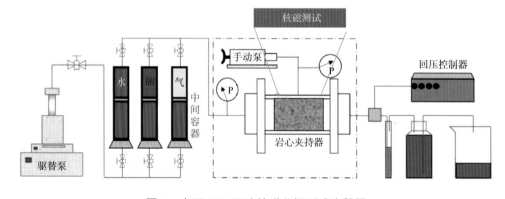

图 1　水驱/CO_2 驱油核磁共振测试流程图

　　核磁共振测试内容包括：（1）测量岩心基础物性（长度、直径、质量、孔隙度渗透率）；（2）测量不同渗透率岩心的高压压汞曲线；（3）岩心抽真空饱和地层水；（4）测量饱和水状态下 T_2 图谱；（5）用 $MnCl_2$ 溶液浸泡岩心，做第二次核磁共振，将信号量降到原始信号量的 1% 以下；（6）15MPa 恒压下，驱油水建立束缚水，测量束缚水饱和度；（7）测量束缚水状态下岩心 T_2 图谱；（8）水驱中，以不同压差驱替含 Mn^{2+} 地层水至所测岩心，计算含水饱和度，进行残余油核磁共振 T_2 图谱的测定；（9） CO_2 驱中，以不同压差驱替 CO_2 注入所测岩心，然后进行残余油核磁共振 T_2 图谱的测定；（10）水驱转 CO_2 驱实验，恒压注入一定量的 CO_2（围压、驱替压差不变）至不再出油，随后测量残余油的 T_2 图谱。

2 实验结果及分析

利用不同驱替阶段的核磁共振测试数据，结合高压压汞实验结果，开展数据分析，研究致密砂岩 CO_2 驱机理。

2.1 T_2 图谱与喉道半径的转换

根据核磁共振和高压压汞实验结果，对比分析岩心孔隙分布大小，岩心核磁共振信号量多少反映岩心内流体含量多少，核磁共振弛豫时间 T_2 可反映孔隙大小，弛豫时间与喉道半径之间具有正比关系，弛豫时间越大，喉道半径越大。对于砂岩而言，大量的理论及实验研究结果表明：水相弛豫时间 10ms 可作为黏土微孔与粒间孔隙的界限值，当水在孔隙中弛豫时间小于 10ms 时，水很难流动，对应的孔隙为黏土微孔；弛豫时间大于 10ms 时，水相对容易流动，对应的孔隙为粒间孔隙；弛豫时间大于 100ms 时，为大孔隙，弛豫时间为 10~100ms 时，为中等孔隙。因此，利用核磁共振技术，不仅能够给出岩心总孔隙内的含油量，还可以定量分析不同孔隙区间内的含油量。根据压汞数据绘制喉道半径的累积分布曲线，根据核磁数据绘制弛豫时间的累积分布曲线，拟合关系式，可求得 C 和 n，进而获得 T_2 对应的孔隙大小。实验结果如图 2、图 3 所示。

$$T_2 = Cr^{\frac{1}{n}}$$

式中　T_2——弛豫时间，ms；
　　　C——转换系数，ms/μm；

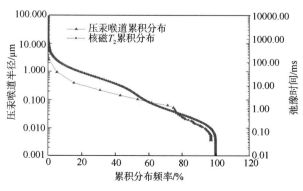

图 2　压汞和核磁共振累积分布曲线

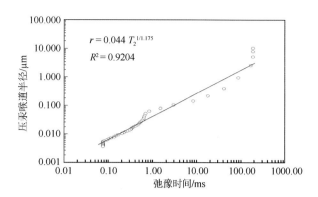

图 3　T_2 弛豫时间与喉道半径拟合曲线

　　　r——喉道半径，μm；
　　　n——指数。

2.2 水驱原油动用程度评价

如图 4 所示，对不同渗透率岩心饱和油后和水驱后的核磁共振 T_2 图谱进行对比，可以看出：特低/超低渗透岩心，水驱阶段对大孔隙的动用程度较高，该阶段原油可动的喉道半径均分布于 $0.1~0.2μm$，喉道半径小于 $0.1μm$ 的原油几乎未动用。因此，这部分未动用的剩余油是后续 CO_2 驱的主要目标。

2.3 水驱后剩余油评价

2.3.1 水驱后剩余油类型划分

考虑特低/超低渗透储层界面相互作用，水驱后的剩余油按照成因分为未启动剩余油、水锁剩余油和常规剩余油（表 1）。渗透率越低，储层物性越差，界面相互作用程度影响越大，未启动剩余油和水锁剩余油占比越大（图 5）。

2.3.2 水驱后不同尺度喉道剩余油占比

综合分析图 6 至图 8，可以看出，对特低渗透储层而言，不同尺寸喉道中（<0.1μm：0.1~1μm：>1μm）剩余油占比为 5：3：2；对超低渗透储层而言，不同尺寸喉道（<0.1μm：0.1~1μm：>1μm）中剩余油占比为 7：2.5：0.5。说明渗透率越低，储层物性越差，不同尺度喉道中原油可动用程度越低，细小喉道中剩余油占比越大。

根据毛细管压力公式：

$$p_c = \frac{2\sigma\cos\theta}{r}$$

式中　p_c——毛细管压力，MPa；
　　　σ——油水界面张力，N/m；
　　　θ——润湿角，（°）；
　　　r——毛细管半径，μm。

可以看出毛细管压力与喉道半径呈负相关的关系，随着喉道半径减小，毛细管压力不断增加。

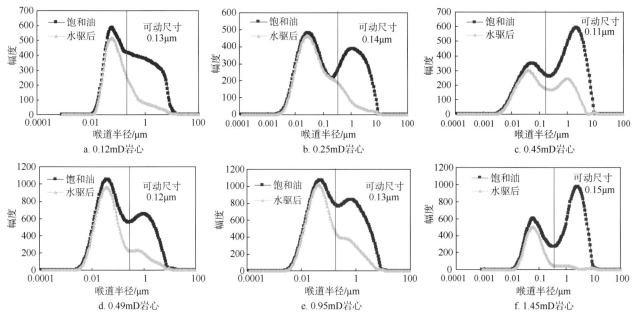

图 4　不同渗透率岩心水驱 T_2 图谱

表 1　基于成因的剩余油划分、特征及启动机理分析

剩余油类型	未启动剩余油	水锁剩余油	常规剩余油
喉道半径	<100nm	100nm ~ 1μm	>1μm
图示			
分布特征	集中连片	整体分散，局部集中	零散
成因分析	固—液界面相互作用大	液—液界面相互作用大	毛细管力、黏附力

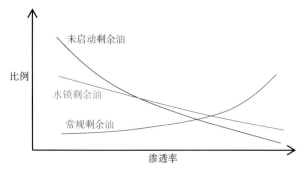

图 5　不同类型油藏剩余油类型对比示意图

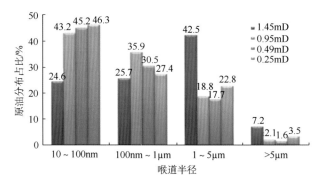

图 6　不同尺寸喉道、不同渗透率岩心原油分布
占比对比

因此，微小孔隙中的原油由于毛细管力较大，水驱难以动用，这也是渗透率越高最终采出程度越大的原因。

此外，由图 8 可以看出，无论对于特低渗透还是超低渗透储层而言，喉道半径为 10 ~ 100nm 中原油的动用程度均小于 10%，说明水驱过程中水几乎未波及该尺寸范围的喉道，其中，对于特

低渗透储层，水驱后 50% 的剩余油，以及超低渗透储层水驱后 70% 的剩余油均存在于这部分喉道中。同时从图 9、图 10 可以直观地看出，水驱后，喉道中仍存在大量剩余油，主要是 10 ~ 100nm 微孔中未被启动的剩余油。相对而言，由于气体具有更好的注入性，能够更好地启动微孔中的剩

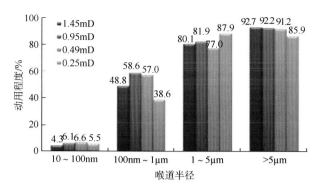

图 7　不同尺寸喉道、不同渗透率岩心原油
动用程度对比

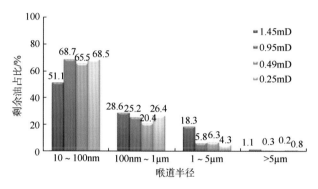

图 8　剩余油在不同尺寸喉道中占比对比

图 9　真实砂岩模型微观可视化水驱后剩余油情况
图中淡黄色为饱和的原油，蓝色为注入水，白色为 CO_2

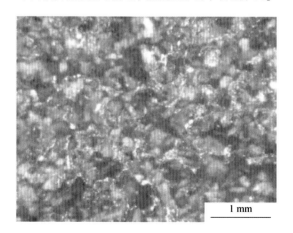

图 10　水驱转 CO_2 驱后剩余油情况
图中淡黄色为饱和的原油，蓝色为注入水，白色为 CO_2

余油，CO_2 驱动用程度较高。因此，CO_2 驱提高采收率在致密油藏开发中的应用前景广阔。

2.4 不同条件下水驱+后续 CO_2 驱提高采收率机理研究

选取超低渗透岩心在水驱后分别按照 15MPa、20MPa 和 25MPa 的注入压力进行 CO_2 驱，T_2 图谱（图 11）表明：CO_2 驱可动喉道半径为 10nm，随着注入压力升高，微孔中的原油动用程度不断加大。

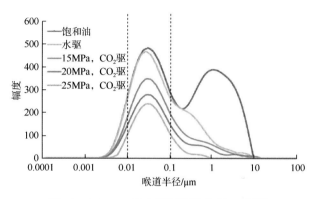

图 11　0.25mD 岩心不同驱替阶段 T_2 图谱

根据不同喉道半径原油动用程度（图 12），可以得出水驱后非混相驱提高驱油效率构成，未启动剩余油与水锁剩余油比值约为 2：1；水驱后混相驱提高驱油效率构成，未启动剩余油与水锁剩余油比值约 3：1，水驱后混相驱大幅动用水锁剩余油，非混相驱提压注气有利于有效动用未启动剩余油。

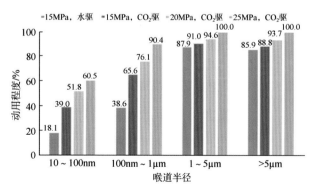

图 12　0.25mD 岩心 CO_2 驱不同喉道半径原油动用
情况对比

2.5 直接 CO_2 驱提高采收率机理研究

由于水驱对于 100nm 以下的喉道中原油动用情况较低，同时水驱后存在大量的水锁剩余油，这对于后期开发和提高采收率技术提出了挑战。因此，考虑在自然能量开发后直接进行 CO_2 驱，下面研究超低渗透岩心直接 CO_2 驱油效果和增油机理。

选取两块渗透率接近（0.14mD 和 0.16mD）的超低渗透岩心，直接注 CO_2，研究在混相和非混相两种不同条件下的原油动用情况。由图 13 至图 16 看出：对超低渗透油藏而言，无论在混相还是非混相条件下，直接 CO_2 驱对于 100nm 以上孔隙中的原油均可高效动用。混相驱和非混相驱对于 100nm 以下的孔隙中原油的动用程度则有明显差异。

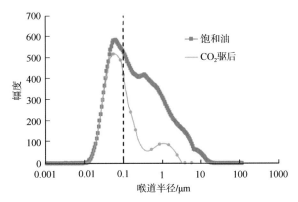

图 13   0.14mD 岩心 CO_2 驱 T_2 图谱（非混相）

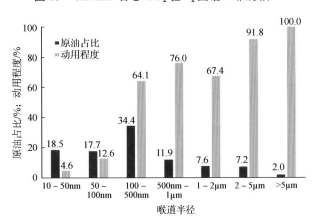

图 14   0.14mD 岩心 CO_2 驱不同尺寸喉道原油动用情况（非混相）

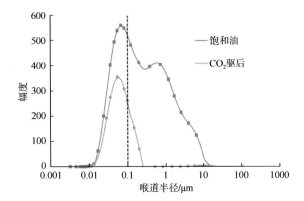

图 15   0.16mD 岩心 CO_2 驱 T_2 图谱（混相）

非混相 CO_2 驱阶段，作用机理主要为溶解膨胀和抽提作用，见气时间短，由于重力作用，容易发生气窜。在该阶段对于大喉道能够完全动用，

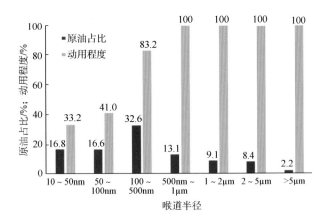

图 16   0.16mD 岩心 CO_2 驱不同尺寸喉道原油动用情况（混相）

对于中喉道、小喉道均有较高程度的动用，平均动用程度可达到 70% 以上。而对于微喉道，动用程度仍很低，平均动用程度仅为 8.6%，因此非混相驱剩余油和水驱后相似。混相驱 CO_2 驱阶段两相界面张力消失，气、液两相的重力作用大大减小，延缓气窜时间，从而明显提高驱油效率。对于混相驱而言，大喉道、中喉道均可以完全动用，动用程度均达到 100%。小喉道、微喉道注气前几乎未动用，注气后均有明显提升，其中小喉道和微喉道的平均剩余油动用程度分别为 91% 和 37.1%。混相驱对于微喉道的动用程度比非混相驱提高了近 30%，因此混相驱的剩余油类型主要以气锁剩余油为主。

综上，在超低渗透油藏和页岩油藏开发过程中，建议在自然能量开发后直接气驱，且混相气驱相对于非混相气驱具有更好的提高采收率效果。对于混相压力较高的气体，气驱过程适当提高注气井注气压力和生产井井底流压，高压注气更有利于气驱提高采收率机理的实现。

3 结 论

（1）结合核磁共振测试和高压压汞测试，实现 T_2 图谱和喉道半径的定量转化，为不同尺寸喉道中原油动用程度对比和剩余油分布特征研究提供量化手段。

（2）明确水驱可动喉道半径下限为 0.1～0.2μm，CO_2 驱可动喉道半径下限为 10nm。

（3）超低渗透油藏水驱后，剩余油在 3 种不同尺度喉道（<0.1μm、0.1～1μm、>1μm）比例为 7：2.5：0.5，特低渗透油藏相关比例为 5：3：2，物性越差，小喉道和中喉道中剩余油占比越大。

（4）水驱后 CO_2 驱可大幅度提高小喉道和

中喉道中的剩余油动用程度，其中混相驱动用程度整体比非混相驱提高 20%～30%，注气压力越高，剩余油动用程度越高。CO_2 驱在致密砂岩中提高采收率机理包括两种：一是提高微观波及系数，进入水驱后无法启动的小喉道中的剩余油，这与常规油藏具有明显差异；二是进一步提高动用程度较低的中喉道中的剩余油，这与常规油藏提高采收率机理相同。

（5）建议在 CO_2 驱过程中，适当地提高注气井注气压力和生产井井底流压，高压注气将更利于实现 CO_2 驱提高采收率机理。

参考文献

[1] 史成恩，万晓龙，赵继勇，等. 鄂尔多斯盆地超低渗透油层开发特征[J]. 成都理工大学学报（自然科学版），2007，34（5）：538-542.

[2] 蔡玥，赵乐，肖淑萍，等. 基于恒速压汞的特低—超低渗透储层孔隙结构特征：以鄂尔多斯盆地富县探区长 3 油层组为例[J]. 油气地质与采收率，2013，20（1）：32-35.

[3] 秦积舜，韩海水，刘晓蕾. 美国 CO_2 驱油技术应用及启示[J]. 石油勘探与开发，2015，42（2）：209-215.

[4] 罗二辉，胡永乐，李保利，等. 中国油气田注 CO_2 提高采收率实践[J]. 特种油气藏，2013，20（2）：1-7，42.

[5] 赵福麟. EOR 原理[M]. 东营：石油大学出版社，2001.

[6] 赵越超，宋永臣，郝敏，等. 核磁共振成像在 CO_2 驱油实验中应用[J]. 大连理工大学学报，2012，52（1）：23-28.

[7] 郎东江，伦增珉，吕成远，等. 致密砂岩储层 CO_2 驱油特征的核磁共振实验研究[J]. CT 理论与应用研究，2016，25（2）：141-147.

[8] 张硕，杨平，叶礼友，等. 核磁共振在低渗透油藏气驱渗流机理研究中的应用[J]. 工程地球物理学报，2009，6（6）：675-680.

[9] 吕卫国. CO_2 驱相态及驱油机理评价技术研究[J]. 中国化工贸易，2019，11（34）：67.

[10] Huang X，Li A，Li X，et al. Influence of typical core minerals on tight oil recovery during CO_2 flooding using NMR technique[J]. Energy & Fuels，2019，33（8）：7147-7154.

[11] Wang C，Li T，Gao H，et al. Study on the blockage in pores due to asphaltene precipitation during different CO_2 flooding schemes with NMR technique[J]. Petroleum Science and Technology，2017，35（16）：1660-1666.

收稿日期：2021-08-13

第一作者简介：
郑自刚（1986—），男，硕士，工程师，主要从事低渗透致密油藏气驱提高采收率技术适应性及油藏工程等方面的研究工作。
通信地址：陕西省西安市未央区明光路
邮编：710018

Research of mechanism of CO2 flooding in tight sandstone reservoirs based on NMR

ZHENG ZiGang[1], GOU CongBo[1], LIU JiaQi[2], and YUAN YingJie[1]

(1. National Engineering Laboratory for Exploration and Development of Low Permeability Oil & Gas Fields; Exploration and Development Research Institute of PetroChina Changqing Oilfield Company; No.11 Oil Recovery Plant of PetroChina Changqing Oilfield Company)

Abstract: On the basis of the method of quantitatively characterizing the producing oil reserves ratio at different pore-throat scales by the established NMR, the comparative experiment of water-drive and CO_2-drive is carried out by selecting sandstone cores with permeability ranging from 0.1 to 1.5mD and various matrix permeability, and taking the typical Triassic Chang8 reservoirs in Ordos Basin as the research object. The producing crude reserves ratio in various-scale throats and the distribution characteristics of remaining oil in different stages are evaluated, and the mechanism of CO_2-flooding enhanced oil recovery (EOR) in tight sandstone is clarified. The research results show that the larger the pores-throats scale is, the higher the waterflooding producing reserves ratio is. More than 70% of the remaining oil with water drive is mainly distributed in small and medium-sized pores and throats with radius less than 100nm. The lower limit of the usable pores-throats radius with water drive is 100nm. The lower limit of scales of available pores-throats for CO_2 flooding is 10nm. The reserves ratio of producing residual oil in pores-throats with radius of 100nm-1μm and 10-100nm have been greatly improved. The oil displacement efficiency of miscible flooding is 20%-30% higher than that of immiscible displacement. It is suggested that the CO_2 flooding should realize miscible flooding as much as possible, and immiscible flooding can improve the oil displacement effect by increasing the injection pressure. The research results provide a basis for improving the test effect of CO_2 flooding in tight sandstone.

Key words: NMR; tight oil; CO_2 flooding; water-flooding; producing oil reserves ratio; remaining oil distribution; enhanced oil recovery; oil displacement mechanism

安塞油田长 6 储层润湿性特征分析探讨

兀凤娜，张军锋，张　娜

（ 中国石油长庆油田分公司第一采油厂）

摘　要：基于润湿性测试、X 衍射分析、薄片鉴定、扫描电镜等实验资料，分析探讨了安塞油田长 6 储层原始润湿特征、注水开发过程中润湿性的变化及影响因素。结果表明：其储层原始润湿性整体属于中性—弱亲水、弱亲水—亲水润湿性，主要受储层岩石矿物组成、原油化学性质和地层水性质等因素影响；进入开发中后期，储层润湿性整体亲水性变弱，表现出向中性—偏亲水、中性—偏亲油方向变化的趋势，润湿非均质性增强。

关键词：储层润湿性；绿泥石；开发中后期；安塞油田

储层润湿性是指在地层条件下，当存在两种非混相流体的时候，某种流体在岩石表面附着或者延伸的倾向性。润湿性是储层的基本特征之一，其在很大程度上控制了油和水在储层孔隙中的分布状态，并对水驱油效率有较大影响。因此在油田开发过程中，必须正确认识储层的润湿性特征，才能为油田开发技术政策的制定及提高采收率工作提供精准的技术支撑。

安塞油田长 6 油藏为典型的特低渗透储层，主要开采层位为长 6_1^{1-2}、长 6_1^{1-3}。经过 30 多年的注水开发，目前已经进入开发中后期，迫切需要深入研究新的提高采收率技术。储层润湿性控制着油水驱替的机理和模式，是提高采收率技术需要考虑的重要因素。前期对安塞油田长 6 储层原始润湿性、注水开发过程中润湿性的变化特征及

润湿性对油田开发的影响等系统研究比较欠缺，对储层润湿性特征及影响因素认识不够，对储层润湿性的研究偏重理论分析推断，缺乏将研究成果与油田注采开发动态相结合，为油田开发提供技术指导。

1996—2019 年，先后在安塞油田长 6 油藏不同部位钻取检查井 21 口（表 1），检查解剖注水开发过程中油藏水淹状况和储层特征变化规律，积累了丰富的实验数据及矿场资料。本文以安塞油田长 6 油藏 WY 老区、S160 区、PQ 区 3 个实验资料相对丰富，且有检查井的区块为研究对象，通过对三个区块各项实验资料和矿场生产资料整理总结，分析安塞油田长 6 储层原始润湿性和注水开发过程中润湿变化，探讨原始润湿性的影响因素和注水开发过程中润湿性变化原因。

表 1　安塞油田长 6 油藏 1996—2019 年检查井统计表

区块	区块整体开发年份	井数	井号	完钻年份	开发年限/a
WY 老区	1987	12	SJ1	1996	6
			SJ2	2003	13
			WJ1、W2、WJ3	2009	20
			WJ2-1	2011	14
			WJ4、WJ5、WJ6、WJ7、WJ8、WJ9	2012	23
PQ 区	1995	5	PJ1	1999	4
			PJ3-1、PJ3-2、PJ3-3、PJ3-4	2016	21
S160 区	2000	4	WJ3-1、WJ3-2、WJ3-3、WJ3-4	2019	16

1 储层润湿性测量实验方法

根据行业标准 SY/T 5153—2017《油藏岩石润湿性测定方法》，储层润湿性通常使用自吸法、离心机法、接触角法来测定。离心机法在高速离心过程中可能改变岩心原始微观孔隙结构特征而影响其测试结果。接触角测定法优势在于操作便

捷、效率高，适合测量光滑固体表面润湿性，无法准确测量表面粗糙且含有不同类型黏土的地下油气藏储层岩石的润湿性特征。自吸法适用范围广泛，能够对不同类型的润湿性进行准确合理的测定，是长庆油田最常用的润湿性测试方法。自吸法原理：在毛细管压力作用下，润湿流体具有自发吸入岩石孔隙中并排驱其中非润湿流体的

特征。通过测量并比较油藏岩石在残余油状态（或束缚水状态）下，毛细管自吸油（或自吸水）的数量和水驱替排油量（油驱替排水量），可以判别油藏岩石对油（水）的润湿性。若吸油量大于吸水量，岩样润湿性亲油；否则，岩样润湿性亲水。若吸油量与吸水量相近，则岩样润湿性为中性。

2 储层原始润湿性特征及影响因素

2.1 储层原始润湿性特征

安塞油田长 6 储层开发初期润湿性实验资料结果（表 2）表明：原始润湿性以中性—弱亲水、弱亲水—亲水为主，储层内部亲水孔道对润湿性起主导作用，各区块亲水程度有一定的差别，呈非均匀分布。

表 2　安塞长 6 油藏典型区块储层原始润湿性统计表

区块	孔隙度/%	渗透率/mD	无因次吸水量/%	无因次吸油量/%	润湿性结果	备注
WY 老区（14 口井）	13.0	1.84	4.01	1.92	中性—弱亲水	99 块样
S160 区（2 口井）	14.7	1.61	2.87	0.33	弱亲水—中性偏亲水	9 块样
PQ 区（14 口井）	11.44	0.52	6.62	0.58	弱亲水—亲水	61 块样

2.2 影响因素分析

储层的原始润湿状态是由油藏的岩石—油—水体系的表面物理化学性质决定的，岩石的表面矿物组成、原油组分、地层水性质等对储层的润湿性产生影响。

2.2.1 全岩矿物组成

安塞油田长 6 储层为典型的细粒长石砂岩，X 衍射全岩定量分析结果（表 3）表明：储层碎屑成分以长石为主，含量为 48.8% ~ 58%，石英次之，含量为 26.1% ~ 30.0%，方解石、铁白云石、浊沸石及黏土矿物等含量为 2.7% ~ 15.9%。同时通过薄片观察，孔隙主要由长石、石英（部分区块还包括浊沸石）和孔隙壁上的绿泥石组成，其他矿物与孔隙接触较少。常见硅酸盐的亲水程度按照强弱顺序[1-3]排列为：石英>方解石>白云石>长石，组成储层的主要岩石矿物以亲水为主，因此安塞长 6 储层原始润湿性大都呈偏亲水性。

表 3　安塞油田长 6 储层典型区块 X 衍射全岩定量分析统计表

区块	样品数量/块	石英/%	斜长石/%	钾长石/%	浊沸石/%	方解石/%	白云石/%	铁白云石/%	黏土总量/%
WY 老区	98	26.1	42.9	15.1	5.1	2.0	0.1	1.0	7.7
S160 区	9	30.0	47.4	12.7	—	1.5	0.3	0.9	7.2
PQ 区	35	27.7	39.0	9.8	13.3	1.1	0.4	1.1	7.6

2.2.2 黏土矿物特征

X 衍射黏土矿物相对含量分析统计结果（表 4）显示：黏土矿物占储层矿物总量的 7.2% ~ 7.7%，黏土矿物由绿泥石（C）、伊利石（I）、高岭石（K）及伊/蒙混层（I/S）组成，其中绿泥石占黏土矿物的 65.5% ~ 75.0%，是安塞油田长 6 储层的主要黏土矿物。扫描电镜及能谱分析结果显示：储层中绿泥石以自生绿泥石为主，通常以垂直碎屑颗粒生长的衬边薄膜形式出现在孔隙周围，绿泥石膜通常厚度为 5 ~ 10μm，绿泥石含铁 20% ~ 35%，为铁叶绿泥石。

虽然绿泥石在储层中含量不高，但是因其特殊的膜状赋存方式，使得储层粒间孔具有较大的表面积。初步计算，绿泥石膜按照 5μm 计算，颗粒平均粒径为 170μm，绿泥石膜使得孔隙直径缩小 1/4，颗粒表面积增大了 250 倍（绿泥石比表面积为 14m^2/cm^3，石英比表面积为 0.056m^2/cm^3）[4]。前期大量的绿泥石对润湿性影响研究表明：绿泥石本身是亲水矿物，因具有较大的表面积，能够吸附原油中的重质组分（非烃+沥青质），导致局

表 4　安塞油田长 6 油藏典型区块 X 衍射黏土矿物含量统计表

区块	黏土矿物总量/%	黏土矿物相对含量/%				备注
		绿泥石	伊利石	高岭石	伊/蒙混层	
WY 老区	7.7	75.0	14.0	6.1	4.9	部分样品无高岭石
S160 区	7.2	65.5	8.9	21.0	4.6	
PQ 区	7.6	73.4	7.86	17.3	1.4	

部储层表面亲油[5]。

前人研究[5]认为：鄂尔多斯盆地长 6 储层存在绿泥石膜吸附重质油现象，这是由于绿泥石膜在生长过程中吸附生烃早期排出的低成熟有机质（非烃、沥青质含量高）而形成的。对安塞油田长 6 储层现有铸体薄片资料整理可见：安塞油田长 6 储层大部分薄片中绿泥石膜是"干净"的，未吸附重质油，仅在 WY 老区中部、东部部分井中出现绿泥石被重质油浸染的现象。分析认为安塞油田长 6 储层离盆地长 7 生烃中心较远，生烃早期排出的低熟有机质动力不足，量有限，不能运移至此。因此储层中绿泥石膜大部分没有吸附重质油，储层较"干净"，整体润湿性偏亲水[5]。

2.2.3 原油化学组成

原油中极性物质是氮、氧、硫的烃类化合物，多集中在"非烃+沥青质"重质组分中，前期研究认为：这些极性物质在与油层岩石接触中，会在庞大的岩石表面产生吸附，把这部分原来亲水的岩石变成亲油。这一研究成果主要针对大庆油田、胜利油田的中高渗透油藏（1000～5000mD）[6-8]，其原油中"非烃+沥青质"含量基本为 20.0%以上。显然，安塞油田长 6 特低渗透油藏特征与其差距较大。

安塞油田长 6 储层原油分析及族组成资料较少，现有资料（表 5、表 6）表明"非烃+沥青质"含量基本小于 4.0%。成藏以后原油中重质组分被吸附而改变润湿性的可能性不大，这也是安塞油田长 6 储层润湿性整体偏亲水的另一个原因。

表 5 安塞油田长 6 储层原油分析统计表

序号	井名	测试时间	层段深度/m	取样地点	相对密度	黏度/（mPa·s）	凝固点/℃	沥青质/%	初馏点/℃
1	S1	1984-05	979.2～989.0	井口	0.8340	4.09	18	0.99	62
2	S2	1984-06	966.0～989.0	井口	0.8338	3.92	19	0.99	64
3	S3	1985-04	1054.2～1057.0	井口	0.8396	4.04	22	1.04	62
4	S4	1985-05	1001.0～1014.6	井口	0.845	5.21	22	0.90	92
5	S5	1985-07	976.0～981.6	井口	0.8462	5.42	22	0.45	84
6	S6	1985-07	982.4～995.0	井口	0.8366	4.2	23	0.67	76
7	S7	1986-10	973.2～997.0	管线	0.8345	4.07	26	0.68	58
8	S8	1986-12	972.0～985.0	大罐	0.8340	3.98	19	0.15	68
9	S9	1987-02	968.0～987.2	大罐	0.8366	4.2	24	1.12	66
10	S10	1987-10	1068.0～1088.4	井口	0.8562	7.14	26	3.10	82
11	S11	1987-12	1137.0～1138.0	井口	0.8359	4.01	20	0.86	64
12	S12	1987-12	1045.4～1075.2	井口	0.8410	4.46	20	1.24	70
13	S13	1989-04	1194.0～1214.8	井口	0.8377	4.23	17	1.81	64
14	S14	1992-05	1119.4～1150.5	井口	0.8491	5.41	25	0.98	73

表 6 安塞油田长 6 储层原油族组成统计表

序号	井名	分析时间	层位	饱和烃/%	芳香烃/%	非烃/%	沥青质/%	备注
1	WJ1	2010-07	长 6_1^{1-3}	65.28	5.42	1.04	0.63	
2	WJ1	2010-09	长 6_1^{1-2}、长 6_1^{1-3}	62.02	9.97	1.55	1.37	
4	安塞油田长 6 储层平均						3.04	文献[9]

2.2.4 地层水化学性质

安塞油田长 6 油藏地层水测试资料（表 7）表明：离子浓度依次为 $Cl^->$（Na^++K^+）$>Ca^{2+}>HCO_3^->Mg^{2+}$，pH 值接近中性。地层水总体特征为：高 Cl^-、高 Ca^{2+}、高矿化度、不含 SO_4^{2-}，水型为 $CaCl_2$ 型。

矿化度较高说明水中含有大量无机盐，增强了水的极性，使水对砂岩表面的润湿能力增强。pH 值通过影响地层流体中表面活性有机酸和碱的电离作用而改变岩石的润湿性，地层水为中性时，会降低油层岩石的油湿性，使其表现出亲水的性质，这也是安塞油田长 6 储层表现为偏亲水

表 7　安塞油田长 6 油藏地层水性质统计表

区块	层位	分析项目/（mg·L⁻¹）								总矿化度/（mg·L⁻¹）	pH 值	水型
		K⁺+Na⁺	Ca²⁺	Mg²⁺	Ba²⁺	Cl⁻	HCO₃⁻	CO₃²⁻	SO₄²⁻			
WY 老区	长 6	18499	15400	76	1716	56771	156	0	0	92618	6.9	CaCl₂
S160 区	长 6	24013	9126	337	2419	55323	107	0	0	91325	6.8	CaCl₂
PQ 区	长 6	10943	22891	76	605	57831	109	0	0	85576	6.9	CaCl₂

的主要原因。

3　注水开发过程中储层润湿性变化特征及原因探讨

3.1　注水开发过程中储层润湿性变化特征

1996—2019 年，在安塞油田长 6 油藏共钻了 21 口检查井，从检查井获得了 63 块样品润湿性分析资料，这部分宝贵的资料为认识注水开发过程中油水运动规律，润湿性变化特征提供了重要依据。

将 WY 老区、S160 区、PQ 区 3 个区块老井及检查井润湿性测试结果（图 1、图 2）统计对比

整体变化特征为：（1）检查井平均无因次净吸水量（无因次吸水量减去无因次吸油量）普遍低于开发初期的老井，WY 老区无因次净吸水量由 2.23% 下降到 −0.78%，S160 区由 2.47% 下降到 1.0%，PQ 老区由 6.04% 下降到 0.05%，注水开发后储层亲水性变差；（2）检查井油水同吸的样品数量增多，只吸水不吸油样品数量下降，并且 WY 老区、PQ 区部分样品出现了只吸油不吸水现象。表明随着注水开发时间的延长，岩样既有连续偏亲水孔道，又有连续偏亲油孔道，储层润湿性非均质性增强。

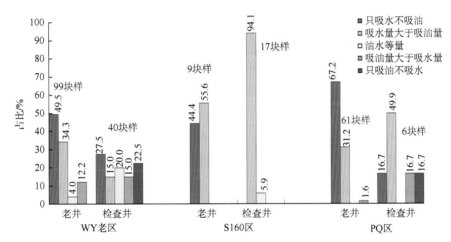

图 1　老井和检查井岩样润湿性测试结果柱状图

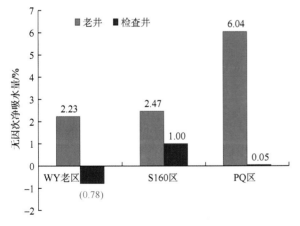

图 2　老井和检查井岩样无因次净吸水量对比图

WY 老区检查井微观水驱油结果（表 8）显示，剩余油主要以油膜型剩余油为主，表明检查

井储层润湿性偏亲油，与润湿性测试结果一致。

以上分析表明：长期注水开发使得储层亲水性变差，润湿性有向中性—偏亲水、中性—偏亲油方向变化趋势，润湿性的非均质性增强。

3.2　储层润湿性变化原因讨论

目前关于油田开发过程中储层润湿性变化的原因一致认为是"随着注水时间延长，注入水长期冲刷使得岩石表面的黏土矿物及油膜逐渐变薄、脱落，储层润湿性向亲水方向转化"[10-12]，未见到有注水开发后储层亲水性变差或者向中性—亲油方向转变的文献报道。所以，安塞油田长 6 储层润湿性变化分析没有现成的研究成果及经验可以借鉴参考，笔者尝试从可能导致储层润湿性亲水性变差或者偏亲油的因素进行探索分析。

表8 安塞油田长6油藏检查井岩样微观水驱油结果统计表

序号	井号	深度/m	空气渗透率/mD	驱替类型	残余油类型	残余油饱和度/%			润湿性	
						注入1PV	注入2PV	注入3PV	测试深度/m	结果
1	WJ1	1158.04	0.06	指状驱替	绕流残余油	43.5	41.6	41.3	1158.85~1158.95	中性—偏亲油
2	WJ1	1163.87	0.53	网状驱替	油膜—角偶残余油	40.8	39.4	38.8	1164.05~1164.13	中性—偏亲油
3	WJ1	1165.57	0.82	网状—指状	角偶—绕流残余油	41.4	39.3	38.8	1164.05~1164.13	中性—偏亲油
4	WJ1	1165.57	0.39	网状驱替	油膜—卡断残余油	40.6	38.7	37.9	1164.05~1164.13	中性—偏亲油
5	WJ2	1155.73	2.47	网状—均匀	油膜残余油	37.2	36.2	36.1	1156.28~1156.37	偏亲油
6	WJ5	1040.98	0.85	均匀驱替	油膜残余油	39.6	37.7	36.8	1037.44~1037.53	中性—偏亲油

3.2.1 绿泥石膜吸附重质油现象再认识

前期研究认为：绿泥石由于其特殊的微观结构，会在成藏过程中吸附重质油导致储层润湿性偏亲油。通过对安塞油田长6储层现有铸体薄片资料观察可见：绿泥石吸附重质油的现象仅在

WY老区中部、东部存在，并且在油藏开发的各个阶段都存在（图3）。统计WY老区薄片鉴定资料429块（54口井），其中75块（28口井）出现绿泥石吸附重质油的现象，主要分布在长 6_1^1 层底部。

a. S6井（老井）　　b. SJ2（开发13年）　　c. WJ6（开发23年）

图3 安塞油田长6油藏不同开发阶段岩样铸体薄片绿泥石膜吸附重质油现象

将WY老区薄片鉴定结果与储层润湿性测试结果（图4）进行对比分析，WY老区历年来共

有114块岩心样品同时进行了润湿性测试和铸体薄片鉴定，其中有32块存在绿泥石膜吸附重质油

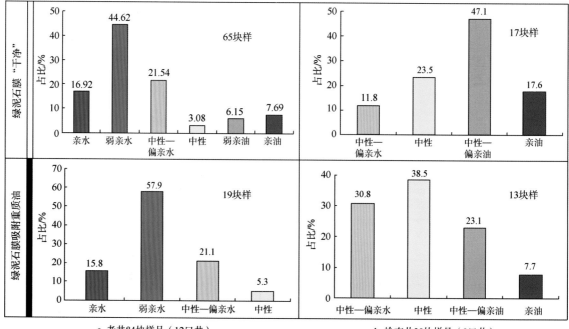

a. 老井84块样品（12口井）　　b. 检查井30块样品（9口井）

图4 WY老区老井、检查井岩样润湿性测试结果柱状图

现象。老井 19 块样品润湿性测试结果均无偏亲油，检查井 13 块样中仅有 4 块（占 30.8%）润湿性结果中性—偏亲油、偏亲油。这表明：无论对于老井还是检查井，绿泥石膜吸附重质油都与储层润湿性无关，这与以往的结论不一致。对绿泥石膜吸附重质油层段扫描电镜观察（图 5），可以看到清晰的绿泥石膜结构，看不到重质油结构，故推测油膜已经成为一种岩石的结构组分。这种特殊的有机质—黏土复合体对储层润湿性的影响需要进一步深入研究。

3.2.2 长石矿物黏土化

目前对各岩石矿物的润湿性测试分析主要针对纯净的矿物而言，而忽略了实际油藏中矿物均不同程度受成岩作用的改造。安塞油田长 6 储层主要岩石矿物为长石，长石由于化学稳定性差，容易发生蚀变，其在显微镜底下显示表面较为污浊，大部分长石颗粒已经绢云母化或高岭石化，并非理想、干净的长石颗粒。分析认为长石发生绢云母化或者高岭石化后，其矿物结构成分已发生变化，可能会导致润湿性偏亲油（云母、高岭石均为亲油矿物），尤其在绿泥石膜较薄，长石溶孔发育的样品中。例如 WJ2 井长 6 薄片鉴定（表 9）长石表面绢云母化明显，而该井的润湿性测试结果偏亲油。

a. 铸体薄片（1042.74～1042.87m）　　b. 扫描电镜（1042.74～1042.87m）

图 5　WJ16-158 井岩样绿泥石膜吸附重质油铸体薄片与扫描电镜对比图

表 9　WJ2 井长 6 层岩样薄片鉴定描述统计表（部分）

层位	取样深度/m	薄片描述	岩石定名	润湿性测试结果
长 6_1^{1-1}	1149.78～1149.91	颗粒拉长延伸，定向排列，云母沿层面集中分布，长石表面绢云母化可见，凝灰质蚀变为胶状水云母充填孔隙，绿泥石沿颗粒壁垂直生长，偶见方解石充填孔隙，孔隙孤立分布，连通性较差	细粒长石砂岩	偏亲油
长 6_1^{1-2}	1152.54～1152.59	绿泥石膜沿颗粒壁垂直生长，方解石呈他形晶粉晶状充填孔隙，交代颗粒，长石以斜长石为主，表面绢云母化见见，云母沿层面集中分布，少量泥化，粒间孔发育，孔内偶见自生石英	中—细粒长石砂岩	
长 6_1^{1-2}	1155.32～1155.44	云母泥化普遍，绿泥石膜沿颗粒壁垂直生长，长石表面绢云母化，绿泥石化常见，方解石充填孔隙，斑状分布，粒间孔发育，受碎屑分布控制，粒间孔呈伸长状	中—细粒长石砂岩	
长 6_1^{1-2}	1159.91～1160.03	云母沿层面富集，绿泥石膜沿颗粒壁垂直生长，粒间孔内多见自生石英方解石他形粉—细晶状充填孔隙，长石绢云母化常见	中—细粒长石砂岩	

3.2.3 油田开发过程中注采措施的影响

（1）注入水影响。安塞油田长 6 油藏开发过程中注入水主要为 $NaHCO_3$ 型，而地层水水型为 $CaCl_2$ 型，油井见注入水后，地层水与注入水结合生成 $CaCO_3$ 垢，附着于井筒及油管线系统，并且随注入水的推进造成地层深层堵塞。尽管现场注水添加了阻垢剂，但是监测结果表明现有阻垢剂只能阻止 50.0% 的垢离子成钙，油水井普遍结垢比较严重。WY 老区检查井的岩心铸体、薄片物性分析研究表明：在注水井水驱的不同方向上均有结垢的方解石、重晶石存在，以方解石为主。新生垢矿物导致储层孔隙度平均下降 15%，渗透率平均下降 31.73%[13]，孔隙结构发生变化，可能会导致储层润湿性发生变化。

前人研究认为，富铁矿物会导致储层润湿性亲油[14]。现场注入水、空气与注水系统及井下管柱反应腐蚀，储层可能存在被铁伤害，而导致润湿性发生偏亲油现象。

（2）油藏历年增产措施影响。在油田开发过程中，油井经历投产压裂改造、酸化（重复酸化）、重复压裂及日常维护作业等，引入大量的压裂液、酸液进入地层，而酸液、压裂液体系中含有各类表面活性剂，可能会引起储层伤害、油水乳化等问题，导致井底附近储层润湿性偏亲油。

4 结　论

（1）安塞油田长 6 油藏储层原始润湿性整体属于中性—弱亲水，弱亲水—亲水润湿性，主要受储层岩矿构成、原油化学性质及地层水性质等因素影响。

（2）油田开发中后期检查井岩样润湿性整体亲水性变弱，有向中性—偏亲水、中性—偏亲油方向变化趋势，润湿性的非均质性增强。

（3）绿泥石膜吸附重质油与储层润湿性无相关性，这与前期的认识不一致，有关机理有待进一步深入研究。

参考文献

[1] 赵明国，文韬，张明龙，等. 岩石矿物对润湿性的影响[J]. 数学的实践与认识，2020，50（2）：171-177.

[2] 何望雪，王新星，王洪君. 靖安油田长6低渗透储层润湿性及其影响因素[J]. 延安大学学报（自然科学版），2021，40（2）：51-54.

[3] 吕鹏，李明远，杨子浩，等. 油藏润湿性影响因素综述[J]. 科学技术与工程，2015，25（15）：1671-1815.

[4] 黄月明，贺静，等. 安塞油田长 6_1^1 油层岩矿特征和成岩作用及油层保护[R]. 中国石油长庆油田分公司勘探开发研究院科研报告，1987.

[5] 牛小兵，淡卫红，郑庆华，等. 盆地延长组主力层黏土矿物类型分布规律及对开发影响分析[R]. 中国石油长庆油田分公司勘探开发研究院科研报告，2015.

[6] 李绍玉，王俊文. 喇嘛甸、萨尔图、杏树岗油田油层岩石润湿性及影响因素的研究[J]. 大庆石油地质与开发，1987，6（2）：41-48.

[7] 姚凤英，陈晓军，宗习武，等. 胜坨油田开发过程中的润湿性变化[J]. 油气地质与采收率，2002，9（4）：58-60.

[8] 张乐. 大庆油田开发过程中油层岩石润湿性变化[J]. 西部探矿工程，2009，21（9）：59-62.

[9] 李永太，宋晓峰. 安塞油田三叠系延长组特低渗透油藏增产技术[J]. 石油勘探与开发，2006，33（5）：638-642.

[10] 靳文奇，王小军，何奉鹏，等. 安塞油田长6油层组长期注水后储层变化特征[J]. 地球科学与环境学报，2010，32（3）：239-244.

[11] 吴素英. 砂岩油藏储层润湿性变化规律及对开发效果的影响：二区沙二12层为例[J]. 中国科技信息，2005，17（24）：24.

[12] 王传禹，杨普华，马永海，等. 大庆油田注水开发过程中油层岩石的润湿性和孔隙结构的变化[J]. 石油勘探与开发，1981，8（1）：54-67.

[13] 高春宁，武平仓，南珺祥，等. 特低渗透油田注水地层结垢矿物及其影响[J]. 油田化学，2011，28（1）：28-31.

[14] 王忠楠，罗晓容，刘可禹，等. 鄂尔多斯盆地上三叠系延长组致密砂岩储层绿泥石对润湿性的影响[J]. 中国科学，2021，51（7）：1123-1134.

收稿日期：2021-08-13

第一作者简介：

兀凤娜（1982—），女，本科，工程师，主要从事油田开发，储层岩矿特征研究工作。

通信地址：陕西省延安市宝塔区河庄坪镇

邮编：716000

Analysis and discussion on wettability characteristics of Chang6 reservoirs in Ansai Oilfield

WU FengNa, ZHANG JunFeng, and ZHANG Na

(No. 1 Oil Recovery Plant of PetroChina Changqing Oilfield Company)

Abstract: The original wettability characteristics, wettability changes and their influencing factors of Chang6 reservoirs in Ansai Oilfield are analyzed and discussed on the basis of experimental data of wettability test, X-ray diffraction analysis, thin section identification and scanning electron microscope. The results show that the original wettability of the reservoirs generally belongs to netural-to-weak hydrophilic, weak hydrophilic-to-hydrophilic wettability. It was mainly influenced by the factors such as the mineral composition of the reservoir rocks, chemical properties of crude oil and formation water properties, etc. In the middle and late stages of development, the wettability of the reservoirs as a whole becomes weak, showing a trend of changing from the neutral to slightly hydrophilic and from the neutral to slightly lipophilic. The heterogeneity of the wettability is increased.

Key words: wettability of reservoir; chlorite; middle and late stages of development; Ansai Oilfield

便携式原油含水分析仪快速检测方法研究

李　欢，刘　飞，丁雅勤，郭建民

（中国石油长庆油田分公司勘探开发研究院）

摘　要：为了全面提高原油含水率测定的效率和准确性，研究出一种利用便携式原油含水分析仪快速检测样品含水率的方法。该方法对原油样品仅进行加热预处理，而不必进行机械均质化处理，能大大缩短做样时间，提高工作效率。该方法适用于任何原油样品（包括乳化油样品、油水样品、油乳样品，以及油、乳、水三相样品），能够克服原有测定方法存在的无法快速、大量测定两相、三相原油样品体积含水率的局限，含水率测量范围为 1.0%～99.0%。用该方法得到的体积含水率数据与蒸馏法分析结果相印证。该方法采用分开测定的方式简化了原油样品体积含水率测定的做样程序，缩短实验室做样时间；方法简单、操作容易；特别是对油、水、乳三相混合样品的含水率测定准确性很高，和理论值的最大绝对误差仅为 2.2%，在现场需要大规模原油水含量测定的情况下，是一种极具推广价值、简单、高效、准确的方法。

关键词：电磁波介电常数；便携式；快速检测；分开测定；含水率

近两年，以电磁波介电常数探测法为原理的便携式原油含水分析仪（图 1）逐渐在油田基层单位推广开来，长庆油田基层班站、化验室、重点单井的原油水含量样品测定量约为 100～300 个/d，常用测定方法为蒸馏法、离心法和便携法，便携法在现场推广使用过程中仍旧存在诸多问题：（1）为缩短做样时间，提高工作效率，所有样品均未按要求作均质化前处理；（2）非常规原油水含量的测定仍存在较大误差；（3）便携式原油含水分析仪相关测定标准并未出台。因此，探讨快速、简单、高效、准确的利用便携式原油含水分析仪进行含水率测定就显得格外重要。

大庆油田黄清强等[1]提出一种高含水原油样

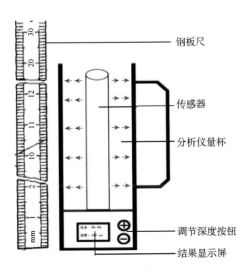

图1　电磁波介电常数探测法仪器示意图

品含水率的测定方法，即将原油降温后分离其中的游离水和悬浮水，而样品中的乳化水采用蒸馏法或离心法测量，最后计算出样品总质量含水率。该方法的局限性：蒸馏法测定乳化水含水率时，样品的前处理过程仅通过加热搅拌，很难达到样品的均质化，导致测定结果存在一定误差，该方法并不适合含乳化层较厚，常规状态难以破乳的原油样品含水率测定。

胜利油田龚争辉等[2]提出一种通过测量乳化油和游离水的密度与体积而计算总质量含水率的方法，该方法适合于质量含水率96%以上的样品测定，取样量需大于 10L，该方法并不适合含乳化层较厚，常规状态难以破乳的样品含水率测定，该方法的检测范围具有一定局限性，适合于超高含水率样品，并且只能测定样品的质量含水率。

程静[3]等提出一种利用改良离心法检测黏度大、蜡质、胶质含量高的原油样品含水率，但针对乳化层较厚原油，仅通过离心无法分离出油、水两相，因此，利用该方法测定复杂原油（常温下样品中乳化层稳定存在）存在较大误差。

杨培强[4]等提出的一种油田快速检测原油含水率的方法，利用标准曲线测定原油样品的含水率，且样品前处理需要用到破乳剂达到油、水两相完全分离，但当原油中含较厚乳化层时，加入破乳剂加热，实现完全破乳需要较长时间，因此该方法并不适合含较厚乳化层原油样品的含水率测定。

基金项目：中国石油天然气集团有限公司项目"低渗透油气田勘探开发国家工程实验室实验方法研究与维护研究"（编号：2019-68）。

参考 GB/T 8929—2006《原油水含量的测定 蒸馏法》[5]及 GB/T 6533—2012《原油中水和沉淀物的测定 离心法》[6]中关于样品前处理的各项要求，对原油必须进行前处理，包括加热和均质化，确保样品的均一性和稳定性。样品的均一化提高了原油样品含水率测定的准确性，但大大增加了油田基层实验室技术工人的日常工作量，本文提出的快速检测方法只对原油样品仅进行加热预处理，而不进行机械均质化过程，能大大缩短制作样品时间，提高工作效率。该方法适用于任何原油样品（乳化油样品、油水样品、油乳样品、油、乳、水三相样品），能够克服原有测定方法存在的无法快速、大量测定两相、三相原油样品体积含水率的局限，含水率测量范围为 1.0% ~ 99.0%，用该方法得到的体积含水率数据与蒸馏法分析结果相印证。

1 油水两相原油样品含水率测定方法

便携式原油含水分析仪测定含水率时，需考虑液面深度对含水率测量结果的影响（图2），实验结果表明：当样品测量深度低于 28mm 时，含水率有急速上升趋势，当深度高于 30mm 后，含水率值趋于稳定，因此，用便携法测定含水率时，建议样品测量深度高于 30mm。

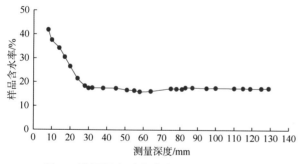

图 2　液面深度对含水率测量结果的影响

当油水两相原油或油乳两相原油中所含的其中一液相的深度低于 30mm 时，可以采用手工快速震荡或者机械搅拌后混合测定，以保证和提升测量的精确性。

利用便携式原油含水分析仪，对油水两相原油样品中的各液相分别进行体积含水率的测定，然后将各含水率数值累加。可先用直尺分别量出油水两相厚度及总厚度，如图3所示，用原油含水分析仪测定油层体积含水率，用公式（1）计算得到总体积含水率。

$$V = \frac{H_水 + H_油 V_油}{H_总} \times 100\% \qquad (1)$$

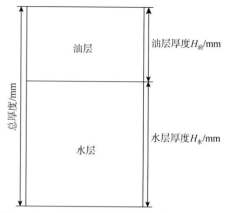

图 3　油、水两相原油样品深度测量示意图

式中　V——总体积含水率，%；
　　　$H_水$——水层厚度，mm；
　　　$H_油$——油层厚度，mm；
　　　$H_总$——总厚度，mm；
　　　$V_油$——油层体积含水率，%。

为进一步验证便携法分开测定的准确性，对油水两相原油样品进行含水率的测定（表1），结果表明：分开测定含水率较理论含水率的最大绝对误差仅为 0.9%（当理论含水率值大于 10%）以上时。

2 油乳两相原油样品含水率的快速测定方法

当测定样品为油乳两相时，用便携式原油含水分析仪分别测定油层体积含水率及乳化层体积含水率，用公式（2）计算得到总体积含水率。

$$V = \frac{H_乳 V_乳 + H_油 V_油}{H_总} \times 100\% \qquad (2)$$

式中　$V_乳$——乳化层体积含水率，%；
　　　$H_乳$——乳化层厚度，mm。

当油乳两相中所含的其中一液相的深度低于 30mm 时，可以采用手工快速震荡或者机械搅拌后混合测定，以保证和提升测量的精确性，具体测量方法如图4所示。为了进一步验证便携法分开测定的准确性，对油乳两相原油样品进行含水率的测定（表2），结果表明：分开测定的含水率与蒸馏法测定的最大绝对误差为 3.0%。

3 油、乳、水三相原油样品含水率的快速测定方法

油、乳、水三相原油样品体积含水率的测定是：先用直尺分别量出油乳水各相厚度及总厚度，如图5所示，用便携式原油含水分析仪分别测定油层体积含水率及乳化层体积含水率，用式（3）

表 1   油水两相原油样品含水率测定方法比对

原油样品	油中加水体积/mL	油体积/mL	明水体积/mL	理论含水率/%	蒸馏法含水率/%	便携法混合测定含水率/%	便携法分开测定含水率/%
1	5.0	300.0	30.0	10.4	11.0	11.5	—
2	5.0	300.0	40.0	13.0	14.0	13.8	—
3	5.0	300.0	50.0	15.5	16.0	16.5	—
4	15.0	300.0	150.0	35.5	34.0	50.5	35.6
5	15.0	300.0	230.0	45.0	43.5	58.5	45.4
6	15.0	300.0	190.0	39.8	37.0	61.6	40.7
7	15.0	300.0	350.0	54.9	56.8	69.2	55.3
8	15.0	250.0	500.0	67.3	70.5	81.0	67.5
9	15.0	250.0	650.0	72.7	70.5	93.3	72.7

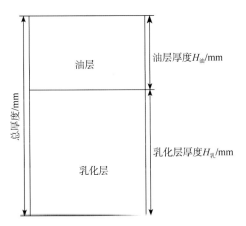

图 4   油、乳两相原油样品深度测量示意图

表 2   油乳两相原油样品含水率测定方法比对

原油样品	油体积/mL	乳化层体积/mL	蒸馏法含水率/%	便携法含水率/%	
				混合测定	分开测定
1	200.0	400.0	35.7	44.6	37.1
2	200.0	80.0	18.6	18.4	—
3	200.0	200.0	25.0	38.7	28.0
4	200.0	150.0	20.3	35.5	23.0

得到总体积含水率。

$$V = \frac{H_{乳}V_{乳} + H_{油}V_{油}}{H_{总}} \times 100\% \qquad (3)$$

当三相测量深度分别满足最低测量深度时，分开测定结果准确性更高（表 3），便携法分开测定与蒸馏法测定的最大绝对误差为 0.4%。当油、乳相测量深度不能满足最低测量深度时，将油、乳两相混合后测定的含水率与明水加和得到的总体积含水率准确性更高（表 4），便携法分开测定

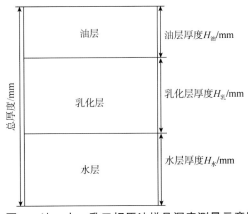

图 5   油、水、乳三相原油样品深度测量示意图

表 3   油、乳、水三相原油样品含水率测定方法比对表（1）

原油样品	油体积/mL	乳化层体积/mL	明水体积/mL	蒸馏法			便携法		
				油层含水率/%	乳化层含水率/%	样品含水率/%	油层含水率/%	乳化层含水率/%	样品含水率/%
1	400.0	400.0	200.0	0	53.5	42.6	1.8	55.6	43.0
2	400.0	300.0	100.0	3.5	53.5	34.3	2.0	55.6	34.4
3	400.0	200.0	400.0	8.0	53.5	53.9	6.0	55.6	53.5
4	200.0	150.0	100.0	5.2	53.5	42.4	三相混合测定		68.4
5	200.0	100.0	100.0	4.0	53.5	40.4	三相混合测定		62.7
6	200.0	50.0	100.0	4.0	53.5	38.5	三相混合测定		60.3

表4 油、乳、水三相原油样品含水率测定方法比对表（2）

原油样品	油体积/mL	乳化层体积/mL	明水体积/mL	蒸馏法含水率/%	便携法	
					油层+乳化层含水率/%	样品含水率/%
1	400.0	40.0	100.0	24.3	9.8	26.5
2	400.0	50.0	100.0	25.5	8.1	24.8
3	200.0	50.0	100.0	38.5	15.3	39.5
4	200.0	100.0	100.0	40.4	21.6	41.2
5	400.0	100.0	100.0	29.8	17.5	31.2
6	200.0	150.0	100.0	42.4	23.5	40.5

与蒸馏法测定的最大绝对误差为 2.2%。

4 结 论

使用便携式原油含水分析仪，采用分开测定的方式，使实验室的原油水含量测定时长从 30 min/个缩短至 5~8 min/个（特殊复杂样品会适当延长前处理时间），制作样品量可达 600~800 个/d，简化了原油样品体积含水率测定的样品制作程序，缩短了制作时间。该方法简单、操作容易，特别是对油、水、乳三相混合样品的含水率测定准确性很高，和理论值的最大绝对误差仅为 2.2%，在现场需要大规模原油水含量测定情况下，简单、高效、准确，极具推广价值。

参考文献

[1] 黄清强，李金伟，赵玉武，等. 原油水含量测定方法：中国，CN1945274A[P]. 2007-04-11.

[2] 龚争辉，曾晚丽，张爱兴，等. 原油含水率测定方法：中国，CN106970005A[P]. 2017-07-21.

[3] 程静，葛红江，雷齐玲，等. 一种原油含水率的测量方法：中国，CN104502566A[P]. 2015-04-08.

[4] 杨培强，袁方，罗晶，等. 一种油田快速检测原油含水率的方法：中国，CN108645883A[P]. 2018-10-12.

[5] 中国石油天然气集团公司油气计量与分析方法专业标准化技术委员会. 原油水含量的测定 蒸馏法：GB/T 8929—2006[S]. 北京：中国标准出版社，2016.

[6] 全国石油天然气标准化委员会. 原油中水和沉淀物的测定 离心法：GB/T 6533—2012[S]. 北京：中国标准出版社，2012.

收稿日期：2021-08-13

第一作者简介：
李欢（1984—），女，硕士，工程师，主要从事原油基本物性、族组成分析等地球化学方面研究工作。
通信地址：陕西省西安市长庆兴隆园
邮编：710018

Research on method of rapid detection of portable crude oil water-cut analyzer

LI Huan, LIU Fei, DING YaQin, and GUO JianMin

(Exploration and Development Research Institute of PetroChina Changqing Oilfield Company)

Abstract: In order to comprehensively improve the efficiency and accuracy of determination of water-cut in crude oil, a method for rapid detection of water cut in samples by using a portable crude water-cut analyzer has been developed. With this method, the crude-oil sample is only subjected to being pretreated by heating instead of mechanical homogenization treatment, which can greatly shorten the sample preparation time and improve work efficiency. This method is applicable to any crude oil samples (emulsified oil samples, oil-water samples, oil emulsion samples, and three-phase samples of oil, emulsion and water). It can overcome the inability of the original measurement method to quickly and massively determine the volumetric water cut of two-phase and three-phase crude oil samples. The measurement range of water cut is 1.0%-99.0%. The volumetric water cut data obtained by this method and the analysis result of the distillation method is mutually confirmed. This method uses separate measurement to simplify the sample preparation procedure for determination of the volumetric water-cut of crude oil samples and shorten the sample preparation time in the laboratory. The method is simple and easy to operate. Especially for the determination of the water cut of three-phase mixed samples of oil, water and emulsion, the accuracy is very high, and the maximum absolute error compared with the theoretical value is only 2.2%. It is a simple, efficient and accurate method with great promotion value when large-scale crude oil water-cut determination is required on site.

Key words: dielectric constant of electromagnetic wave; portable; rapid detection; separate measurement; water cut

超低渗透油藏天然气泡沫驱微观可视化驱油实验研究

刘家琪[1]，苟聪博[2,3]，王靖华[2,3]，郑自刚[2,3]，熊维亮[2,3]，张　洁[2,3]

（1. 中国石油长庆油田分公司第十一采油厂；2. 低渗透油气田勘探开发国家工程实验室；
3. 中国石油长庆油田分公司勘探开发研究院）

摘　要：天然气泡沫驱油不仅能够大幅度补充油藏能量，提高地层压力，也可减缓天然气驱时气窜的发生，扩大天然气驱波及体积，提升天然气驱提高采收率效果，目前已在国内外多个油田广泛应用。以鄂尔多斯盆地典型三叠系镇252超低渗透油藏为目标油藏，在天然气泡沫体系筛选与性能评价的基础上，通过微观可视化实验，明确超低渗透油藏天然气泡沫驱提高采收率机理。研究结果表明：相比天然气驱而言，天然气泡沫驱采收率提高28.27个百分点。这主要是由于天然气泡沫对高渗透通道有一定封堵效果，在贾敏效应作用下，能进入到小孔喉中驱替原油。微观可视化实验结果表明，进入盲端的泡沫，对剩余油产生挤压、拖拽，可以有效驱替盲端剩余油，改善裂缝性储层驱油效果，提高波及效率，可为长庆油田超低渗透油藏开展天然气泡沫驱提供理论依据。

关键词：超低渗透油藏；天然气泡沫驱；可视化实验；微观驱油机理

镇北油田属于典型的超低渗透油藏，油藏条件复杂，主要表现在基质渗透率较低，储层物性差，孔隙度低，天然能量衰减快。注水开发时，注水困难或注水效果不好等问题日益凸显，难以有效补充地层能量。天然气泡沫驱油技术是将天然气驱和泡沫驱有机结合起来，以便利用泡沫的封堵调剖效果及天然气的驱油效果[1]。二者既独立又互相促进，在大幅度提高地层压力、补充油藏能量的同时，又能较好避免单独使用中出现的水窜、气窜、泡沫半衰期短、表面活性剂损耗等问题。此外，天然气泡沫驱还能有效降低经济成本，提高技术措施的成功率，从而提高单井产油量、驱油效率及最终采收率，是老油田最有效的挖潜措施之一[2]。由于该技术在超低渗透油藏应用试验属于首次，且天然气泡沫驱机理较多，现有的天然气泡沫驱机理是否适用于超低渗透油藏还不明确。为此，通过可视化实验，评价天然气泡沫驱提高原油采收率的可行性，明确天然气泡沫驱微观驱油机理，以期为超低渗透油藏天然气泡沫驱提供理论依据和技术支撑。

1 天然气泡沫体系筛选与性能评价

1.1 天然气泡沫剂筛选

评价泡沫的性能主要有两个方面，一个是评价泡沫的起泡性能，一个是评价泡沫的洗油性能[3]。故设计了两种实验，分别测试起泡剂与原油的界面张力，以及起泡剂与地层水在冲入天然气后的发泡体积，用来对起泡剂进行筛选。

在压力为17.88MPa、温度为69℃的实验条件下，选取A—H共8种起泡剂（表1）。利用镇252区地层水配制不同起泡剂溶液，溶液浓度为0.4%，分别测试界面张力（图1）。实验结果如图2所示，起泡剂C的界面张力最高，H的界面张力最低，其余几种起泡剂的界面张力较接近。故起泡剂C的洗油效果最差，起泡剂H的洗油效果最好。

表1　不同类型起泡剂

起泡剂	型号	有效浓度/%
A	CQF-1	50
B	YFG802	40
C	FP1688	30
D	F-602	50
E	YFP286	36
F	AES	40
G	CFP-2	40
H	AL-1	50

1.2 天然气泡沫性能评价

为测试起泡剂与地层水充入天然气后的发泡体积、泡沫半衰期，在压力为17.88MPa、温度为69℃的实验条件下，将表面活性剂溶液转入泡沫性能测试装置，升温至地层温度，按照地层压力泵入天然气，测试泡沫体积和泡沫半衰期。

实验结果如表2、图3所示，起泡剂G的起泡高度最高，半衰期最长，发泡性能最好。结合表面张力测试结果，从洗油效果和发泡效果两方

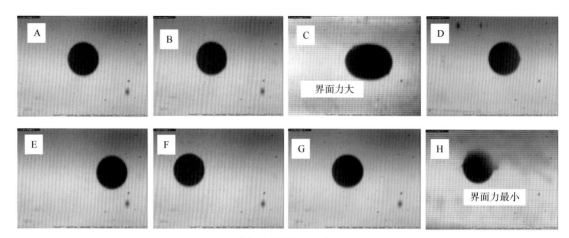

图1　8种起泡剂界面张力测试照片

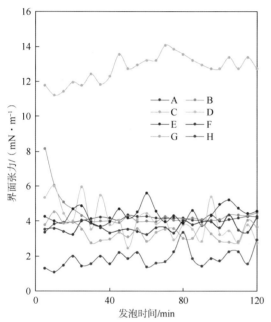

图2　8种起泡剂界面张力测试结果

面考虑，优选药品 G 为最优起泡剂。

2 天然气泡沫驱油岩心实验

在优选天然气起泡剂的基础上，对压裂后的长岩心进行了注天然气泡沫驱替实验，以此来研

究天然气泡沫驱的驱油动态规律，为实际生产提供参考。共设计了 2 组长岩心实验（表3），分别是压裂后岩心天然气驱和压裂后岩心天然气泡沫驱，在目前地层压力为 17.88MPa、地层温度为 69℃的条件下开展实验，岩心总长度为 25.78cm，总注入量为 1.2PV。将优选出的起泡剂及稳泡剂取适量放置搅拌机中，充分搅拌发泡后迅速转入中间容器中，从中间容器底部注入天然气，使得天然气泡沫液充分接触，均匀分布。其中，天然气和泡沫液按 5∶1 比例同时注入，用高精度驱替泵分别控制天然气注入速度（0.075mL/min）和泡沫注入速度（0.015mL/min），评价天然气泡沫驱油效果。

天然气驱油效率及压裂后天然气泡沫驱驱油效率曲线如图4所示，随着注入量 PV 数升高，驱油效率先升高后基本保持不变。当注入量为 1.2PV 时，天然气驱最高的驱油效率达到24.4%。天然气泡沫驱当注入量为 1.2PV 时，驱油效率最高达到52.67%。通过对比，表明天然气泡沫驱具有显著的提高驱油效率效果。

压裂后天然气泡沫驱与天然气驱驱替气油比对比曲线如图5所示，两条曲线呈现出相似

表2　起泡剂起泡能力测试结果

起泡剂类型	初始液面高度/cm	发泡液面高度/cm	发泡体积/cm³	析液半衰期/s
A	6.7	11.5	224.43	25
B	6.7	17.2	335.66	43
C	6.7	20.2	394.3	107
D	6.7	16.8	327.94	40
E	6.7	14.5	283.04	100
G	6.7	21.3	415.78	200
H	6.7	12.5	244	123

的趋势。在早期阶段，当初始驱油效率较小时，气油比始终为零，说明该时期生产井未出现注入气。随着驱油效率的提高，气油比先缓慢增加后不断增加，裂缝岩心天然气驱在注入量为 0.2PV

时气体突破，泡沫长岩心实验驱替在注入量为 0.3PV 时气体才突破，且气油比变化较天然气驱低，说明泡沫对注入气突破起到了一定的抑制作用。

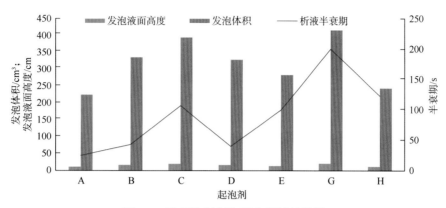

图 3　8 种起泡剂起泡能力测试结果图

表 3　压裂岩心基本参数表

长岩心段	长度/cm	直径/cm	孔隙度/%	原始渗透率/mD	压裂后渗透率/mD	束缚水饱和度
Z15	6.50	2.54	12.34	0.1792	180.8	0.45
Z32	6.36	2.54	10.23	0.1549	147.7	0.45

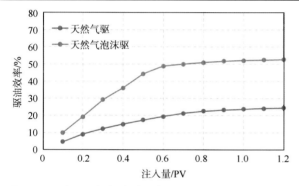

图 4　压裂后天然气泡沫驱与天然气驱驱替驱油效率
对比曲线

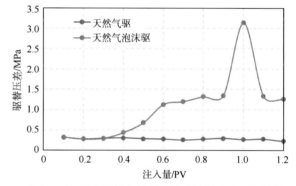

图 6　压裂后天然气泡沫驱与天然气驱驱替压差
对比曲线

流度的作用，可有效提高注入气波及效率。

3　天然气泡沫驱微观可视化实验

3.1　模型设计及制作

微观驱油可视化物理模拟实验是研究微观驱油机理的重要手段，能直观地揭示驱替过程中的微观驱替机理和渗流特征[4]。天然气微观驱油可视化物理模型是根据实际岩样铸体薄片资料，结合 CAD 软件绘制设计，制作出的平板玻璃蚀刻模型，能最大限度确保所作微观模型与实际岩样孔隙特征的相似性[5]。其中，基质型微观可视化模型的喉道半径为 5 ~ 50μm，孔隙半径为 20 ~ 200μm，设计的裂缝宽度为 40μm，测量的总孔隙体积约为 0.03cm³。微观可视化模型实物图如图 7 所示。

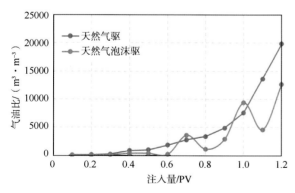

图 5　压裂后天然气泡沫驱与天然气驱驱替气油比
对比曲线

压裂后天然气泡沫驱与天然气驱驱替压差对比曲线如图 6 所示，天然气泡沫驱驱替压差较天然气驱有明显增加，这也说明泡沫大大降低了气相流动能力，延缓气窜，具有一定的封堵和减小

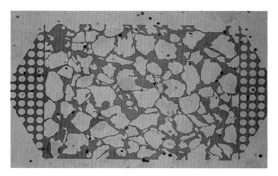

图 7　基质型微观可视化模型实物图（饱和油）

3.2　实验方案及内容

实验目的是通过微观可视化驱替物理模拟来研究驱油过程中的微观机理和渗流特征。实验采用流体为模拟油和复配地层水，实验条件为常温常压。实验记录设备采用高清高速摄影机。具体步骤如下：

（1）连接各装置，测试管线的密闭性，同时测量管线的内体积；

（2）将装置与真空泵相连，进行抽真空处理；

（3）施加围压，以极低的速度向装置中注入模拟油，进行充分饱和，记录原始含油图像；

（4）对饱和油充分的装置进行天然气泡沫驱油，观察并记录驱替过程中流体分布变化情况；

（5）驱替至不出油，关闭装置，记录数据，结束实验。

3.3　基质模型泡沫驱可视化实验结果及分析

采用图像处理软件计算含油面积变化，基质模型天然气驱转天然气泡沫驱的最终采收率为84.1%，比天然气驱采收率提高 7.8 个百分点。实验结果如图8、图9所示。

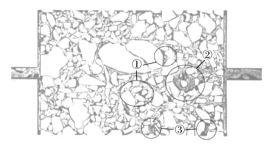

图 8　基质模型天然气泡沫驱可视化实验过程图
（天然气驱后、天然气泡沫驱前）
①簇状剩余油；②膜状剩余油；③片状剩余油

随着水驱油过程中含水饱和度的增加，油相不断被分割，非连续程度不断加剧，表现为数量多、体积小、分散性强的特点。从实验过程图像可以看出，天然气驱后剩余油在孔喉中可大致分为簇状、膜状和片状。对比天然气泡沫驱前后剩

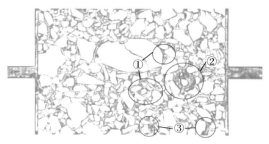

图 9　基质模型天然气泡沫驱可视化实验过程图
（天然气泡沫驱后）
①簇状剩余油；②膜状剩余油；③片状剩余油

余油的不同类型，如图 10 所示。①簇状剩余油：随着不断进行天然气泡沫驱油，泡沫先进入高渗透通道，随着泡沫逐渐占据大孔喉，产生贾敏效应，流动阻力增加，泡沫逐渐进入小孔喉，进一步提高波及效率。②膜状剩余油：由于水驱过程中出现了黏性指进效应[6]，使得油/水界面产生了沿着壁面分布的高界面张力油膜，导致水驱油能达到的效果有限[7]，随着天然气泡沫膨胀进入，油膜脱离壁面，在泡沫流体的回旋式流动效应下产生"润滑效应"，类似于给油滴安装"滑轮"，提高原油的流动能力[8]，有利于将附近的微小剩余油滴聚集在一起，形成近活塞驱替，从而将脱离出的油驱替出来。③片状剩余油：随着天然气泡沫进入盲端，对剩余油产生挤压、拖拽，可以有效驱替出盲端剩余油。

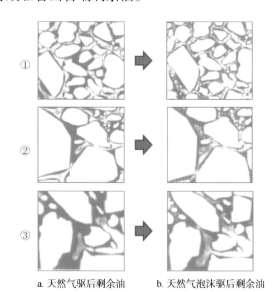

a. 天然气驱后剩余油　　b. 天然气泡沫驱后剩余油

图 10　基质模型天然气泡沫驱可视化实验细节图

综上所述，通过天然气泡沫驱微观可视化实验，明确了天然气泡沫驱对各类剩余油的动用情况和驱替运移机理，为超低渗透油藏天然气泡沫驱提高剩余油动用程度和提高采收率提供技术指导和理论支撑。

4 结 论

（1）对 8 种起泡剂进行界面张力与起泡能力评价，筛选出起泡剂 G 为最优起泡剂，在高压下其起泡体积最大、半衰期最长，油水界面张力降低至 3mN/m 左右。

（2）裂缝岩心天然气泡沫驱长岩心实验表明：天然气驱在注入量为 0.2PV 时突破，采收率为 24.40%；天然气泡沫驱在注入量为 0.3PV 时突破，采收率为 52.67%。天然气泡沫驱较天然气驱采收率提高了 28.27 个百分点，天然气泡沫驱能够有效改善裂缝性储层天然气驱驱油效果。

（3）从基质模型天然气泡沫驱可视化实验结果可以看出，泡沫对高渗透通道有一定封堵效果，在贾敏效应作用下，流动阻力增加，能进入到小孔喉中驱替原油。

参考文献

[1] 饶天利，李志坪，韩立宝，等. 空气泡沫驱技术在低渗透油田的应用[C]. 第十五届宁夏青年科学家论坛石化专题论坛，2019.

[2] 邢晓璇. 泡沫驱微观驱油机理及驱油效果[J]. 油气地质与采收率，2020，27（3）：106-112.

[3] 胡小冬. 低界面张力泡沫驱油体系研究与性能评价[D]. 荆州：长江大学，2012.

[4] 冯洋. 多孔介质中气驱油渗流特征的微观可视化研究[D]. 成都：西南石油大学，2018.

[5] 张明安. 二元复合体系微观驱油机理可视化实验[J]. 油气地质与采收率，2013，20（3）：79-82.

[6] 苏玉亮，吴春新. 倾斜油藏二氧化碳驱油中的黏性指进分析[J]. 石油钻探技术，2009，37（5）：93-96.

[7] 高硕，柏明星. 聚合物驱油微观渗流机理数值模拟研究[J]. 石油化工高等学校学报，2018，31（4）：42-45.

[8] 刘建仪，代建伟，贾春生，等. 高温高压微观可视化地层渗流模拟实验装置及方法：CN104100257A[P]. 2014-06-04.

收稿日期：2021-08-13

第一作者简介：
刘家琪(1995—)，女，硕士，工程师，主要从事低渗透致密油藏工程及提高采收率技术等方面研究工作。
通信地址：甘肃省庆阳市西峰区石油东路陇东生产指挥中心
邮编：745000

Experimental study on microscopic visualization of natural gas foam flooding in ultra-low permeability reservoirs

LIU JiaQi[1], GOU CongBo[2], WANG JingHua[2], ZHENG ZiGang[2], XIONG WeiLiang[2], ZHANG Jie[2]

(1. No. 11 Oil Recovery Plant of PetroChina Changqing Oilfield Company;
National Engineering Laboratory for Exploration and Development of Low Permeability Oil & Gas Fields;
2. Exploration and Development Research Institute of PetroChina Changqing Oilfield Company)

Abstract: Natural gas foam flooding can greatly supplement the reservoir energy and increase the formation pressure, but also slow down the occurrence of gas channeling during natural gas flooding, expand the swept volume of natural gas flooding, and enhance the effect of EOR by natural gas flooding. It has currently a wide range of applications in many other oil fields at home and abroad. This paper takes the typical Triassic Zhen252 ultra-low permeability reservoirs in the Ordos Basin as the target reservoir. Through microscopic visualization experiments, the mechanism of EOR by natural gas foam flooding in ultra-low permeability reservoirs is clarified on the basis of the foam system screening for natural gas and performance evaluation. The research results show that: Compared with natural gas flooding, the recovery efficiency of natural gas foam-flooding is increased by 28.27%. This is mainly because the natural gas foam has a certain blocking effect on the high-permeability channels, and under the action of the Jamin effect, it can enter the small pores-throats to displace crude oil. The results of microscopic visualization experiments show that the foam entering the blind-end squeezes and drags the remaining oil, which can effectively displace the remaining oil in the blind ends, improve the oil displacement effect of fractured reservoirs, and increase the efficiency of sweeping. It provides a theoretical basis for ultra-low permeability reservoirs in Changqing Oilfield to carry out development with natural gas foam flooding.

Key words: ultra-low permeability reservoir; natural gas foam flooding; visualization experiment; micro-displacement mechanism

低渗透岩心不同含水饱和度下声波速度变化实验研究

刘学刚 [1,2]，卢　燕 [1,2]，任志鹏 [1,2]，章志锋 [1,2]

（1. 低渗透油气田勘探开发国家工程实验室；2. 中国石油长庆油田分公司勘探开发研究院）

摘　要： 为研究低渗透岩心含水饱和度对纵横波速度的影响，选取长庆油田 X41 井区长 8 储层 18 块砂岩样品进行室内声波实验，给出了不同含水饱和度下纵横波速度之间的关系，并讨论了纵横波速度与含水饱和度之间的变化规律。实验表明，在不同含水率下，横波速度均随纵波速度增加而增加，且呈条带状分布；纵波速度随着含水饱和度的增加而增加，当含水饱和度小于 35% 之前增幅较大，之后增幅变缓；横波速度整体变化不大。

关键词： 低渗透岩心；含水饱和度；纵波速度；横波速度

储层岩石是多孔介质，其间会被油、气或水等流体完全或部分充填[1]。流体的性质及充填程度都将影响储层的声波参数特性[2]。如果能够知道岩石的声学特性及其与孔隙流体的关系，就可以利用地层的声波特征反演岩石中流体的存在状态[3]。研究孔隙流体饱和度的变化与岩石声波速度关系，对储层认识有重要的意义。

本文选取长庆油田 X41 井区长 8 储层 18 块低渗透岩心，在改变岩心含水饱和度的条件下，测定其纵横波速度，分析不同含水饱和度下纵横波速度之间的关系，研究纵横波速度随含水饱和度的变化规律。

1 实验样品

本文选取的实验岩心均为细砂岩，其渗透率为 0.01 ~ 3.56mD，孔隙度为 5.6% ~ 16.7%，孔隙体积为 1.58 ~ 5.14cm³，岩石密度为 2.21 ~ 2.54g/cm³，地层原始饱和度为 44% ~ 70%（表 1）。

表 1　10 点不同饱和度实验岩样物性参数

岩心编号	孔隙度/%	渗透率/mD	原始饱和度/%	岩石密度/（g·cm⁻³）	孔隙体积/cm³
8	11.2	3.567	59.50	2.36	3.42
29	11.1	0.286	49.66	2.36	3.01
39	16.5	2.064	66.23	2.21	4.74
12	16.7	3.194	48.28	2.21	5.10
87	9.6	0.151	66.80	2.42	2.48

2 实验装置及方法

2.1 实验装置

本次实验使用美国岩心公司生产的 AVMS-350 超声波测试仪，该装置由双超声波传感器系统、高压岩心夹持器、FDM-250 流体驱替模块、环压系统、计算机工作站 5 部分组成。仪器利用先进的超声波发生—接收装置，分析通过岩石样品的波形和波速数据。

实验完成 X41 井区长 8 储层 18 块砂岩样品在地层压力条件下不同含水饱和度的纵波、横波速度研究。其中 13 块样品进行了 5 点不同饱和度实验，5 块样品进行了 10 点不同饱和度下声波实验。实验在室温下进行，岩心所加围压为地层压力 17MPa。

2.2 实验方法

对完成孔隙度和渗透率测试的岩心样品进行饱和，并建立不同的含水饱和度，进行声波测定。

2.2.1 岩样饱和

配制饱和盐水，实验用 50g/L 的标准盐水对样品进行饱和。具体步骤为：将烘干后的岩心装入样品室抽真空 3 ~ 4 小时，压力降至 -0.1MPa 后继续抽真空 2 ~ 4 小时，引入标准盐水，直到盐水没过岩石岩样，继续抽真空 2 小时后停止。放置 12 小时以上，使岩石样品充分饱和盐水。

2.2.2 饱和度建立

本次实验采用称重减水法建立岩样的不同含水饱和度。对于完全饱和盐水的岩样称重，根据实验设计测试饱和度点的多少与饱和度值计算相应的岩样重量。采用自然蒸发和烘干相结合的方法减少含水量，建立不同含水饱和度。

2.2.3 声波参数测量

将待测岩样装入岩心夹持器系统中，使岩样与接收传感器的端面充分耦合，在示波器上可清晰观察到波形，调节电压、振幅、滤波等参数，使波形能完整显示和观察到。将围压升至测量所需压力值。达到预设值后，压力至少保持 10 分钟稳定。状态稳定后，分别采集并记录纵波和横波、正交横波的传播到达时间。软件自动计算纵波速度、横波速度、正交横波速度、波速比等具体的声波参数数据。测试完成后，取出样品，称重，并等岩样重量降至下一饱和度点所对应的重量时，重复上述实验步骤，采集并记录数据。

3 实验数据及分析

利用上述实验装置对 X41 井区 18 块砂岩样品进行了不同含水饱和度下声波速度实验研究。表 2 为岩心不含水（干样）、原始含水饱和度、完全水饱和下所取得的主要实验参数。

表 2 主要实验参数统计表

主要参数	干样			原始含水饱和度			完全水饱和		
	最小值	最大值	平均值	最小值	最大值	平均值	最小值	最大值	平均值
$v_p/$（km·s^{-1}）	3.46	3.9	3.66	3.54	4.11	3.9	3.66	4.57	4.16
$v_s/$（km·s^{-1}）	2.13	2.45	2.25	2.12	2.38	2.23	2.11	2.46	2.27
v_p/v_s	1.54	1.68	1.63	1.66	1.87	1.75	1.71	1.92	1.83
$\rho/$（g·cm^{-3}）	2.19	2.54	2.36	2.25	2.5	2.39	2.28	2.59	2.44

3.1 不同含水饱和度下纵横波速度之间的关系

不同含水饱和度下，纵波和横波速度计算公式如下。

干样：$v_s=0.5594v_p+0.2051$　　$R=0.8550$

原始含水饱和度：$v_s=0.3588v_p+0.8217$　　$R=0.8687$

完全水饱和：$v_s=0.3668v_p+0.7428$　　$R=0.8619$

式中　v_s——横波速度，km/s；

　　　v_p——纵波速度，km/s；

　　　R——相关系数。

X41 井区 18 块岩心不同饱和度下纵波、横波速度关系图（图 1）显示，随着纵波速度增加，横波速度也逐渐增加，两者之间呈较好正相关关系，其相关系数 R 一般都大于 0.85。干样、原始含水饱和度、完全水饱和下，纵波、横波速度变化趋势基本一致。由于不同含水下纵波、横波速度变化曲线呈条带状分布，因此在实际生产应用中可以较好地区分不同含水层带。

3.2 纵波速度与含水饱和度的关系

纵波在储层岩石中传播速度主要取决于介质的弹性模量和密度[4]。对于干燥岩心而言，水的进入，在增加岩心密度的同时使得部分孔隙填充了介质而相互沟通，从而使纵波在岩心中的传播速度增大，而随着较大水量的进入，纵波速度的增大幅度逐渐变缓。

图 2 是 X41 井区 5 块岩心 10 点不同饱和度下的纵波速度图。从图 2 可以看出，纵波速度随着含水饱和度的增加而增加。在含水饱和度小于 35% 左右之前，纵波速度增加幅度较大，含水饱和度大于 35% 以后，增幅变缓。

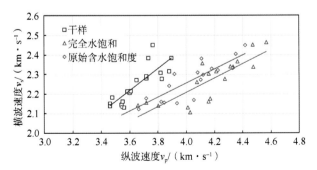

图 1 低渗透岩心不同含水饱和度下纵波速度与横波速度关系图

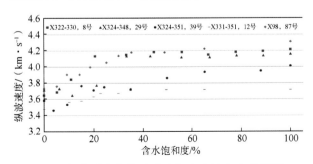

图 2 低渗透岩心纵波速度与含水饱和度关系图

3.3 横波速度与含水饱和度的关系

由于横波的传播方向和质点振动方向相互垂

直，因此横波不能在液体和气体中传播[4]。

图 3 是 X41 井区 5 块岩心 10 点不同饱和度下的横波速度图。实验表明，横波速度在含水饱和度为 10%～30%时会有小幅波动，整体变化不大。当饱和度降低至 10%～30%时，自然干燥不能使岩心样品完全失水，岩石中保留的水则以束缚水的状态吸附在矿物颗粒表面，通过进一步烘干，在吸附水失去、岩石骨架硬化的过程中，横波速度有小幅波动。

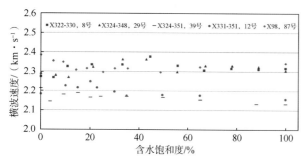

图 3　低渗透岩心横波速度与含水饱和度关系图

4 结束语

通过低渗透砂岩不同含水饱和度下声波速度的测试实验，得到如下认识：

（1）在不同的含水饱和度下，横波速度随纵波速度增加而增加，两者之间均呈较好的正相关关系；不同含水饱和度下纵波、横波速度关系曲线呈条带状分布，易于区分。

（2）纵波速度随着含水饱和度的增加而增加，当含水饱和度小于 35%之前，纵波速度增加的幅度较大，含水饱和度大于 35%以后，增幅变缓。

（3）横波速度除在含水饱和度为 10%～30%时会有小幅波动，整体变化不大。

参考文献

[1]　陈颙. 岩石物理学[M]. 北京：北京大学出版社，2001.

[2]　王大兴，辛可锋，李幼铭，等. 地层条件下砂岩含水饱和度对波速及衰减影响的实验研究[J]. 地球物理学报，2006，49（3）：908-914.

[3]　李洁，李书光. 含油饱和度对纵波速度影响规律的实验研究[J]. 工程地球物理学报，2012，9（1）：21-24.

[4]　赵立新，陈科贵，王文文，等. 声波测井新技术及应用实践[M]. 北京：石油工业出版社，2012.

收稿日期：2021-08-13

第一作者简介：

刘学刚（1979—），男，高级工程师，主要从事油气田开发试验研究工作。

通信地址：陕西省西安市未央区明光路

邮编：710018

Experimental study on variation of acoustic velocity in low permeability cores with different water saturation

LIU XueGang, LU Yan, REN ZhiPeng, and ZHANG ZhiFeng

(National Engineering Laboratory for Exploration and Development of Low Permeability Oil & Gas Fields; Exploration and Development Research Institute of PetroChina Changqing Oilfield Company)

Abstract: In order to study the influence of the water saturation of low-permeability cores on velocity of compressional, longitudinal wave or primary wave (P-wave) and transverse wave or shear wave (S-wave), 18 sandstone samples from the Chang8 reservoirs in the well Xi41 block of Changqing Oilfield are selected for indoor acoustic experiment. The relationship between P-wave velocity and S-wave velocity under different water saturation is given, and the variation law of relationship between P- & S-wave velocity and water saturation is discussed. The experimental results show that the S-wave velocity increases with the increase of P-wave velocity under different water cuts, and distributed in strip-shape. The P-wave velocity increases with the increase of the water saturation, and the increase is larger before the water saturation is less than about 35%, and then the increase slows down; The shear wave velocity has little change as a whole.

Key words: low permeability core; water saturation; P-wave velocity; S-wave velocity

低渗透岩心液测法和气测法孔隙度测定结果差异分析

卢　燕[1,2]，刘学刚[1,2]，章志锋[1,2]

（1. 低渗透油气田勘探开发国家工程实验室；2. 中国石油长庆油田分公司勘探开发研究院）

摘　要：为了减小液测法和气测法对低渗透岩心孔隙度测试结果的差异，选取 20 块低渗透岩心进行对比实验，从实验原理、实验过程、数据处理等方面分析原因，提出优化措施，并对岩心进行重复实验。结果表明：通过流程优化、样品差异化处理等措施，可以使两种测试方法测定结果差异更小，数据更准确可靠。

关键词：低渗透岩心；孔隙度；液测法；气测法

岩心孔隙度是常规岩心测试的重要基础数据之一，是后续实验能否正确进行、后续实验结果是否准确的基础，也是评估储层优劣、确定开采开发方案的关键基础数据[1]。目前实验室岩心孔隙度的测试主要采用液体饱和法（简称液测法）及气体膨胀法（简称气测法）[2]。由于两种岩心孔隙度测试方法采用的实验工作原理、实验流程不同，测得的实验结果存在一定的差异。本文针对长庆油田低渗透岩心选取 20 块岩心进行重复对比实验，分析两种测试方法存在的差异，制定了减小测定结果差异的措施。

1 测试原理

1.1 液体饱和法测岩心孔隙度

根据阿基米德原理[3]，液测法主要是对岩心进行饱和液体后，测得岩心孔隙体积和总体积，从而得到岩心孔隙度。

（1）岩心孔隙体积 V_p 计算方法。

将已洗油、烘干的岩心在空气中称得的质量记为 m_1，再将岩心抽真空后饱和液体，将已饱和液体的岩心在空气中称得的质量记为 m_2，两次质量之差即为进入岩心孔隙的流体质量。已知液体的密为 ρ_0，则岩心孔隙体积 V_p 为：

$$V_p = \frac{m_2 - m_1}{\rho_0} \qquad (1)$$

（2）岩心总体积（外表体积）V_b 的计算方法。

将已饱和液体的岩心在液体中称得的质量记为 m_3，根据阿基米德浮力原理，受到的浮力等于排开液体的质量，已知液体的密度为 ρ_0，可得到岩心总体积 V_b 值为：

$$V_b = \frac{m_2 - m_3}{\rho_0} \qquad (2)$$

（3）岩心孔隙度的计算。

根据孔隙度公式定义，液体饱和法岩心孔隙度计算公式为：

$$\phi = \frac{V_p}{V_b} \times 100\% = \frac{m_2 - m_1}{m_2 - m_3} \times 100\% \qquad (3)$$

1.2 气体膨胀法测岩心孔隙度

气测法是通过测得岩心的固体体积（颗粒体积），用几何测量法测得岩心的直径和长度，计算出岩心的总体积，通过固体体积和总体积计算得到岩心孔隙度。

实验基于波义耳定律双室法[3]，已知标准室体积 V_1，岩心室体积 V_2；测定时首先向标准室充入一定量的测试气体，等压力稳定后记录压力 p_1，再将标准室的气体经阀门放入装有待测样品的岩心室（体积 V_2），等气体等温膨胀达到平衡后记录压力 p_2。岩心固体体积为 V_s。

根据波义耳定律：

$$V_1 p_1 = V_1 p_2 + (V_2 - V_s) p_2 \qquad (4)$$

于是：

$$V_s p_2 = V_1 p_2 + V_2 p_2 - V_1 p_1 \qquad (5)$$

可以测得岩心的固体体积 V_s 为：

$$V_s = V_1 + V_2 - \frac{p_1}{p_2} V_1 \qquad (6)$$

岩心的总体积 V_b 是由的岩心的直径和长度计算得到，根据孔隙度计算公式：

$$\phi = \left(1 - \frac{V_s}{V_b}\right) \times 100\% \qquad (7)$$

2 测定结果差异原因分析

选取 20 块低渗透岩心用两种方法进行孔隙度测试，并记录数据（表 1）。从表 1 数据可以看出：对于同一岩心来说，液测法测得的岩心孔隙

表1 两种方法孔隙度测试数据

样号	液测孔隙体积/cm³	气测孔隙体积/cm³	液测固体体积/cm³	气测固体体积/cm³	液测总体积/cm³	气测总体积/cm³	备注
232	0.83	0.87	11.86	11.67	12.69	12.55	
233	0.35	0.36	12.29	12.20	12.64	12.56	
234	0.58	0.60	12.01	11.92	12.59	12.52	
264	0.23	0.28	12.04	11.91	12.27	12.19	
265	0.19	0.23	12.09	11.95	12.27	12.19	
272	0.24	0.26	12.05	11.96	12.29	12.22	
374	0.52	0.50	11.76	11.69	12.28	12.19	
375	0.57	0.52	11.72	11.68	12.28	12.20	
376	0.58	0.56	11.69	11.65	12.27	12.20	
377	0.55	0.62	11.71	11.54	12.26	12.16	
284	1.20	1.28	9.97	9.89	11.18	12.17	样品残缺
288	0.77	0.81	11.48	11.37	12.25	12.17	
160	0.89	0.85	11.40	11.39	12.29	12.24	
161	0.92	0.91	11.42	11.50	12.34	12.41	
163	0.85	0.88	11.46	11.42	12.31	12.31	
164	1.17	1.22	10.84	10.79	12.01	12.23	样品残缺
165	1.03	1.11	11.25	11.26	12.39	12.37	
166	1.43	1.62	10.53	10.59	11.95	12.21	样品残缺
170	0.79	0.84	11.46	11.42	12.26	12.25	
171	0.99	1.01	11.31	11.26	12.30	12.26	

体积比气测法得到的孔隙体积普遍偏小,液测法测得的岩心总体积比气测法测得的岩心总体积偏大,因而液测法测得的岩心孔隙度比气测法测得的偏小。

液测法中岩心样品在液体饱和过程中,液体很难进入全部的岩心样品有效孔隙里,不能达到完全饱和,因此根据式(1)计算得到的岩心样品孔隙体积偏小。同样,由于岩心样品不能达到完全饱和状态,与理想状态下的完全饱和状态相比,此时岩心样品受到的液体浮力比完全饱和状态下受到的液体浮力大,因此由式(2)得到的样品的总体积也比实际偏大。而在气测法中,测试气体是氦气,氦气的相对分子比液测法中所用的液体的分子较小,氦气能进入更小的岩石孔隙中,故气测法直接测得的岩心固体体积较液测法准确。

对于低渗透岩心样品来说,用液测法测试时,液体的不饱和状态比较严重,测得的岩心样品的孔隙体积偏小的差异较大,导致用液测法测得的孔隙度结果与气测法测得的结果差异较大。

对于不规则或者残缺的岩心样品,液测法和气测法得到的岩心总体积差异很大,这是因为气测法根据岩心的直径和长度值计算得出岩心总体积。而这种算法适合规则的岩心,不适合此类岩心,会带来较大偏差。这种偏差需要校正才能得到准确的测试结果。

3 减小测试结果差异的措施

3.1 确定合理的饱和时间,提高液测法准确度

针对低渗透岩心不容易完全饱和的情况,适当延长抽真空饱和时间,以提高岩心样品液体的饱和程度。对此选择3块低渗透岩心,进行不同时间抽真空、饱和实验,并以饱和后岩心称重做为饱和程度的判断标准。在干重相同的情况下,饱和后岩心称重越大,则说明进入岩心孔隙的液体越多,饱和越充分。

实验结果(表2)显示:当干样抽空时间达到4小时,引入液体后抽空达到1.5小时后,饱和后岩心样品的称重变化已经很小了,因此确定干样抽真空4小时,引入液体抽真空1.5小时即为最佳抽真空饱和时间(如果有条件进行加压抽真空饱和也可提高液体的饱和程度,本文不再叙述)。

3.2 气测法减小误差的措施

对岩心样品直径和长度多次测量取平均值。测量时采用多次多角度测量,求取平均值,最大限度减少岩心总体积计算带来的误差。

对于外形不规则的岩心和残缺岩心,不适合用几何测量法求取岩心总体积,此类岩心总体积

表2　抽真空饱和实验数据

称重/g　　样号 饱和时间/h	4-1	1-32-1	2-23-1
2.0+1.0	34.484	30.628	31.519
2.0+1.5	34.562	30.691	31.607
2.0+2.0	34.567	30.698	31.615
3.0+1.0	34.599	30.752	31.634
3.0+1.5	34.653	30.767	31.632
3.0+2.0	34.664	30.773	31.657
4.0+1.0	34.669	30.828	31.693
4.0+1.5	34.697	30.849	31.769
4.0+2.0	34.702	30.853	31.772
5.0+1.0	34.692	30.838	31.748
5.0+1.5	34.701	30.851	31.772
5.0+2.0	34.712	30.855	31.779

注：饱和时间=干样抽空时间+引入液体抽空时间。

宜用液体法饱和测定，再结合气测所得的固体体积数值计算岩心的孔隙度。

由于气测法主要依据压力和容器的体积等数值进行计算，因此在测试前应进行系统密封性检测，并定期对压力传感器进行校验，对岩心室和标准室体积进行标定，以确保实验结果准确可靠。

4　效果验证

通过以上措施，对上述20块岩心重新进行了气测法和液测法孔隙度测试。从测试结果看（图1），孔隙度测试值绝对差值最大为0.49%，最小为0.08%，平均值为0.30%；两种测试方法的差异有明显的减小。

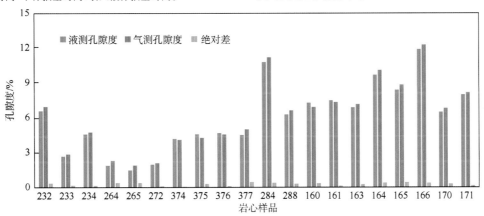

图1　采取措施后两种测试结果数据对比图

5　结　论

（1）液测法和气测法对低渗透岩心孔隙度的测试，因实验工作原理、实验流程不同，结果存在一定差异。

（2）通过对两种方法原理分析、流程优化、样品差异化处理等措施，可以使两种测试方法测得的数据差异更小，数据更准确可靠。

参考文献

[1]　刘淑芹，汪秀一，徐喜庆，等. 孔隙度、渗透率测定结果差异性[J]. 大庆石油地质与开发，2016，35（1）：76-79.

[2]　鲍云杰，李志明，杨振恒，等. 孔隙度测定误差及其控制方法研究[J]. 石油实验地质，2019，41（4）：593-597.

[3]　SY/T 5336—2006 岩心分析方法[S]. 北京：石油工业出版社，2006.

收稿日期：2021-08-13

第一作者简介：

卢燕（1972—），女，本科，高级工程师，主要从事油气田开发试验研究。

通信地址：陕西省西安市未央区明光路
邮编：710018

Analysis of difference between the porosity measurement results of low permeability cores by the liquid- and gas-methods

LU Yan, LIU XueGang, and ZHANG ZhiFeng

(National Engineering Laboratory for Exploration and Development of Low Permeability Oil & Gas Fields;
Exploration and Development Research Institute of PetroChina Changqing Oilfield Company)

Abstract: In order to reduce the difference between the porosity test results of the low permeability cores by the liquid and the gas test methods, 20 low permeability cores were selected for comparative experiments. This paper analyzes the reasons from the aspects of experimental principle, experimental process and data processing, puts forward optimization measures, and carries out repeated experiments on the cores. The results show that, through measures such as process optimization and differentiation treatment of samples, the difference in the measurement results of the two test methods can be made smaller and the data more accurate and reliable.

Key words: low permeability core; porosity; liquid measurement method; gas measurement method

陇东地区长 7 页岩油储层微观孔隙结构及渗流特征研究

石小虎 [1,2]，安文宏 [1,2]，林光荣 [1,2]，邵创国 [1,2]

（1. 低渗透油气田勘探开发国家工程实验室；2. 中国石油长庆油田分公司勘探开发研究院）

摘　要： 鄂尔多斯盆地陇东地区延长组长 7 段页岩油藏属于典型的源储一体的非常规油气资源。储集砂体属于储集性能差的致密砂岩储层，随着开发不断深入，油田初期产油量高，但生产周期内递减速度快、采收率低，影响对页岩油的高效开采，现有的储层微观孔隙结构及渗流规律特征研究成果尚不完备，急需深入研究解决稳产问题。通过薄片分析、图像孔隙、高压压汞、恒速压汞、油水相渗及水驱油等实验手段，分析了长 7 页岩油储层特征及渗流规律，明确了页岩油藏属于致密和特低孔渗储层，物性较差。孔隙以微米级长石溶蚀孔为主，孔径介于 5～20μm 之间，对储层储集空间能力起重要作用；喉道半径一般为 30～150nm，连通性较好；岩石脆性指数达到 40%～60%，有利于页岩油藏体积压裂改造；可动流体饱和度较高，平均为 47.4%，反映储层流体可动性较好。油水驱替实验表明：无水期采收率一般为 30% 以上，最终采收率为 45% 以上，水驱油特征较好，有利于早期注水开发。

关键词： 鄂尔多斯盆地；陇东地区；页岩油；孔隙结构；渗流特征；驱油效率

长庆油田历经十几年勘探开发，在鄂尔多斯盆地陇东地区延长组长 7 段发现了 10 亿吨级庆城大油田，截至 2021 年已探明地质储量 10.52×10^8t。该油藏属于极难有效开发的页岩油范畴，现已建成百万吨级的陇东页岩油开发示范区，计划在未来 3 至 4 年内建成年产 300×10^4t 的生产能力，对保障国家油气安全具有重要的战略意义[1]。

针对页岩油的研究目前还处于勘探开发起步阶段，对其概念、勘探理论及开发方案还存在争议，长 7 页岩油藏是在烃源岩层系中存在致密碎屑岩储层且未经过大规模长距离运移而形成，属于非常规油气资源，储层致密，孔隙度一般小于 10%，80% 以上的渗透率小于 0.3mD，储层发育微纳米级孔喉且渗流特征极其复杂，因此，研究页岩油储层孔隙结构和渗流特征尤其重要。目前传统研究方法很多，主要有铸体薄片、扫描电镜及压汞法，研究渗流特征的有水驱油及相渗的实验方法。随着纳米级的测试技术日趋成熟，在非常规储层研究中运用恒速压汞、核磁共振、微纳米 CT 扫描等技术，不仅能获得孔隙结构的基本参数，还能更详细地获取孔隙和喉道数量、孔径分布、孔喉几何形态等参数信息。本文采用镜下观察、X 衍射、核磁共振、油水相渗等实验方法，研究长 7 页岩油储层微观孔隙结构及渗流规律特征，分析影响页岩油规模有效开发的储层微观孔喉特征等。

1 储层特征

陇东地区位于鄂尔多斯盆地伊陕斜坡西南部，为西南三角洲沉积体系，属半深湖—深湖沉积环境，主要发育三角洲前缘滑塌所形成的浊积岩储集体。浊积水道砂为该区骨架砂体，呈朵状、团块状分布，厚度较大。长 7 段划分为 3 个油层组，分别为长 7_1、长 7_2、长 7_3。其中，长 7_1 和长 7_2 为该区主力含油层系。

1.1 岩石学特征

长 7 储集砂体有效厚度平均为 10m 左右，岩性以细粒岩屑长石砂岩和长石岩屑砂岩为主。砂岩碎屑组分中，石英平均含量为 51.7%，长石含量为 22.0%，岩屑及其他矿物含量为 27.1%，总体上成分成熟度高，具有高石英、低长石的特征，是典型的西南物源特征（表 1）。

表 1　陇东地区长 7 储层岩石矿物组合表

层位	石英/%	长石/%	岩屑/%					样品数/个
			火成岩	变质岩	沉积岩	其他	岩屑总量	
长 7_1	52.1	22.2	3.3	7.2	5.7	5.2	21.4	365
长 7_2	51.9	21.9	3.2	7.0	5.9	5.9	22.1	462
长 7	51.7	22.0	3.2	7.1	5.8	5.3	21.9	827

长 7_1 填隙物平均含量为 15.5%，长 7_2 平均含量为 15.0%。填隙物以伊利石、硅质、碳酸盐为主，其中伊利石含量最高，平均为 9.5%（表 2）。颗粒分选中等，磨圆度为次棱角状，支撑类型为颗粒支撑，接触方式主要为线状接触。胶结类型以孔隙式胶结为主，加大—孔隙式胶结次之，局部发育薄膜—孔隙式胶结，常见长石、石英次生加大。

表 2　陇东地区长 7 储层填隙物含量统计表

层位	填隙物成分/%								样品数/个
	高岭石	伊利石	绿泥石	铁方解石	铁白云石	硅质	其他	合计	
长 7_1	0.1	9.7	0.3	1.4	2.2	1.2	0.6	15.5	365
长 7_2	0.1	9.3	0.4	1.3	2.0	1.4	0.5	15.0	462
长 7	0.1	9.5	0.3	1.0	2.1	1.3	0.6	14.9	827

1.2 脆性指数

当前对页岩油类非常规油气藏开采使用了水平井钻井和分段体积压裂技术，其中岩石脆性评价就成为了影响储层压裂改造效果的关键性指标。应用脆性指数评价岩石脆性，计算方法通常有矿物组分法、岩石力学参数法、抗压抗拉强度法、应力—应变曲线法四大类。本文选用矿物组分法进行评价，该方法认为脆性矿物含量越高脆性就越大，定义脆性矿物含量占总矿物含量的百分比值为脆性指数（B），计算公式为：

$$B = W_{brit} / W_{total} \times 100\%$$

式中　B——脆性指数，%；

　　　W_{brit}——脆性矿物含量，%；

　　　W_{total}——总矿物含量，%。

李钜源、陈吉、周立宏[2-4]等用矿物组分法与力学参数法计算结果对比，结果表明：石英和碳酸盐总脆度与工程力学参数脆度相关性较好。因此本文将石英和碳酸盐矿物定义为脆性矿物，参与脆性指数计算，计算表明：长 7 页岩油储层岩石的脆性指数为 26.4% ~ 70.65%，平均为 45.7%。张矿生[5]结合测井数据和岩石力学参数计算的脆性指数为 34.43% ~ 62.39%，平均为 46.76%。两种方法评价的脆性指数都接近 50%，体积压力形成的裂缝将更趋于形成缝网，有利于提升现场油藏改造效果。

1.3 物性特征

岩心物性数据表明，长 7 段砂岩储层孔隙度介于 5% ~ 12% 之间，小于 12% 的孔隙度约占 90%，平均为 8.9%；气测渗透率一般介于 0.10 ~ 0.19mD 之间，90% 以上的渗透率为 0.3mD 以下，平均为 0.17mD，储层物性差（图 1）。

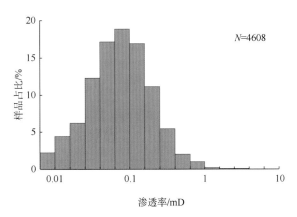

图 1　陇东地区长 7 孔隙度、渗透率频率直方图

2 孔喉特征

储层孔隙结构是指岩石所具有的孔隙和喉道的大小、形状、分布及相互连通关系。其控制着储层流体的运移渗流，是储层精细描述及储层评价的重要依据。

2.1 孔隙特征

铸体薄片、孔隙图像、场发射扫描电镜等分析研究表明，长 7 段储层孔隙类型以长石溶孔为主，残余粒间孔隙不发育，黏土微孔常见，面孔率平均为 1.6%（表 3）。孔隙半径以微米孔隙为主，主要介于 5 ~ 20μm，平均孔隙半径为 18.8μm，

表3　陇东地区长7储层孔隙类型统计表

层位	孔隙组合/%						平均孔径/μm	样品数/个
	粒间孔	粒间溶孔	长石溶孔	岩屑溶孔	微孔	面孔率		
长 7₁	0.5	0.1	0.7	0.1	<0.1	1.5	17.3	333
长 7₂	0.4	0.1	1.1	0.1	<0.1	1.8	20.6	329
长 7	0.4	0.1	0.9	0.1	<0.1	1.6	18.8	662

相对而言，孔隙半径小于 5μm 的孔隙占 20%，大于 20μm 的孔隙占 20%，5～20μm 的孔隙占 60%，对储集空间贡献最大。

2.2 喉道特征

依据 73 块高压压汞资料分析（表4、图2），储层最大孔喉半径平均为 261nm，中值孔喉半径平均为 89nm。储层排驱压力和饱和度中值压力较大，平均分别为 2.81MPa 和 9.83MPa，反映油气进入储层中阻力较大，储层孔喉分选系数平均为 1.292，分选系数较大，孔喉分选较差，变异系数平均为 0.103。最大进汞饱和度大，一般为 65%以上，平均为 76.72%，退出效率较低，大部分小于 30%，平均为 26.82%。孔喉半径与汞饱和度相关性表明，孔喉半径主要分布在 30～150nm 范围内，峰值主要分布在 80～100nm 之间。总体上储层具有孔喉较小、分选较差的特点，储层孔喉结构较差。

表4　陇东地区长7储层孔隙结构参数表

层位	孔隙度/%	渗透率/mD	排驱压力/MPa	中值压力/MPa	中值半径/μm	分选系数	变异系数	最大进汞饱和度/%	退汞效率/%	样品数/个
长 7₁	10.35	0.157	2.94	10.35	0.083	1.242	0.098	76.50	26.35	40
长 7₂	10.50	0.216	2.66	9.20	0.096	1.352	0.109	77.00	27.38	33
长 7	10.42	0.184	2.81	9.83	0.089	1.292	0.103	76.72	26.82	73

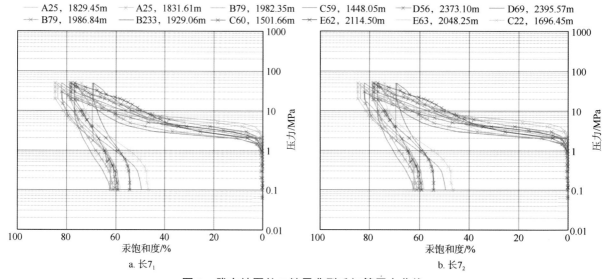

图2　陇东地区长7储层典型毛细管压力曲线

3 渗流特征

3.1 可动流体饱和度

储层内可动流体赋存特征分析现已成为研究储层渗流特征的重要手段之一。长 7 储层页岩油具有低密度、低黏度特征，原油性质好，流体流动性较强[6,7]。通过核磁共振实验（图 3），页岩油储层可动流体饱和度较高，平均为 47.4%，可动流体饱和度较高，反映储层渗流特征较好，具有良好的开发潜力[8]。

3.2 润湿性特征

润湿性测定数据显示，长 7 储层表面润湿性总体以中性偏亲水为主，部分样品具有亲油特征（表5）。

3.3 相渗曲线特征

分析油水相渗曲线特征是研究储层内油水渗流变化的基础，是油田开发动态分析及油藏数值模拟中的一项重要基础资料。分析陇东地区长 7

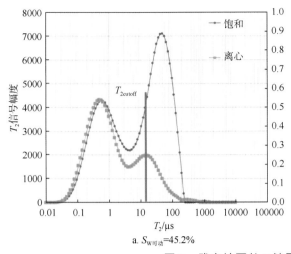

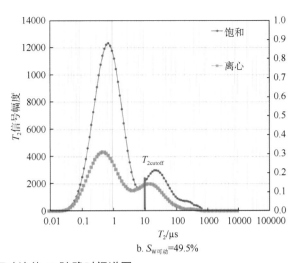

a. $S_{W可动}$=45.2%   b. $S_{W可动}$=49.5%

图3　陇东地区长7储层可动流体 T_2 弛豫时间谱图

表5　陇东地区长7储层润湿性实验数据表

井号	层位	孔隙度/%	空气渗透率/mD	无因次吸油/%	无因次吸水/%	润湿性评定	样品数/个
HC2	长7₁	12.3	0.152	0.84	0.84	中性	2
Z223	长7₁	9.3	0.061	1.10	2.21	中性—偏亲水	3
Z226	长7₁	8.6	0.035	1.21	2.43	中性—偏亲水	1
C96	长7₁	8.7	0.086	0.00	0.00	中性	4
X236	长7₂	7.0	0.019	1.45	1.45	中性	2
C96	长7₂	8.9	0.077	0.00	1.15	中性—偏亲水	9
C96	长7₂	4.5	0.049	2.30	0.00	中性—偏亲油	1
Y1	长7₂	10.2	0.089	1.06	2.12	中性—偏亲水	3

储层相渗资料，反映随含水饱和度上升，油相渗透率下降迅速，水相渗透率上升缓慢，储层束缚水饱和度为30.52%，交点处含水饱和度为60.53%，油水相对渗透率为0.0552；残余油含水饱和度为63.47%，油水两相共渗区间为32.93%（表6、图4），整体表现为储层渗流能力较低。

表6　陇东地区长7储层油水相对渗透率参数表

层位	孔隙度/%	气测渗透率/mD	束缚水时		交点处		残余油时		油水两相渗流带范围/%	样品数/个
			含水饱和度/%	油相有效渗透率/mD	含水饱和度/%	油水相对渗透率	含水饱和度/%	水相对渗透率		
长7₁	10.39	0.136	30.22	0.0008	60.350	0.0512	62.925	0.0985	32.702	11
长7₂	10.21	0.160	30.77	0.0020	60.681	0.0584	63.889	0.1402	33.115	14
长7	10.29	0.150	30.53	0.0015	60.535	0.0552	63.465	0.1218	32.933	25

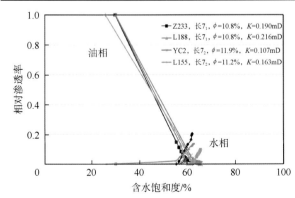

图4　陇东地区长7储层油水相对渗透率曲线

3.4 驱油效率

长7储层水驱油实验表明（表7、图5），无水期驱油效率平均为37.5%，注水初期含水上升很快，注入量为0.5PV时，含水率已达90%以上；含水率为95%时驱油效率为45.7%，注入量为0.86PV；含水率为98%时驱油效率为46.2%，注入量为1.36PV，最终驱油效率为47.3%，注入量为5.65PV；反映了长7油藏最好的开发时段为注入量为1PV之前，后续注水对提高驱油效率意义不大[9-10]。

4　结　论

（1）陇东地区长7页岩油藏属半深湖—深湖沉积环境下发育三角洲前缘滑塌所形成的浊积岩储集体油藏，有效砂体厚度平均为10m左右，以岩屑长石砂岩为主，粒度细，成分成熟度高，泥质含量高，物性差为特低孔渗储层。

（2）储层储集空间发育以次生溶孔为主的微米—纳米孔喉体系，孔隙以微米级为主，平均

表7 陇东地区长7储层水驱油实验数据表

层位	气测渗透率/mD	孔隙度/%	束缚水饱和度/%	残余油饱和度/%	见水前平均采油速度	无水期驱油效率/%	含水95%时		含水98%时		最终期		样品数/个
							驱油效率/%	注入量/PV	驱油效率/%	注入量/PV	驱油效率/%	注入量/PV	
长 7_1	0.189	11.6	30.6	40.0	0.003	36.3	44.46	1.26	44.92	2.05	45.33	5.83	9
长 7_2	0.163	10.3	31.1	35.8	0.002	38.5	46.72	0.54	47.22	0.79	49.00	5.50	11
长 7	0.151	10.3	30.9	37.7	0.002	37.5	45.7	0.86	46.2	1.36	47.3	5.65	20

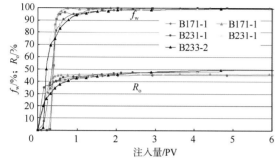

图5 陇东地区长7储层水驱油曲线

孔隙半径为 18.8μm，喉道半径小，平均为 89nm，孔喉非均质性强，孔隙结构较差，油气进入储层的阻力较大。

（3）岩石脆性指数超过 50%，有利于水平井体积压裂改造；可动流体饱和度较高，流体在储层中流动性较好。

（4）油水驱替实验表明，无水期采收率一般为 37.5%，最终采收率为 47.3%，长 7 油藏最好的开发时段为注入量为 1PV 之前，早期注水开发对提高驱油效率意义重大。

参考文献

[1] 付金华，李士祥，牛小兵，等. 鄂尔多斯盆地三叠系长 7 段页岩油地质特征与勘探实践[J]. 石油勘探与开发，2020，47（5）：870-883.
[2] 李钜源. 东营凹陷泥页岩矿物组成及脆度分析[J]. 沉积学报，2013，31（4）：616-620.
[3] 陈吉，肖贤明. 南方古生界 3 套富有机质页岩矿物组成与脆性分析[J]. 煤炭学报，2013，38（5）：822-826.
[4] 周立宏，蒲秀刚，邓远，等. 细粒沉积岩研究中几个值得关注的问题[J]. 岩性油气藏，2016，28（1）：6-15.
[5] 张矿生，刘顺，蒋建方，等. 长 7 致密油藏脆性指数计算方法及现场应用[J]. 油气井测试，2014，23（5）：29-33.
[6] 杨华，李士祥，刘显阳. 鄂尔多斯盆地致密油、页岩油特征及资源潜力[J]. 石油学报，2013，34（1）：1-11.
[7] 时建超，屈雪峰，雷启鸿，等. 致密油储层可动流体分布特征及主控因素分析：以鄂尔多斯盆地长 7 储层为例[J]. 天然气地球科学，2016，27（5）：827-834，850.
[8] 任颖惠，吴珂，何康宁，等. 核磁共振技术在研究超低渗-致密油储层可动流体中的应用：以鄂尔多斯盆地陇东地区延长组为例[J]. 矿物岩石，2017，37（1）：103-110.
[9] 张茜，任大忠，任强燕，等. 鄂尔多斯盆地姬塬油田长 6 储层微观孔隙结构特征及其对水驱油特征的影响[J]. 西北大学学报，2015，45（2）：284-295.
[10] 黄兴，高辉，窦亮彬. 致密砂岩油藏微观孔隙结构及水驱油特征[J]. 中国石油大学学报：自然科学版，2020，44（1）：80-88.

收稿日期：2021-08-13

第一作者简介：
石小虎（1978—），男，硕士，高级工程师，主要从事石油地质实验研究工作。
通信地址：陕西省西安市未央区明光路 51 号
邮编：710018

Research on Microscopic Pore structure and percolation characteristics of Chang7 shale oil reservoirs in Longdong area

SHI XiaoHu, AN WenHong, LIN GuangRong, and SHAO ChuangGuo

(National Engineering Laboratory for Exploration and Development of Low Permeability Oil & Gas Fields;
Exploration and Development Research Institute of PetroChina Changqing Oilfield Company)

Abstract: The shale oil reservoirs of Chang7 Member of Yanchang Formation in Longdong (Eastern Gansu) area of Ordos basin are typical unconventional petroleum resources with source-reservoir integration. The reservoir sand bodies are tight sandstone reservoirs with poor reserving performance. With the continuous deepening of development, the initial oil production of the oilfield is high, but the production decline rate is fast during the production cycle, and the recovery efficiency is low, which affects the efficient exploitation of the shale oil. The existing research results of the microscopic pore structure and percolation characteristics of reservoirs are not perfect, and in-depth research is urgently needed to solve the problem of stable production. This paper analyzes the characteristics of Chang7 shale-oil reservoirs and the laws of oil percolation in them through experimental methods such as thin section analysis, permeability by images, high-pressure mercury intrusion, constant-rate mercury intrusion, oil-water phase permeability and water flooding, and clarifies that the shale-oil reservoirs are tight with poor physical properties of low porosity and permeability. The pores are mainly micron-sized feldspar dissolution pores, with the radii between 5-20 μm, which plays an important role in the reserving space capacity of the reservoirs. The radii of the throats are generally 30-150 nm, with good connectivity. The rock brittleness index reaches 40% to 60%, which is conducive to the tridimensional fracturing for SRCA of the shale oil. The movable fluid saturation is high, with an average of 47.4%, reflecting the good mobility of the reservoir fluids. Oil-water displacement experiments show that the water-free recovery factor is generally above 30%, and the ultimate recovery efficiency is above 45%. The water flooding characteristics are good, which is conducive to early waterflooding.
Key words: Ordos Basin; Longdong area; shale oil; pore structure; percolation characteristics; oil displacement efficiency

致密储层敏感性特征及实验方法研究

林光荣 [1,2]，邵创国 [1,2]，王春礼 [1,2]，刘秋兰 [1,2]，卢　燕 [1,2]

（1. 低渗透油气田勘探开发国家工程实验室；2. 中国石油长庆油田分公司勘探开发研究院）

摘　要： 储层敏感性评价是岩心分析的一部分，其目的是认识储层潜在损害因素和损害程度，为分析伤害机理提供依据，对优化后续各类作业措施和设计保护储层工程技术方案，具有非常重要的意义。通过分析姬塬地区延长组长 X 储层敏感性特征，对潜在的伤害因素进行了系统研究，找出引起储层敏感的主要因素。该储层敏感性相对较弱，个别地方出现中—偏强敏感，主要是应力敏感、土酸酸敏和水敏伤害。研究成果为姬塬地区长 X 油层科学合理储层保护提供了参考。同时对致密储层敏感性室内评价技术进行了研究，提出了相应的评价方法。

关键词： 致密储层；敏感性；伤害因素

油气储层中普遍存在黏土、碳酸盐等矿物，在油气勘探开发的不同环节，如钻井、完井、采油、注水、增产措施等过程中，储层都会与外来流体接触。由于这些流体与储层流体、储层矿物不配伍导致储层渗流能力下降，从而在不同程度上损害了储层的生产能力。姬塬地区延长组长 X 属于致密储层，开发难度大，开采成本高。为了保护储层，提高开发的经济效益，有必要更深入地研究地层伤害机理，对储层敏感性进行室内实验及系统评价。

1 储层特征

姬塬地区延长组长 X 储层以三角洲前缘水下分流河道相砂体为主，储集砂岩类型以长石岩屑砂岩为主，岩屑长石砂岩次之；砂岩粒级以细—中粒为主，分选中等，磨圆度为次棱角，颗粒接触关系以线状为主，部分线状—凹凸状，局部可出现缝合线状接触；胶结类型以孔隙型、薄膜型、次生加大型及其过渡类型为主。砂岩的孔隙类型均以微孔隙为主。砂岩碎屑组合中，石英、长石和岩屑含量较接近，具相对高的喷发岩、浅变质岩等塑性岩屑；填隙物主要有高岭石、水云母杂基、绿泥石、方解石、硅质、浊沸石和蚀变黏土，偶见重晶石、蚀变凝灰质。平均孔隙度为 9.87%，渗透率为 0.353mD，平面上孔渗差异较大，非均质性严重，属于中—小孔隙、微喉道型储层。

2 储层敏感性特征

从表 1 和图 1 可以看出，姬塬地区长 X 储层敏感性相对较弱，个别部位存在着中—偏强敏感，主要是水敏、应力敏感、土酸酸敏。

表 1　姬塬地区长 X 储集砂岩敏感性实验数据统计

敏感性类型		样品总数	不同敏感程度样品数						
			无	弱	中等偏弱	中等	中等偏强	强	改善
水敏		11	1	6	2		2		
速敏		10	1	7	2				
酸敏	盐酸	8	3	1					4
	土酸	4			1			1	2
盐敏		11	2	6	3				
碱敏		11	3	6		1	1		
应力敏感		10		3	2	1	3	1	
合计		65	10	29	10	2	6	2	6
所占比例/%			15.4	44.6	15.4	3.1	9.2	3.1	9.2

2.1 速敏实验

速敏实验结果表明，该地区长 X 速敏程度属于弱速敏，平均临界速度为 8.96m/d，速敏指数为 0.18。图 1 为典型的速敏曲线。

2.2 水敏、盐敏实验

通过水敏实验（图 2、图 3），长 X_1 储层样品

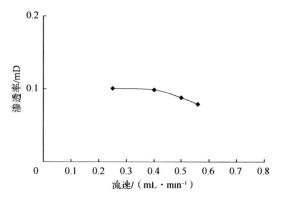

图 1　速敏典型曲线

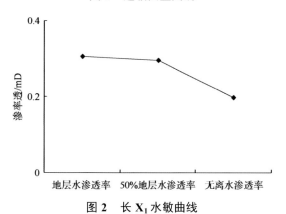

图 2　长 X_1 水敏曲线

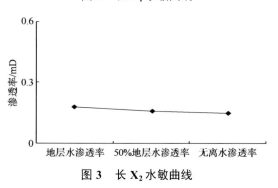

图 3　长 X_2 水敏曲线

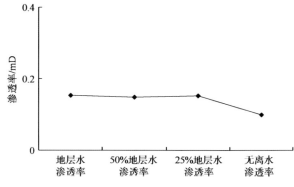

图 4　长 X 典型盐敏曲线

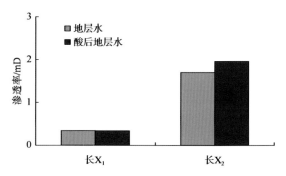

图 5　注盐酸前后渗透率变化直方图

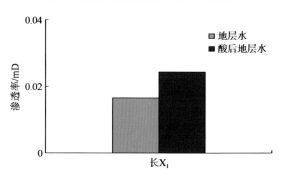

图 6　长 X_1 注土酸前后渗透率变化直方图

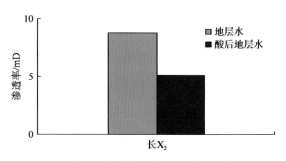

图 7　长 X_2 注碱前后渗透率变化直方图

的平均渗透率伤害率为 36.0%，平均水敏指数为 0.36，属于中等偏弱，从平面上看，砂体西面比砂体前缘水敏要强，最大伤害率可达 45%，长 X_2 储层的平均渗透率伤害率为 25.0%，平均水敏指数为 0.25，属于弱水敏。

　　盐敏是水敏的另一种表现形式，通过盐敏实验（图 4），可以找出储层发生伤害的临界盐度，为下一步储层开发方案提供理论支持。实验结果表明，长 X 平均临界盐度为 10.5g/L，属于弱盐敏。

2.3　酸敏实验

　　从图 5 盐酸酸敏实验结果看，长 X_1 储层平均酸敏指数为 -0.01，无酸敏，长 X_2 储层平均酸敏指数为 -0.05，酸后渗透率增大，盐酸能改善长 X 渗流能力。据土酸酸敏实验得知，长 X 储层对土酸有较强的敏感性。长 X_8 储层 2 块样品的渗透性得到改善，1 块强酸敏，1 块中等偏弱；图 6、

图 7 是典型的土酸前后渗透率变化图。

2.4　碱敏实验

　　碱敏实验结果（图 8）表明，该地区储层的碱敏程度各不相同，长 X_1 最弱，平均碱敏指数为 0.12；长 X_2 比长 X_1 强，平均碱敏指数为 0.23。

2.5　应力敏感实验

　　应力敏感实验方法为保持流压不变，改变上覆压力。当上覆压力逐渐增大至 22MPa 后，降低

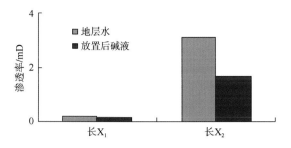

图8　注碱前后渗透率变化直方图

上覆压力，最后降至初始上覆压力。图9和图10是研究区典型的应力敏感曲线，从图上看，随着净上覆压力的增加，孔隙度变化很小，孔隙度平均伤害率为12.7%，孔隙度最大伤害率为29.6%，最小伤害率为6.68%；渗透率变化较大，渗透率平均伤害率为72.0%，渗透率最大伤害率为88.89%，最小伤害为53.49%。

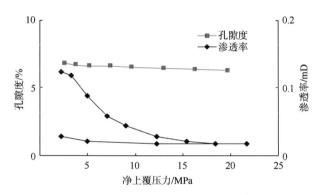

图9　孔隙度、渗透率随净上覆压力变化曲线一

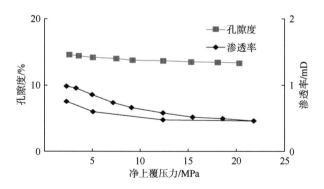

图10　孔隙度、渗透率随净上覆压力变化曲线二

实验表明：当净上覆压力达到15MPa时，渗透率几乎不变，当上覆压力恢复到初始值时，渗透率恢复不到原来的数值，说明储层岩石同时存在着弹性形变和塑性形变。

2.6　温度敏感实验

温度敏感是评价储层由于温度下降，导致结垢或地层中矿物稳定性发生变化，从而导致渗透率发生变化。

（1）先降温再升温，实验目的是观察温度下降后渗透率的变化，温度上升渗透率能否得到恢复。

（2）先升温再降温，实验目的观察温度变化对渗透率的影响。

实验结果（图11、图12）表明，长X储层存在温度敏感，导致渗透率下降的原因是，温度变化使储层中的矿物稳定性发生变化，脱落堵塞孔道。

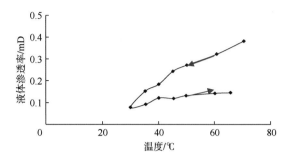

图11　温度敏感实验曲线（先降温再升温）

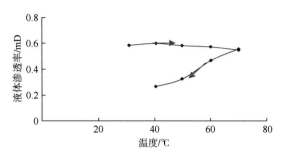

图12　温度敏感实验曲线（先升温再降温）

3　致密储层敏感性实验方法评价

致密储层有别于常规储层，由于其低孔低渗，常规仪器很难满足实验要求，需要高温高压仪器，行业标准中一般用恒速泵，通过定速来做评价实验。对于致密储层，这种方法没有办法完成实验。由于限制流速，压力无法控制，使压力异常高，对仪器造成损害，特别是速敏，只能评价成无速敏，其他实验周期也很长。实验的滞后，制约了对致密储层的评价。

经过探索，发现用恒压法来评价致密储层敏感性不失为一种优越的方法。与行业标准的恒速法相比具有以下优点：

（1）由于渗流实验中，压力与流量有一定的关系，通过定压，测试流量，瞬时流量稳定时间短，很容易达到稳定，这样可以缩短实验时间。而恒速法，在低速的情况下压力很难稳定。

（2）由于是定压力，能有效控制实验压力，不会造成仪器异常高压，损伤仪器。

（3）对于恒速不能完成的实验，恒压法却能完成。

总之，对于致密储层敏感性评价，采用恒压法要比恒速法优越。

4 结 论

（1）长 X_1 储层主要伤害因素是水敏、土酸酸敏、应力敏感。长 X_2 主要伤害因素是盐酸酸敏、应力敏感。

（2）造成强水敏样品中普遍含网状蚀变黏土，主要是绿/蒙间层黏土；强土酸酸敏岩样中普遍含浊沸石或自生石英、高岭石、铁方解石等；引起强碱敏的岩样中主要含有浊沸石、重晶石、绒球状绿泥石及轻轻附着在粒间孔壁的自生石英等。

（3）对于酸敏储层，在施工中合理使用的酸液浓度，及时排液，是施工质量的关键。

（4）对于碱敏储层，尽量避免高 pH 值的流体进入储层。

（5）应力敏感主要是生产压差过大或开采速度过高，在近井地带孔道闭合或结构破坏，造成渗流能力下降。因此，制定合理的采油工作制度是避免应力敏感发生的关键。

（6）温度的变化也会造成渗透率变化，影响储层的渗流能力。

（7）对于致密储层敏感性评价，恒压法比恒速法优越。

参考文献

[1] 黄延章，等. 低渗透油层渗流机理[M]. 北京：石油工业出版社，1998.
[2] 黄福堂. 岩心分析手册[M]. 北京：石油工业出版社，1994.
[3] 戴强，焦成. 应力敏感性对低渗透气藏渗流的影响[J]. 特种油气藏，2008，15（3）：65-68.
[4] 沈平平，等. 油层物理实验技术[M]. 北京：石油工业出版社，1995.
[5] 裘怿楠，薛书浩. 油气储层评价技术[M]. 北京：石油工业出版社，1997.
[6] 杨胜来，魏俊之. 油层物理学[M]. 北京：石油工业出版社，1994.
[7] 伊洪军，何应付. 变形介质油藏渗流规律和压力特征分析[J]. 水动力学研究与进展，2002，17（5）：538-546.
[8] 刘晓旭，胡勇，朱斌，等. 储层应力敏感性影响因素研究[J]. 特种油气藏，2006，13（3）：18-21.

收稿日期：2021-08-11

第一作者简介：
林光荣（1966—），男，本科，高级工程师，主要从事储层渗透规律及油气层保护技术工作。
通信地址：陕西省西安市未央区明光路 29 号
邮编：710018

Research on sensitivity characteristics and experimental methods of tight reservoirs

LIN GuangRong, SHAO ChuangGuo, WANG ChunLi, LIU QiuLan, and LU Yan

(National Engineering Laboratory for Exploration and Development of Low Permeability Oil & Gas Fields;
Exploration and Development Research Institute of PetroChina Changqing Oilfield Company)

Abstract: The evaluation of reservoir sensitivity is a part of core analysis. Its purpose is to understand the potential damage factors and damage degree of the reservoirs, to provide a basis for analyzing the damage mechanism, and is of great significance for optimizing subsequent various operation measures and designing the technical schemes of reservoir protection engineering. In this paper, by analyzing the sensitivity characteristics of certain Member of the Yanchang Formation in the Jiyuan oilfield, the potential damage factors are systematically studied to find out the main factors that cause the reservoirs sensitivity. The reservoirs are relatively weak in sensitivity, with moderate to strong sensitivity in some places, mainly damages of sensitivity to stress, mud-acid and water. At the same time, the indoor evaluation technology of sensitivity of the tight reservoirs is studied, and the corresponding evaluation method is proposed.

Key words: tight reservoir; reservoir's sensitivity; formation damage

陕北地区延长组深层岩石上覆压力下岩石物性及孔隙体积压缩系数变化规律实验研究

侯四方 [1,2]，任肇才 [1,2]，韩　旭 [2]，陈　力 [2]

（1. 低渗透油气田勘探开发国家工程实验室；2. 中国石油长庆油田分公司勘探开发研究院）

摘　要： 岩石孔隙体积压缩系数一直是油藏工作者研究的热点问题。从岩石压缩过程与岩石孔隙体积压缩系数的概念出发，通过对压缩过程机理的分析来探讨岩石孔隙度、渗透率及岩石孔隙体积压缩系数的变化规律，给出了它们与有效上覆压力之间的回归方程式，并从岩石孔隙结构特征和岩石骨架特征等方面进行了机理性分析。研究表明，在有效上覆压力作用下，岩石渗透率和孔隙度变化程度不同，低渗透岩石的渗透率比其孔隙度的变化率大，而低孔隙度岩石的孔隙体积压缩系数变化幅度较大。同时，幂律关系能较好地描述上述变化特征。

关键词： 有效上覆压力；孔隙度；渗透率；孔隙体积压缩系数

油田开发前，油层岩石所承受的上覆岩层重量，被油层岩石骨架和孔隙中流体所支撑，油藏处于平衡状态。在油田投入开发之后，由于储层内部流体压力的不断变化，地层有效上覆压力也会随之变化，从而导致储层可能发生弹塑性变形[1]，进而改变岩石孔隙结构及骨架结构特征[2]，引起储层物性参数的变化。因此，只有正确认识储层的渗透率、孔隙度及孔隙体积压缩系数随地层压力的变化规律，才能更好地指导油田的开发与调整措施。

1　实验方法及样品的数据处理

在实验室模拟油田开发这一过程，测量岩石孔隙体积压缩系数通常有两种方法：第一种方法是首先根据实验要求建立上覆压力和孔隙压力，保持上覆压力不变逐点降低孔隙压力，使有效上覆压力增加，造成孔隙体积减少；第二种方法是保持孔隙压力不变逐点增加上覆压力，使有效上覆压力增加，造成孔隙体积减小。利用实验中孔隙体积随有效上覆压力增加而减小的变化曲线，根据公式（1）计算岩石孔隙体积压缩系数[3]。

$$C_{\mathrm{p}} = -\frac{1}{V_{\mathrm{p}}} \times \frac{\mathrm{d}V_{\mathrm{p}}}{\mathrm{d}p} \qquad (1)$$

式中　C_{p}——岩石孔隙体积压缩系数，MPa^{-1}；
　　　V_{p}——不同有效上覆压力下岩石孔隙体积，cm^3；
　　$\mathrm{d}V_{\mathrm{p}}/\mathrm{d}p$——改变单位压力引起孔隙体积变化的数值，$\mathrm{cm}^3/\mathrm{MPa}$。

选用陕北油区 48 块具有代表性的岩心。其地面空气渗透率为 0.101 ~ 69.593mD，包括特低、低、中等 3 个不同的渗透率级别；孔隙度为 4.2% ~ 17.8%；包括特低、低、中 3 个不同的孔隙度级别；岩性分别为泥质粉砂岩、粉砂岩、极细砂岩、细砂岩、中砂岩及粗砂岩。

采用岩石孔隙体积压缩系数测定仪，参照标准测定方法[4]模拟上覆压力和孔隙压力，测试上覆压力条件下岩石的渗透率和孔隙度，并测定各实验点的孔隙体积，最后根据各项实验参数计算岩石孔隙体积压缩系数。

（1）有效上覆压力的计算。按照对有效上覆压力的定义，根据在岩石孔隙体积压缩系数测定实验中记录的上覆压力与孔隙压力，按照公式（2）计算出对应各点的有效上覆压力，即：

$$p_{\mathrm{eob}} = p_{\mathrm{ob}} - p_{\mathrm{pore}} \qquad (2)$$

式中　p_{eob}——有效上覆压力，MPa；
　　　p_{ob}——上覆压力，MPa；
　　　p_{pore}——孔隙压力，MPa。

（2）体积应变转换系数计算。上述岩石孔隙体积压缩系数是岩心样品在实验室静水压力条件下测得的，施加于岩样外部的围压在各个方向都相等，岩石样品处于三轴向应力状态。但在一般地质条件下，油层岩石仅产生垂向应变，水平方向应变约等于零，岩石处于单轴向应力状态。因此需要将实验室静水压力条件下测得的岩石孔隙体积压缩系数乘以体积应变转换系数，转换到实际油层条件下的岩石孔隙体积压缩系数。体积应变转换系数 α 与岩石的泊松比 ν 有关系，不同岩性的泊松比不同，一般在 0.2 ~ 0.4 之间。二者的关系式见公式[3]（3）为：

$$\alpha = \frac{(1+\nu)}{3(1-\nu)} \qquad (3)$$

式中 α——体积应变转换系数；

ν——岩石的泊松比。

体积应变转换系数需要根据实测的岩石泊松比进行计算。如果没有条件测量岩石泊松比，一般取平均值0.3参与计算，则体积应变转换系数为0.619。

（3）孔隙度（单轴向孔隙度）的计算。与岩石孔隙体积压缩系数在实验室条件下测得的数值需要转换到实际油层条件下的原理一样，实验室静水压力条件下测得的孔隙度比实际油藏多一个轴向加载力，所测孔隙度为三轴孔隙度，在实际应用中须将三轴孔隙度转化为单轴孔隙度，其公式为：

$$\phi_f = \phi_s - (\phi_s - \phi_z)\alpha \qquad (4)$$

式中 ϕ_f——转换后单轴向应力状态下的孔隙度，%；

ϕ_s——常压下地面岩石的孔隙度，%；

ϕ_z——实验室静水压力条件下的三轴向孔隙度，%。

2 实验结果分析

2.1 有效上覆压力下地层渗透率的变化

对48块样品的实验数据按照其地面空气渗透率分别按特低、低、中3种进行分类，并从中选出一组具有代表性的数据，绘制地层渗透率与有效上覆压力的关系曲线（图1）。由图1可以看出，随着有效上覆压力增大，渗透率减小，且低压段变化较为明显，高压段趋于平缓。图1 ZG262井、X288井、B501井3口井的地面渗透率分别为3.792mD、1.955 mD、0.731mD，当有效上覆压力增加到31.02MPa时，3口井的地层渗透率分别降为2.891mD、1.368mD、0.494mD，伤害率分别为23.747%、30.033%、32.521%，由此可见，随着地面空气渗透率逐渐减小，在有效上覆压力逐渐增大的情况下，低渗透岩石的渗透率变化幅度相对增大，即有效上覆压力对岩石渗透率的影响程度与岩石渗透率呈负相关，低渗透岩石应力敏感性强。

低渗透岩石在有效上覆压力作用下渗透率下降明显，其本质是由于岩石的孔隙结构发生变化，引起流体渗流通道的变异和破坏，这主要与岩石孔隙结构特征和岩石骨架特征有关[2]。高渗透储层的孔隙结构主要以大孔粗喉型为主，对渗透率提供贡献的主要是大孔道；而低渗透储层的孔隙结构主要以小孔细喉型为主，对渗透率提供贡献的主要是其中相对较大的孔道。当地层有效上覆压力增加时，孔道被压缩，高渗透储层的大孔粗喉型孔道产生的较小变化对渗透率的影响较小，而以小孔细喉型为主的低渗透储层孔道产生的微小变化将使自身孔道缩小甚至闭合，因此有效上覆压力增加对低渗透岩石渗透率的影响很大。

2.2 有效上覆压力下油藏孔隙度的变化

采用与研究渗透率相同的方法，对48块样品的实验数据按照其地面孔隙度分别按特低、低、中进行分类，并从中选出一组具有代表性的数据，绘制地层孔隙度与有效上覆压力的关系曲线（图2）。由图2可以看出，随着有效上覆压力增大，孔隙度减小，且低压段变化相对明显，高压段趋于平缓。此外，每一个孔隙度级别的岩石随有效上覆压力的增大其孔隙度变化幅度整体都不大。

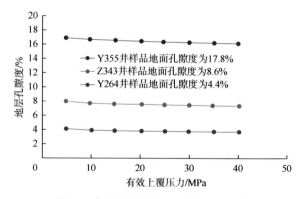

图2 孔隙度与有效上覆压力的关系

孔隙度的变化大小主要取决于岩石在有效上覆压力状态下的形变程度[3]。塑性形变可造成岩石孔隙被填充以及颗粒重新排列，导致孔隙度变化明显；而弹性形变只是岩石颗粒在原位置被弹性压缩，对孔隙度影响较小。本次实验所用样品

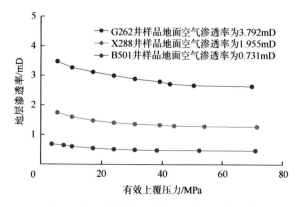

图1 地层渗透率与有效上覆压力的关系

均为胶结较好的砂岩岩心，在有效上覆压力的作用下，低压段有部分软孔隙发生塑性形变，使孔隙度发生比较明显的变化，进入高压段后岩石以弹性形变为主，其孔隙度未发生明显变化。

2.3 有效上覆压力下渗透率与孔隙度的变化程度

为了研究在有效上覆压力下渗透率与孔隙度的变化程度，选取其中两口具有代表性的井的样品进行分析。对 G262 井和 B502 井样品的数据分别做无因次渗透率（地层渗透率与地面空气渗透率之比）及无因次孔隙度（地层孔隙度与地面孔隙度之比）与有效上覆压力的关系曲线（图3）。其中 G262 井样品的地面空气渗透率为 3.792mD，地面孔隙度为 10.67%；B502 井样品的地面空气渗透率为 0.362mD，地面孔隙度为 5.93%。当有效上覆压力增加到 31.02MPa 时，G262 井样品的地层渗透率为 2.891mD，降幅为 23.75%；地层孔隙度为 9.79%，降幅为 8.25%；B502 井样品的地层渗透率为 0.112mD，降幅为 68.92%；地层孔隙度为 5.54%，降幅为 6.54%。

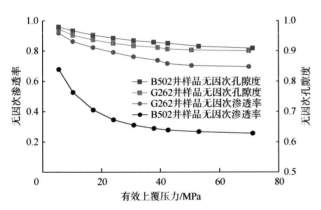

图3　无因次渗透率及无因次孔隙度与有效上覆压力的关系

由此可以看出，增加有效上覆压力后，岩石渗透率和孔隙度的变化程度不同，即低渗透岩石的渗透率比孔隙度有更大的变化率。这是因为对渗透率提供贡献的主要是喉道，而孔隙度的大小则主要取决于岩石孔隙体的体积[5]。孔隙体为拱形结构，在有效压力的作用下，孔隙壁表面层岩石受到压缩应力的作用，岩石颗粒之间的胶结物会产生一定的塑性变形。颗粒之间结构会变得更为稳定，具有较强的抗挤压能力，变形量较小，孔隙体体积变化不大，因此，孔隙度亦没有太大变化。而喉道则与孔隙体相反，为一反拱形结构。在有效压力的作用下，喉道壁表面层岩石受到拉伸压力的作用，表面层岩石颗粒间的胶结物极易变形。这种变形，使岩石变得更加疏松，颗粒间

的结构更不稳定。在应力增加的情况下，胶结物产生较大的变形，使喉道直径急剧减小，甚至完全闭合。喉径的减小和部分喉道的闭合使岩石渗透率下降明显。

2.4 有效上覆压力下油藏岩石孔隙体积压缩系数的变化

改变单位压力时，单位岩石孔隙体积的变化值称为岩石孔隙体积压缩系数[3]。采用与上述研究渗透率、孔隙度相同的方法，绘制岩石孔隙体积压缩系数与有效上覆压力的关系曲线（图4）。由图4可以看出，随着有效上覆压力的增大，岩石孔隙体积压缩系数减小，并且低压段迅速减小，高压段趋于平缓；同时可以看出，地面孔隙度小的岩石孔隙体积压缩系数变化大，即低孔隙度岩石在有效上覆压力的作用下岩石孔隙体积压缩系数变化幅度较大。

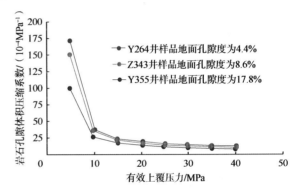

图4　岩石孔隙体积压缩系数与有效上覆压力的关系

根据岩石形变与埋藏深度的关系可知岩石是有弹塑性的[3]。低压段属于软塑性形变到弹性形变的过渡阶段，压力作用后孔隙开始变形、缩小，部分喉道甚至闭合，这使得岩石孔隙体积压缩系数下降较快；随着有效上覆压力的逐渐增大，岩石形变过渡到弹性形变阶段，岩石孔隙体积压缩系数的变化逐渐减小。

3　回归方程的建立

根据实验结果，对地层渗透率、地层孔隙度和岩石孔隙体积压缩系数随有效上覆压力的变化曲线进行了回归，得到了部分曲线的回归方程式及相关系数。

地层渗透率（K_f）与有效上覆压力（p_{eob}）的关系式为：

$$K_f = 2.1571 p_{eob}^{-0.129} \quad (R^2 = 0.9848) \quad (5)$$

地层孔隙度（ϕ_f）与有效上覆压力（p_{eob}）的关系式为：

$$\phi_f = 17.522 p_{eob}^{-0.022} \quad (R^2 = 0.9895) \quad (6)$$

岩石孔隙体积压缩系数（C_p）与有效上覆压力（p_{eob}）的关系式为：

$$C_p=442.97p_{eob}^{-1.123} \quad (R^2=0.9525) \quad (7)$$

式（5）、式（6）、式（7）中，R 为相关系数。

统计结果表明：幂律关系能较好地描述地层渗透率、孔隙度或岩石孔隙体积压缩系数与有效上覆压力之间的相互关系，其相关系数 R 的平方都为 0.95 以上。根据 R 绝对值与相关程度的对应关系（表1）可知，上述曲线的回归方程式拟合回归效果很好。

所以，其相应关系式均可写为：

$$N=ap_{eob}^{-\lambda} \quad (8)$$

式中　N——为渗透率、孔隙度或岩石孔隙体积压缩系数，mD，%，MPa^{-1}；

　　　a 和 λ——相关回归系数。

表1　$|R|$值与相关程度的对应关系

$|R|$值范围	$|R|$的意义
0～0.19	极低相关
0.20～0.39	低度相关
0.40～0.69	中度相关
0.70～0.89	高度相关
0.90～1.00	极高相关

由式（8）对有效上覆压力求导，可得地层渗透率、孔隙度或岩石孔隙体积压缩系数的变化率与有效上覆压力的关系式。从式中可以看出：当有效上覆压力较小时，较小的压力变化就可引起地层渗透率、孔隙度或岩石孔隙体积压缩系数的急剧变化；而当有效上覆压力逐渐升高时，各参数的变化率趋于平缓。这与本次实验中地层渗透率、孔隙度及岩石孔隙体积压缩系数随有效上覆压力的变化规律相吻合。

4 结　论

随着有效上覆压力的增加，岩石渗透率、孔隙度和岩石孔隙体积压缩系数逐渐减小，且在低压段变化较为明显；同时，低渗透岩石的渗透率相较于其孔隙度有更大的变化率；这主要是由岩石自身的孔隙结构和骨架结构发生了不同程度的变化决定的。岩石孔隙体积压缩系数在低有效上覆压力阶段相较于高有效上覆压力阶段的变化幅度要大很多，这是由于岩石在不同有效上覆压力阶段发生不同性质的岩石形变所导致的，并且低孔隙度岩石孔隙体积压缩系数变化幅度相较于高孔隙度岩石孔隙体积压缩系数要更大。通过对相关曲线进行回归发现渗透率、孔隙度及岩石孔隙体积压缩系数可以通过建立幂律方程来表征它们与有效上覆压力之间的变化关系。

参考文献

[1] 洪世铎. 油层物理基础[M]. 北京：石油工业出版社，1993.

[2] 秦积舜. 变围压条件下低渗砂岩储层渗透率变化规律研究[J]. 西安石油学院学报（自然科学版），2002，17（4）：28-31.

[3] 油气田开发专业标准化技术委员会. 岩石孔隙体积压缩系数测定方法：SY/T 5815—2016[S]. 北京：石油工业出版社，2016.

[4] 油气田开发专业标准化委员会. 覆压下岩石孔隙度和渗透率测定方法：SY/T 6385—1999[S]. 北京：石油工业出版社，1999.

[5] 何秋轩，阮敏，王志伟. 低渗透油藏注水开发的生产特征及影响因素[J]. 油气地质与采收率，2002，9（2）：6-9.

收稿日期：2021-08-09

第一作者简介：
侯四方（1985—），男，本科，工程师，主要从事扫描电镜应用、岩石矿物及油气盆地地质综合研究工作。
通信地址：陕西省西安市未央区明光路
邮编：710021

Experimental study on the variation law of rock physical properties and pore volume compressibility under overburden pressure of deep rocks of Yanchang Formation in Northern Shaanxi

HOU SiFang[1,2], REN ZhaoCai[1,2], HAN Xu[2], and CHEN Li[2]

(1. National Engineering Laboratory for Exploration and Development of Low Permeability Oil & Gas Fields;
2. Exploration and Development Research Institute of PetroChina Changqing Oilfield Company)

Abstract: The compressibility of rock pore volume has always been a hot issue for reservoir researchers. Starting from the concept of rock compression process and rock pore volume compressibility coefficient, this paper discusses the change laws of rock porosity, permeability and rock pore volume compressibility coefficient through analysis of the mechanism of compression process, and gives the regression equations of relationship between them and the effective overburden pressure. The mechanism analysis is carried out from the characteristics of rock pore structure and the characteristics of rock skeleton. The research shows that under the action of effective overburden pressure, the permeability and porosity of rocks change to different degrees. The change rate of permeability of low-permeability rock is greater than that of porosity, while the change range of pore volume compressibility coefficient of low porosity rock is greater. At the same time, the power-law relationship can be used to well describe the above-mentioned change characteristics.

Key words: effective overburden pressure; permeability; porosity; pore volume compressibility

华庆油田超低渗透油藏注 CO_2 吞吐技术研究

何吉波，李发旺，朱西柱，李立标，吴春生，孙　爽

（中国石油长庆油田分公司第十采油厂）

摘　要：针对华庆油田超低渗透油藏物性差，单井产量低等问题，使用数值模拟方法开展了 CO_2 吞吐增产机理分析和工艺参数优化研究，并基于所确定的最优方案开展了现场试验。结果表明，华庆油田超低渗透油藏 CO_2 吞吐增产机理主要为补充地层能量和改善原油流动性，目标井 Y1-1 井 CO_2 吞吐的最优方案为 CO_2 注入量90t，CO_2 注入速度3.5t/h，焖井时间25天。Y1-1井现场试验后，单井产量提高了4.4倍，表明 CO_2 吞吐技术可以有效提高超低渗透油藏单井产量，具有较好的应用前景。

关键词：超低渗透油藏；CO_2 吞吐；现场试验

华庆油田超低渗透油藏属于典型的"三低"油藏，储层平均渗透率 0.4mD，平均地层压力系数仅为 0.6～0.8[1-2]，目前主要采用注水开发，但注水驱替系统难以建立，油藏压力保持水平不足，平均单井产能仅为 1.2t/d[3]。CO_2 吞吐作为一种提高单井产量的方法，在美国、加拿大等国应用甚广[4-5]，国内中石化华东油气分公司、大庆油出等多家单位从 20 世纪 90 年代也先后开展了吞吐现场试验[6]，取得了一系列成果，但在超低渗透油藏开展 CO_2 吞吐现场应用较少。本文通过数值模拟，对 CO_2 吞吐的增产机理和工艺参数进行分析研究，并依据优化后的参数开展了现场试验，旨在探索提高超低渗透油藏单井产量工艺技术。

1 地质模型

根据 Y1-1 井油藏物性数据（表 1），建立单井径向模型，油藏埋深为 2124m，平均地层温度为 71.6℃，原始地层压力为 15.8MPa，目前平均地层压力为 11.3MPa，地层原油黏度为 0.83mPa·s，密度为 0.69g/cm³，饱和压力为 13.1MPa，原始气油比为 115.7m³/t。

建立的 Y1-1 井的单井径向模型网格数为 $28×1×7=196$，I 方向网格步长 4～10m，K 方向网格步长根据油层厚度建立，总厚度为 40.1m。

表 1　Y1-1 井油藏物性参数表

序号	厚度/m	孔隙度/%	渗透率/mD	电阻率/（Ω·m）	声波时差/（μs·m⁻¹）	泥质含量/%	含油饱和度/%
1	2.5	9.44	0.26	29.8	215.94	12.96	38.23
2	3.9	11.64	0.69	34.7	227.89	10.90	51.97
3	1.5	9.90	0.32	32.3	218.25	13.44	43.09
4	6.6	11.42	0.62	30.0	226.32	12.40	48.11
5	11.5	11.59	0.63	27.0	227.02	13.13	46.64
6	4.6	10.61	0.42	23.7	221.77	14.32	42.83
7	9.5	9.79	0.36	25.5	217.46	16.10	38.58

2 流体相态

借助专业相态分析软件 Winprop，对 Y1-1 井流体的单次闪蒸、多次脱气、饱和压力测试、恒质膨胀等实验数据进行计算拟合，得到能够代表真实储层流体的状态方程参数。本次模拟通过对重质组分进行劈分和重新归并，将流体组分最终划分为 6 个拟组分：CO_2、N_2、CH_4、C_2—C_4、C_5—C_{12}、C_{13}—C_{24}，各组分组成及状态方程参数见表 2。

3 机理分析

基于所建立的 Y1-1 井的地质模型，完成生产数据历史拟合后开展注入 CO_2 吞吐机理分析，拟合开始时间为 2009 年 3 月 8 日，结束时间为 2019 年 7 月 8 日。

3.1 补充地层能量

CO_2 易溶于原油，注入地层后可以溶解于原油中，增加地层弹性能量，补充地层能量。模拟计算的 Y1-1 井注 CO_2 吞吐后的平均地层压力由

表2 拟组分组成及主要特征参数表

序号	组分	摩尔组成/%	摩尔质量/(g·mol⁻¹)	临界压力/MPa	临界温度/K	临界体积/m³	偏心因子	方程系数 ω_a	方程系数 ω_b
1	CO_2	0.12	44.01	7.28	304.20	0.094	0.225	0.457	0.078
2	N_2	0.75	28.01	3.35	126.20	0.09	0.040	0.457	0.078
3	CH_4	55.06	16.04	4.54	190.60	0.099	0.008	0.457	0.078
4	C_2—C_4	38.74	51.16	3.96	397.63	0.230	0.170	0.457	0.078
5	C_5—C_{12}	3.21	101.63	2.32	546.32	0.484	0.286	0.457	0.078
6	C_{13}—C_{24}	2.12	213.45	1.98	712.12	0.728	0.502	0.457	0.078

11.3MPa 上升至 12.3MPa，对比吞吐前、后的地层压力剖面分布图（图1、图2）可知，Y1-1 井注入 CO_2 吞吐后地层压力上升，地层能量得到有效补充。

3.2 改善原油流动性

CO_2 溶于地层原油后，可以降低原油黏度，膨胀原油体积，增加原油饱和度，提高油相渗流能力。模拟计算的原油黏度对比如图2所示，原油饱和度对比如图3所示。通过对比，Y1-1 井 CO_2 吞吐后地层原油黏度降低，原油饱和度增加，但地层原油黏度降低较低（吞吐前为 0.96mPa·s），分析认为原油流动性改善主要是因为 CO_2 溶于原油后，原油体积膨胀，增加了原油饱和度。

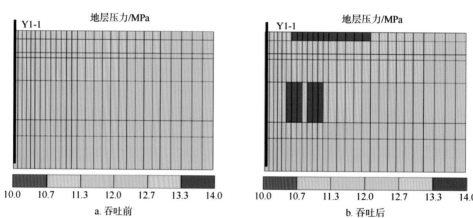

图1 Y1-1 井 CO_2 吞吐前、后地层压力分布图

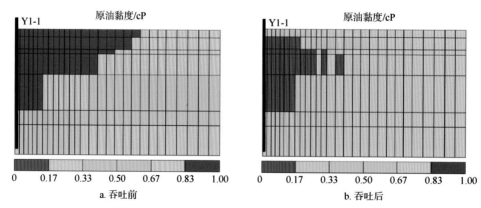

图2 Y1-1 井 CO_2 吞吐前、后原油黏度分布图

4 参数优化

基于所建立的 Y1-1 井的数值模拟模型开展 CO_2 注入量、注入速度、焖井时间等参数优化，模拟时间为两年，整个计算过程中以累计增油量和换油率（增油量与 CO_2 注入量之比）作为主要评价指标。

4.1 注入量

利用所建立的 Y1-1 井数值模拟模型，模拟计算了8种不同 CO_2 注入量（50t、60t、70t、80t、90t、100t、110t、120t）下吞吐后的累计增油量和换油率，模拟计算过程中注入速度为 3t/h，焖

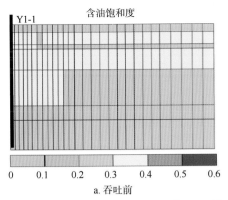

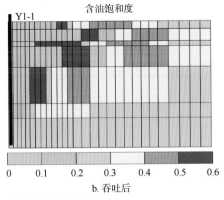

图 3 Y1-1 井 CO_2 吞吐前、后原油饱和度分布图

井时间为 20 天，模拟结果如图 4 所示，随着 CO_2 注入量的增加，累计增油量不断增大，而换油率不断减小，经济效益变差。当 CO_2 注入量超过 90t 时，换油率降低幅度逐渐变缓，因此推荐 CO_2 最佳注入量为 90t。

率，模拟计算过程中注入量为 90t，注入速度为 3.5t/h，模拟计算结果如图 6 所示，随着焖井时间的增加，累计增油量和换油率先增加后逐渐降低，当焖井时间达到过 25 天时，累计增油量和换油率达到最高值，因此推荐最佳焖井时间为 25 天。

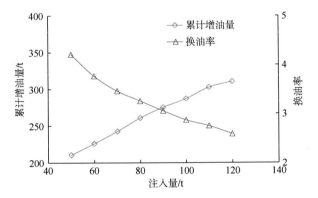

图 4 Y1-1 井 CO_2 井注入量与累计增油量和换油率关系曲线

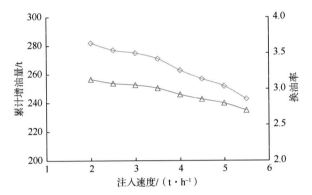

图 5 Y1-1 井 CO_2 注入速度与累计增油量和换油率关系曲线

4.2 注入速度

利用所建立的数值模拟模型，比较了 8 种不同的 CO_2 注入速度（2.0t/h、2.5t/h、3.0t/h、3.5t/h、4.0t/h、4.5t/h、5.0t/h、5.5t/h）下吞吐后的累计增油量和换油率，模拟计算过程中注入量为 90t，焖井时间为 20 天，模拟计算结果如图 5 所示，随着 CO_2 注入速度的增加，累计增油量和换油率逐渐减小，主要原因是过快的注入速度容易导致注入的 CO_2 气体不能充分溶解于原油中，而是向地层深部推移，降低增油效果。当 CO_2 注入速度超过超过 3.5t/h 时，累计增油量和换油率降低幅度逐渐变快，考虑现场注入过程中，推荐 CO_2 最佳注入速度为 3.5t/h。

4.3 焖井时间

焖井时间是影响 CO_2 吞吐的增油效果的重要因素，本次模拟计算过程比较了 8 种不同的焖井时间（10 天、15 天、20 天、25 天、30 天、35 天、40 天、45 天）下吞吐后的累计增油量和换油

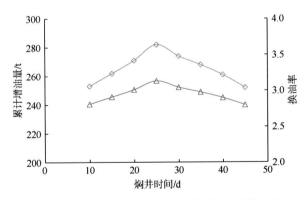

图 6 Y1-1 井 CO_2 吞吐焖井时间与累计增油量和换油率关系曲线

4.4 效果预测

Y1-1 井 CO_2 吞吐的最优参数组合为注入量 90t，注入速度 3.5t/h，焖井时间 25 天。数值模拟预测 Y1-1 井注 CO_2 吞吐后两年内的日产油生产曲线（图 7）和累计产油量曲线（图 8）。

由图 7、图 8 可知，Y1-1 井 CO_2 吞吐后，日产油水平明显升高，预测期内（两年）累计增油

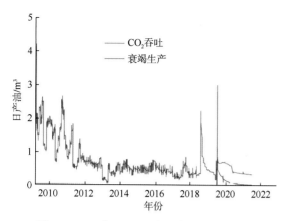

图7　Y1-1井CO_2吞吐日产油模拟曲线

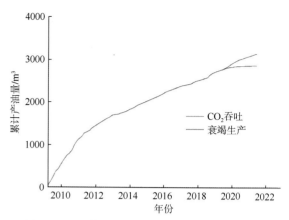

图8　Y1-1井CO_2吞吐累计产油量模拟曲线

量为282t。

5　现场试验

基于数值模拟计算的CO_2吞吐的最优参数，2019年7月20日对Y1-1井实施注CO_2吞吐现场

试验，在实施过程中考虑到现场实际施工条件的影响，CO_2总注入量为92t，注入速度3.7t/h，焖井时间25天。对比吞吐前后的生产曲线（图9），Y1-1井实施注CO_2吞吐后日产油由0.23t/d上升至1.24t/d提高了4.4倍，日增油1.01t/d，增油效果较好。

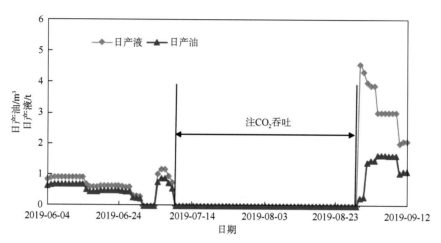

图9　Y1-1井CO_2吞吐后生产曲线

6　结　论

（1）有效补充地层能量，改善原油流动性是CO_2吞吐提高华庆油田超低渗透油藏单井产量的主要机理。

（2）Y1-1井实施CO_2吞吐的最优方案为CO_2注入量90t，CO_2注入速度3.5t/h、焖井时间25天。

（3）Y1-1井实施CO_2吞吐现场试验后增油效果明显，表明CO_2吞吐技术可以有效提高超低渗透油藏单井产量，可作为同类油藏低产井增产的实用性技术，具有较好的应用前景。

参考文献

[1] 李安琪，李忠兴. 超低渗透油藏开发理论与技术[M]. 北京：石油工业出版社，2015.

[2] 杜现飞，殷桂琴，齐银，等. 长庆油田华庆超低渗油藏水平井压裂裂缝优化[J]. 断块油气田，2014，21（5）：668-670.

[3] 程启贵. 低渗透油藏开发典型实例[M]. 北京：石油工业出版社，2014.

[4] 张涛，李德宁，崔轶男，等. 板桥油田特高含水期水平井CO_2吞吐参数优化及实施[J]. 油气藏评价与开发，2019，9（3）：51-56.

[5] 王军. 低渗透油藏CO_2吞吐选井条件探讨[J]. 油气藏评价与开发，2019，9（3）：57-61.

[6] 李士伦，汤勇，侯承希. 注CO_2提高采收率技术现状及发展趋势[J]. 油气藏评价与开发，2019，9（3）：1-8.

（英文摘要下转第129页）

收稿日期：2021-03-05

第一作者简介：
何吉波（1990—），男，硕士，工程师，现主要从事低渗透油田注水开发、提高采收率研究工作。
通信地址：甘肃省庆阳市庆城县
邮编：745100

镇原油田结垢特征及防垢技术研究

胡志杰[1,2]，杨娟[1,2]，李欢[1,2]，韩亚萍[1,2]，任志鹏[1,2]，丁雅勤[1,2]

（1. 低渗透油气田勘探开发国家工程实验室；2. 中国石油长庆油田分公司勘探开发研究院）

摘　要：镇原油田生产介质复杂，开发层系多，管输介质差异大，油水井、管道、站点腐蚀结垢严重。在对结垢严重区块的水质分析的基础上，结合配伍性实验、结垢产物分析实验，对该区块进行防垢体系优选实验研究。研究表明：多层混输是造成镇原油田结垢严重的主要原因，侏罗系主要以 $CaCO_3$ 垢为主，三叠系主要垢型以 $CaCO_3$ 和 $BaSO_4$ 混合垢为主。优选的防垢体系在现场经过处理后的地层水组成不同混合体系中，防垢剂防垢效果有明显影响；在 $CaCO_3$ 垢为主的混合结垢体系中防 $CaCO_3$ 垢效果明显好于防 $BaSO_4$ 垢，在以 $BaSO_4$ 垢为主的体系中，防 $BaSO_4$ 垢的效果明显好于防钙垢。

关键词：结垢特征；配伍性；防垢技术

油田结垢是油田开发生产过程中普遍存在的问题，只要流体中存在两种不配伍的介质，或者在流动过程中温度、压力条件发生变化，就会有结垢的可能，集输、注水系统结垢尤为严重。随着油田进入中后期开发，因原油含水增大、水质矿化度高、酸性气体、腐蚀性细菌等因素造成井筒、集输管道、注水管道、储罐等腐蚀破漏严重，结垢频繁，严重影响油田安全生产运行。

1 镇原油田结垢情况

镇原油田结垢严重的区块有镇 277、镇 250、镇 180，集输混进层位主要集中在长 3、长 8、延 9 和延 10（表 1）。调查显示：结垢严重管道 63 条，其中集输管道 38 条、注水管道 25 条。管线投产年限最少的是 3 年，最长的是 11 年，平均结垢速率为 1.0mm/a，输送介质主要是三叠系的长 3 和长 8 产出液。结垢主要发生在加热炉进出口管线、加热炉盘管、管线闸门、弯头和输油泵叶轮等处（表 2）。

2 镇原油田水化学特征

2.1 注入水化学特征

镇原油田地处我国西北干旱地区，水资源贫乏，以白垩系洛河层水作为注水水源，注入水化

学性质变化具有明显规律性，为富含 SO_4^{2-} 离子的 Na_2SO_4 型水，矿化度比姬塬油田低。同时，在油田西北部，注水入矿化度及硫酸根离子明显较高，达到 4.4g/L（表 3）。

2.2 地层水化学分析

镇原油田地层水以 $CaCl_2$ 型为主，随着油藏埋深的增加，总矿化度明显变化，最高达 154g/L，长 3 及长 8 层普遍含有钡离子（表 4）。

3 现场结垢产物分析

油田最常见结垢产物为 $CaCO_3$、$CaSO_4$、$BaSO_4$、$SrSO_4$，也常把腐蚀产物，如 $FeCO_3$、FeS、$Fe(OH)_3$、Fe_2O_3，以及溶解度大、含量高、在一定条件下的析出物（如 NaCl）包括在内。结垢产物经常因条件变化出现在不同的部位。为了掌握结垢规律并更精确预测，除了对水质指标进行分析外，还需要明确结垢产物的组成、结构和形态。经过实验分析：镇原油田是以 $CaCO_3$ 垢为主的混合垢体系（表 5）。

4 配伍性分析

由镇原油田水化学特征分析和现场调研资料可以看出，多层混输是镇原油田结垢主要原因。地层水中含有较高浓度的成垢阴阳离子，两种离

表 1　镇原油田结垢严重区块结垢情况表

区块	站点	主力层位	混进层位与井数	腐蚀结垢程度
镇 277	镇 14 增	延 10	长 8 层 14 口、长 3 层 2 口	严重结垢
	镇 18 增	延 10	长 3 层 12 口、长 8 层 21 口、延 10 层与长 3 层 3 口	严重结垢
	镇 38 增	长 8	延 10 层 8 口、长 3 层 3 口	严重结垢
镇 250	镇 17 增	延 10	延 9 层 7 口、长 3 层 4 口、延 8 层 14 口	严重结垢
	镇四转	延 10	长 8 层 20 口、延 9 层 18 口	结垢一般
镇 180	镇九转	延 8、长 3	延 7 层 8 口、长 3 层 24 口、延 9 层 1 口	严重结垢

表2 镇原油田集输管线结垢情况表

管线名称	长度/km	投运年份	输送介质层位	输送介质含水率/%	平均结垢速率/（mm·a^{-1}）
镇二十九增集油管线	5.0	2014	延10、长3	32.2	1.2
镇十三增集油管线	14.5	2010	延10、长3	30.2	1.5
镇三十五增集油管线	6.8	2016	长3	55.0	1.1
桐31-24井组油管线	2.5	2005	长3	43.7	1.0
镇39-30井组油管线	2.0	2007	长3	77.5	0.9
镇157-33井组油管线	3.9	2008	长8	7.9	1.1
镇213-113井组油管线	3.8	2008	长3	76.3	0.8
镇220-19井组油管线	3.6	2006	长8	27.3	1.1
镇81-54井组油管线	2.5	2007	长8	49.7	1.0
镇54井组出油管线	4.5	2006	长8	27.6	0.8
镇322-773井组油管线	4.0	2012	长8	37.2	0.7
镇320-768井组油管线	3.0	2012	长8	65.0	0.8

表3 镇原油田注入水化学特征

注水站/井号	离子浓度/（mg·L^{-1}）						总矿化度/（g·L^{-1}）	水型
	K$^+$+Na$^+$	Ca^{2+}	Mg^{2+}	Cl$^-$	SO$_4^{2-}$	HCO$_3^-$		
ZB3水源井	197	67.0	60.0	245	212	336	1.12	Na$_2$SO$_4$
镇一配	273	50.0	46.0	236	311	304	1.22	Na$_2$SO$_4$
镇五注清水	423	46.5	17.8	264	486	281	1.52	NaHCO$_3$
镇二注	477	52.5	18.4	257	548	378	1.73	NaHCO$_3$
镇三注	600	54.0	23.0	208	1000	210	2.10	Na$_2$SO$_4$
镇四转清水	684	83.8	32.5	258	1310	183	2.52	Na$_2$SO$_4$
Z53	999	219.0	124.0	191	2766	99	4.40	Na$_2$SO$_4$

表4 镇原油田地层水化学分析

井号	层位	离子浓度/（mg·L^{-1}）							总矿化度/（g·L^{-1}）	水型
		Na$^+$+K$^+$	Ca^{2+}	Mg^{2+}	Ba^{2+}	Cl$^-$	SO$_4^{2-}$	HCO$_3^-$		
Z308-7	延9	52400	5960	957	0	93500	609	234	154	CaCl$_2$
Z450-101	延10	41200	4460	1290	283	75300	0	159	123	CaCl$_2$
Z261-03	延10	47800	5900	679	0	85100	1190	246	141	CaCl$_2$
ZP277-8	延10	35400	5490	1390	598	68300	0	268	111	CaCl$_2$
Z309-81	长3	40200	6590	582	604	75500	46	171	124	CaCl$_2$
Z222	长3	42500	7870	668	503	81400	0	140	133	CaCl$_2$
X27	长8	38913	6263	1037	945	74500	0	120	122	CaCl$_2$
M11	长8$_1$	26549	3954	452	1268	49802	0	149	82.1	CaCl$_2$

子在地层多孔介质中充分混合，势必产生严重的结垢问题。生成的垢沉积体或在孔隙喉道表面附着生长，导致孔隙喉道变小；或悬浮于地层流体中，堵塞孔隙喉道，导致油层渗流能力下降；严重者会导致油层深部堵塞。由于开采层系较多，各地层水离子种类和含量变化较大，混合集输使得各地层水在集输系统许多部位都经历了组分、温度、压力、流速的变化，导致系统多处持续结垢。配伍性研究一方面要给出混合水系统的最大结垢潜量，更重要的是揭示油田开发过程中结垢量变化规律，为在不同开发阶段采取不同的清防垢技术措施提供理论基础。

4.1 注入水与地层水配伍性分析

三叠系长8、长3注水地层结垢较严重，以BaSO$_4$垢和CaCO$_3$垢为主，结垢量为975mg/L，长7、长4+5及侏罗系结垢较轻微，以CaCO$_3$垢为主（表6）。

4.2 多开发层系不同层位之间的配伍性分析

在多层系开发混输过程中，对于同层产出液的集输系统，一般结垢轻微。但有些地层水

表5 镇原油田结垢产物化学组分分析结果

区块	取样部位	层位	结垢物主要组成/%									主要矿物类型	次要矿物类型
			$CaSO_4$	$CaCO_3$	$MgCO_3$	MgO	Fe_2O_3	水分及有机物	酸不溶物	FeO	CaO		
镇340	油管	延10	9.32	83.30	7.95	2.26	1.01	1.20	0.24	—	—	文石	含镁方解石
镇340	油管	长3	12.80	50.20	—	4.03	14.30	9.88	3.42	0.18	4.40	文石	烧石膏、石英
镇252	尾管	长8	11.70	22.60	4.13	2.06	35.90	18.00	2.94	—	—	菱矿、含镁方解石	石英、文石
镇287	油管	长3	9.32	33.60	—	3.02	27.40	4.32	20.70	—	—	文石	石英、含镁方解石、黏土
镇287	花管	延9	11.70	57.50	—	5.04	13.60	7.64	3.10	—	1.63	文石、纤铁矿	硫酸钙、氧化锰锶、石英
镇28	油管	长3	10.50	74.90	4.68	2.80	4.29	2.26	2.26	0.36	—	文石、球霰石、含锰方解石	方解石、石英
镇277	油管	延10	81.60	5.84	4.90	1.69	1.30	12.50	1.48	0.18	—	石膏	水合硫酸钙、文石、石英
镇250	油管	延10	10.50	32.20	1.34	7.42	20.60	16.80	7.28	—	—	文石、镁铁矿	石英

注：本方法应用常规化学分析测定样品成分，并未做全系统分析，可满足油田工作需要。暂定闭合度为90%～110%[4]。

表6 镇原油田多层系开发区块注入水与不同层位地层水与配伍性数据表

水样1				水样2				配伍结果	
注水站	层位	总矿化度/($g \cdot L^{-1}$)	水型	井号	层位	总矿化度/($g \cdot L^{-1}$)	水型	垢型	结垢量/($mg \cdot L^{-1}$)
镇3	洛河	2.1	Na_2SO_4	ZP62-10	长8_1	44.4	$CaCl_2$	$BaSO_4$、$CaCO_3$	514、78
				Z79	长7_2	96.3	$CaCl_2$	$CaCO_3$	110
				Z249	长4+5_2	82.0	$CaCl_2$	$CaCO_3$	69
				Z234	长3_2	128.0	$CaCl_2$	$BaSO_4$、$CaCO_3$	945、83
				Z251	延10	103.0	$CaCl_2$	$CaCO_3$	70

在不同区域水化学特征有较大不同，同层集输也会产生严重结垢现象。而对于不同层位产出液混合集输的系统，结垢较为复杂和严重。镇原油田不同层位产出液的不配伍，各层混合均发生一定程度的结垢问题。三叠系和侏罗系混合开发，结垢最为严重，$CaCO_3$结垢量高达4284mg/L（表7）。综上所述，多层系开发、不同层位流体不配伍是造成镇原油田结垢的主要原因。

表7 镇原油田多层系开发区块不同层位地层水配伍性数据表

水样1				水样2				配伍结果	
站点/井号	层位	总矿化度/($g \cdot L^{-1}$)	水型	站点/井号	层位	总矿化度/($g \cdot L^{-1}$)	水型	垢型	结垢量/($mg \cdot L^{-1}$)
镇12转	—	66.5	Na_2SO_4	Y11-19	延7	39.8	Na_2SO_4	$CaCO_3$	232
镇12转	—	66.5	Na_2SO_4	M184	延8	55.4	$NaHCO_3$	$CaCO_3$	1141
镇12转	—	66.5	Na_2SO_4	Z202-65	长3	98.5	$CaCl_2$	$CaCO_3$、$CaSO_4$	1281、141
Y190	长3	113.0	$CaCl_2$	Y11-19	延7	39.8	Na_2SO_4	$CaCO_3$、$CaSO_4$	4704、620
Z202-65	长3	98.5	$CaCl_2$	M184	延8	55.4	$NaHCO_3$	$CaCO_3$、$CaSO_4$	4284、1082
镇十四增	—	112.0	$CaCl_2$	镇十八增	—	72.4	$CaCl_2$	$CaCO_3$、$BaSO_4$	228、944
	—	112.0	$CaCl_2$	Z308-781	—	33.2	$NaSO_4$	$CaCO_3$、$BaSO_4$	422、515
三增总机关	—	64.6	$CaCl_2$	镇十八增	—	72.4	$CaCl_2$	$CaCO_3$、$BaSO_4$	228、379
	—	64.6	$CaCl_2$	Z308-781	—	33.2	$NaSO_4$	$CaCO_3$、$BaSO_4$	373、296

5 防垢剂体系研究

5.1 防垢剂筛选评价实验

经前期实验筛选，对室内3类和现场在用5类防垢剂进行评价。

5.1.1 室内防垢剂筛选评价实验

在室内，选择具有典型结垢特征的混合结垢体系，进行防垢剂效果评价实验和防膨效果评价实验。通过室内防垢效率实验和黏土稳定能力实验筛选定型高效防垢剂——膦基丁烷三羧酸（PBTCA）作为矿场投加药剂。该防垢剂除具有高效、稳定的防垢性能外，还具有优异的稳黏防膨功能，可在注水地层与集输系统投加（图1、表8）。

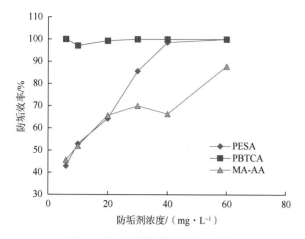

图1 室内防垢剂筛选实验数据

表8 不同防垢剂稳定黏土能力

样品	防膨率/%	溶液状态
PBTCA	90.6	清亮
MA-AA	90.6	浑浊
PESA	80.9	浑浊

防垢剂浓度：1.0%

5.1.2 现场用防垢剂筛选实验

对现场取回的6种阻垢剂进行室内防垢效率评价实验，实验结果显示（图2）：现场用防垢剂整体防垢效果比较好，其中HZG-01在低浓度时防垢效率达到一定高值，随着防垢剂浓度增加，防垢效率保持平稳。

5.1.3 防垢剂性能提升实验

实验筛选出HZG-01和PBTCA两种防垢效果较好的防垢剂，对其进行简单复配实验，并对其

防垢性能进行评价。实验结果显示（表9），1∶1复配后防垢效果明显，在低浓度时防垢效率达到95%以上，随着浓度增加，防垢曲线变化不大。

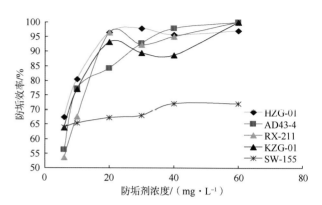

图2 现场用防垢剂评价实验数据

表9 新型防垢剂防垢性能评价

防垢剂	防垢效率/%			
	10mg/L	20mg/L	40mg/L	60mg/L
HZG-01∶PBTCA（1∶1）	95.5	96.2	96.7	95.5

通过前期结垢站点配伍性分析，选取处理后的地层水，模拟现场不同混合垢体系进行现场防垢效果评价实验。分别选取现场典型以$CaCO_3$为主的结垢体系和以$BaSO_4$为主的结垢体系，对筛选出的3种防垢剂进行防垢效果评价实验。实验结果显示（表10）：油田应用杀菌剂、破乳剂、缓蚀剂，对防垢剂$CaCO_3$防垢效率有一定影响，对$BaSO_4$防垢率无明显影响。

表10 现场用化学药剂对防垢效果的影响实验

防垢剂	浓度/（mg·L⁻¹）	缓蚀剂	杀菌剂	破乳剂	防垢效率（$CaCO_3$）/%	防垢效率（$BaSO_4$）/%
无	0	100	0	0	21.4	5.7
PBTCA	40	0	0	0	47.8	1.9
	40	100	100	100	28.6	9.4
HZG-01	40	0	0	0	0	3.8
	40	100	100	100	21.4	1.9
PH-1（复配）	40	0	0	0	21.7	5.7
	40	100	100	100	35.7	7.5

5.1.4 矿场影响因素对防垢效果影响

通过前期结垢站点配伍性分析，选取现场地层水处理前后，模拟结垢特征明显的$CaCO_3$和$BaSO_4$

混合垢体系进行现场防垢效果评价实验（表11）。结果表明：地层水经过精细过滤去除铁离子及悬浮固体后，防垢剂对$CaCO_3$垢的防垢效果更明显。

表 11　精细处理前后地层水结垢体系防垢效果

结垢体系	防垢剂	防垢剂浓度/（mg·L⁻¹）	防垢效率（CaCO₃）/%	防垢效率（BaSO₄）/%
地层水精细处理前	PBTCA	20	47.8	11.3
		40	47.8	1.9
		60	39.1	3.8
	HZG-01	20	0	0
		40	0	3.8
		60	0	0
	PH-1（复配）	20	21.7	5.7
		40	21.7	5.7
		60	47.8	3.8
地层水精细处理后	PBTCA	20	84.2	1.7
		40	100	3.5
		60	100	0
	HZG-01	20	94.7	2.6
		40	94.7	3.5
		60	94.7	4.3
	PH-1（复配）	20	84.2	0
		40	100	0

6　结论与认识

（1）镇原油田地层水以 $CaCl_2$ 型为主，总矿化度高，离子浓度变化剧烈，成垢钙离子含量较高，成垢钡离子含量相对较低。

（2）多层系开发混输是造成镇原油田结垢严重的主要原因，侏罗系结垢主要以 $CaCO_3$ 垢为主，三叠系结垢主要以 $CaCO_3$ 和 $BaSO_4$ 混合垢为主。

（3）筛选出高效稳定防垢剂 PBTCA，并与现场用防垢剂复配实验；油田现用药剂对防垢体系的防垢效果有一定影响。

（4）现场经过处理前后的地层水组成不同的混合体系中，防垢剂防垢效果有明显变化：在 $CaCO_3$ 垢为主的混合结垢体系中，防 $CaCO_3$ 垢效果明显好于防 $BaSO_4$ 垢；在 $BaSO_4$ 垢为主的体系中，防 $BaSO_4$ 垢的效果明显好于防 $CaCO_3$ 垢。

参考文献

[1] 王树学. 油田注水系统结垢机理分析及适宜阻垢剂的筛选[J]. 清洗世界，2018，34（12）：48-50.

[2] 陈峰，赵春辉，陈朝林，等. 油田注水系统结垢机理研究[J]. 油气田地面工程，2014，25（7）：7-8.

[3] 王小琳，武平仓，向忠远. 长庆低渗透油田注水水质稳定技术[J]. 石油勘探与开发，2002，29（5）：77.

[4] 朱义吾. 油田开发中的结垢机理及其防治技术[M]. 西安：陕西科学技术出版社，1995.

[5] 王世强，王笑菡，王勇，等. 油田结垢及防垢动态评价方法的应用研究[J]. 中国海上油气（工程），1997，9（1）：39-42.

[6] 徐素鹏，苏小莉，黄翼，等. 油田注水结垢影响因素研究[J]. 新乡学院学报（自然科学版），2012，29（2）：123-127.

收稿日期：2021-08-13

第一作者简介：
胡志杰（1981—），女，硕士，工程师，现主要从事油气田水分析及油田化学方面工作。
通信地址：陕西省西安市长庆兴隆园
邮编：710018

Characteristics of scaling and research in scale prevention technology in Zhenyuan oil field

HU ZhiJie, YANG Juan, LI Huan, HAN YaPing, REN ZhiPeng, and DING YaQin

(National Engineering Laboratory for Exploration and Development of Low Permeability Oil & Gas Fields; Exploration and Development Research Institute of PetroChina Changqing Oilfield Company)

Abstract: Zhenyuan oil field is characterized by complex production media, multiple development series of strata, large difference in pipeline transportation media, serious corrosion and scaling on producers and injectors, pipelines and equipment on site. Combined with experiments of compatibility and analysis of scaling products, research on the optimization of scale prevention system in this block is carried out on the basis of quality analysis of the water in serious scaling blocks. It is found through research that multilayer mixed transportation is the main reason which leads to serious scaling in Zhenyuan oil field. The Jurassic scale types are dominated by calcium carbonate. The main scale type in the Triassic is the mixed scale of calcium carbonate and barium sulfate. In different mixed systems composed by the formation water after field treatment, the optimized scale control system has obviously influences on the scale control effect. In the mixed scale system dominated by calcium carbonate, the effect of calcium carbonate scale prevention is better than that of barium sulfate scale prevention. In the mixed scale system dominated by barium sulfate, the effect of barium sulfate scale prevention is better than that of calcium scale prevention.

Key words: scaling characteristics; compatibility; anti-scaling technology

陇东地区长 7 页岩油藏地层水配伍性研究

谢　珍[1]，韩亚萍[1]，刘焕梅[2]，陈　妍[2]，万守博[3]

（1. 中国石油长庆油田分公司勘探开发研究院；2. 中国石油长庆油田分公司第一采油厂；
3. 中国石油集团川庆钻探工程有限公司长庆钻井总公司）

摘　要：陇东地区长 7 页岩油藏采用长水平井体积压裂天然能量开采，产量递减相对较快，面临注水开发补充能量的问题。对于注水开发油田，特别是对非均质性较强的低渗透油田，注入水的配伍性对油田注水开发效果具有较大的影响。在分析陇东地区长 7 页岩油藏注入水、采出水组分的基础上，利用 Scale Chem 结垢预测软件，分析评价了长 7 地层水与注入水、长 7 地层水与三叠系及侏罗系各层系间地层水的配伍性。结果表明：陇东地区长 7 页岩油藏地层水自身具有较强的 $CaCO_3$ 结垢趋势；随着注水时间延长，华池区、城壕区地层水 $CaCO_3$、$BaSO_4$ 结垢量整体呈下降趋势；当与其他各层系地层水混注时，基本都会产生 $CaCO_3$ 垢和 $BaSO_4$ 垢，其中三叠系平均结垢量分别为 250mg/L 和 54mg/L，侏罗系平均结垢量分别为 534mg/L 和 80mg/L。

关键词：配伍性；地层水；结垢；长 7 层页岩油

　　鄂尔多斯盆地岩油资源量丰富、储量规模大，主要分布在陇东、陕北两个地区，其中陇东地区长 7 储层地处甘肃省华池县、庆城县、合水县、宁县境内，面积约 5000km²。主力开发层位长 7 发育一套湖盆鼎盛时期泥页岩层系，具有自生自储、源内聚集的典型非常规油藏特征。盆地页岩油储层填隙物含量较高，陇东地区以伊利石、铁白云石为主，储层物性差，孔隙度主要分布在 6%～11% 之间，平均为 9.2%。

　　长 7 页岩油藏目前开发的主体技术为长水平井体积压裂天然能量开采，随着开采时间的延长，存在能量不足及产量递减相对较快的问题，需要通过注水保持地层压力。对于注水开发油田，特别是对非均质性较强的低渗透油藏来说，油田注入水的配伍性对油田注水开发的效果具有较大的影响。一旦注入水和地层水之间不配伍或者不同注入水之间配伍性较差，将直接影响注水井的吸水能力，导致严重的储层伤害；同时，也会给注水系统带来不同程度的结垢腐蚀[1]，严重影响油田的正常生产和经济效益。利用油田水分析资料，研究长 7 页岩油藏地层水与注入水及各层系采出水在各时期的配伍性，为后期页岩油藏注水开发提供有力的技术支撑，对于注水开发技术方案的确定具有重要的现实意义。

1　长 7 地层水化学组成特征

　　陇东地区长 7 页岩油藏地层水分析数据（表 1）表明：陇东地区长 7 页岩油藏地层水 pH 值平均为 6.6，矿化度分布范围较大（8～83g/L），矿化度普遍较高，主要分布于 30～70g/L 之间，平均为 43g/L。水中成垢离子含量普遍较高，其中成垢阳离子中 Ca^{2+} 含量偏高，平均为 2203mg/L，最高可达 17200mg/L；成垢阴离子中 HCO_3^- 含量偏高，主要分布在 209～680mg/L 之间，平均含量为 413mg/L。水型以 $CaCl_2$ 型为主，部分 $NaHCO_3$ 水型主要集中在合水区。

　　不同开发时期油井地层水分析数据（表 2）表明：开采初期，地层水中离子变化较大，随开采时间的延长，水中成垢离子呈增长趋势，矿化度逐渐增大，部分水型也在转变。CY1 井水型由初期的 $NaHCO_3$ 转化为 $MgCl_2$ 后转变为目前的 $CaCl_2$ 水型，CY2 井水型由初期的 $NaHCO_3$ 转化为 Na_2SO_4 后转变为目前 $NaHCO_3$ 水型。

2　陇东地区长 7 地层水配伍性研究

　　为提高原油采收率，减少用地，节省成本，增强油田的经济效益，油田大多采用多层系复合勘探开发的方式进行开采，多层系复合开采出的原油由于油藏形成年代不同，导致原油及采出水物化性质差异较大，当油藏中的流体从地层流出时，温度、压力、流态和油气水平衡状态发生相应的变化，容易在油藏内部、生产油管表面和输油设备上沉积污垢，结垢严重的情况下会堵塞管线，降低管线的输送能力，减少产油量，同时结垢产物为细菌提供适宜的生长环境，加快油田管道的腐蚀速度，降低使用寿命，严重影响油田的正常生产。

　　油气田污垢的形成是化学和物理过程共同作用的结果，外界环境对其形成影响也较大，调研结果表明：油田污垢类型较多，大约有 120 余种，

表1 陇东地区长7地层水化学组成特征

井/站名	离子浓度/（mg·L⁻¹）								总矿化度/（g·L⁻¹）	水型
	K⁺+Na⁺	Ca²⁺	Mg²⁺	Ba²⁺	Cl⁻	SO₄²⁻	CO₃²⁻	HCO₃⁻		
CY1	7.46×10^3	320	49.0	67.9	1.18×10^4	37.9	13.2	669.0	20.4	CaCl₂
CY2	6.07×10^3	139	22.1	0	9.08×10^3	337.0	52.6	482.0	16.2	NaHCO₃
Y66	2.76×10^4	3.39×10^3	583.0	0	4.99×10^4	242.0	0	261.0	82.0	CaCl₂
Y89	2.21×10^4	4.60×10^3	337.0	338.0	4.34×10^4	0	0	184.0	71.0	CaCl₂
C86	1.17×10^4	1342	264.0	0	2.07×10^4	64.0	687.0	0	34.7	CaCl₂
Z289	2.61×10^4	3490	425.0	1440.0	4.80×10^4	0	0	255.0	79.9	CaCl₂
YP1	2.03×10^4	2.68×10^3	352.0	0	3.66×10^4	239.0	0	517.0	60.7	CaCl₂
岭二联	2.05×10^4	1.38×10^3	266.0	110.0	3.45×10^4	70.8	19.7	528.0	58.0	CaCl₂
HH16-2	1.19×10^4	485	115.0	174.0	1.91×10^4	0	39.5	843.0	32.6	CaCl₂
HH12-4	1.86×10^4	1.07×10^3	202.0	123.0	3.08×10^4	60.9	0	682.0	51.6	CaCl₂
HH1-8	1.75×10^4	1.05×10^3	141.0	355.0	2.92×10^4	0	0	500.0	48.8	CaCl₂
HH2-2	1.73×10^4	1.01×10^3	165.0	404.0	2.89×10^4	0	0	513.0	48.4	CaCl₂
X230-41	2.90×10^4	2.47×10^3	247.0	799.0	5.14×10^4	0	0	36.9	82.6	CaCl₂
X233-58	7.01×10^3	1.72×10^4	92.6	414.0	4.16×10^4	0	0	209.0	66.5	CaCl₂
NH2-4	6.35×10^3	112	17.2	37.0	9.54×10^3	34.6	26.3	789.0	16.9	NaHCO₃
N53站	6.99×10^3	187	51.5	64.8	1.07×10^4	64.2	32.9	930.0	19.0	NaHCO₃
N76	3.7×10^3	5.5	2.7	0	5.26×10^3	130.0	294.0	0	9.4	NaHCO₃
GP20-30	6.62×10^3	127	26.9	43.1	1.00×10^4	0	118.0	629.0	17.6	NaHCO₃
P29	1.81×10^4	5.12×10^3	15.4	1030.0	3.75×10^4	0	0	101.0	61.9	CaCl₂
T27-10	1.36×10^4	1.60×10^3	316.0	0	2.58×10^4	2540.0	0	0	49.0	CaCl₂
环55增	5.95×10^3	535	88.8	0	9.61×10^3	606.0	26.3	495.0	17.3	CaCl₂
B300	1.87×10^3	1.01×10^3	53.7	0	4.44×10^3	282.0	0	101.0	61.9	CaCl₂

表2 不同开发时期油井取样地层水分析数据

井/站名	取样日期	离子浓度/（mg·L⁻¹）									总矿化度/（g·L⁻¹）	水型
		K⁺+Na⁺	Ca²⁺	Mg²⁺	Ba²⁺	Cl⁻	SO₄²⁻	OH⁻	CO₃²⁻	HCO₃⁻		
CY1	2019-10-11	4.80×10^3	185	34.7	0	7.13×10^3	105	0	0	1.06×10^3	13.3	NaHCO₃
	2019-12-18	5.79×10^3	228	65.4	99.0	9.00×10^3	0	0	0	9.83×10^2	16.2	MgCl₂
	2020-04-16	7.83×10^3	367	51.5	108.0	1.25×10^4	0	0	0	7.36×10^2	21.6	CaCl₂
	2020-04-19	7.83×10^3	365	49.0	105.0	1.25×10^4	0	0	0	7.29×10^2	21.6	CaCl₂
	2020-04-22	7.82×10^3	387	42.9	102.0	1.25×10^4	0	0	19.7	7.16×10^2	21.6	CaCl₂
	2020-04-28	7.46×10^3	320	49.0	67.9	1.18×10^4	37.9	0	13.2	6.69×10^2	20.4	CaCl₂
CY2	2019-10-11	3.86×10^3	126	26.3	0	5.58×10^3	32.9	0	0	1.10×10^3	10.7	NaHCO₃
	2019-12-18	3.91×10^3	111	59.1	40.8	5.76×10^3	0	0	0	1.14×10^3	11.1	Na₂SO₄
	2020-04-16	6.10×10^3	135	22.1	0	9.11×10^3	344.0	0	32.9	5.15×10^2	16.3	NaHCO₃
	2020-04-22	6.16×10^3	149	19.6	0	9.27×10^3	270.0	0	39.5	5.15×10^2	16.4	NaHCO₃
	2020-04-28	6.07×10^3	139	22.1	0	9.08×10^3	337.0	0	52.6	4.82×10^2	16.2	NaHCO₃

由于水质条件不一样，不同油田的垢型种类也相差较大，但是普遍存在于油田集输系统中主要有CaCO₃、MgCO₃、CaSO₄、BaSO₄和SrSO₄等垢，且大部分为混合垢，单一型垢样很少见。

利用Scale Chem结垢预测软件[2]，模拟现场实验条件[50℃、101.325kPa（1atm）]，选取典型水样分别研究了陇东地区长7地层水与注入水、三叠系长3、长6、长8地层水及侏罗地层水的配伍性。

2.1 陇东地区长7地层水与注入水配伍性

长7地层水与注入水配伍性预测结果（表3、图1）表明：由于水的热力学不稳定性，岭二联、HH60-5、HH60-8地层水自身具有较强的结

表3 长7地层水与注入水（洛河层）水配伍性预测结果

注入水/地层水	垢型	不同比例下的结垢量（50℃、101.325kPa）/（mg·L⁻¹）										
		0：10	1：9	2：8	3：7	4：6	5：5	6：4	7：3	8：2	9：1	10：0
地表水/悦联站	CaCO₃	2.1	9.4	16.8	24.5	32.2	39.9	47.4	54.4	60.4	64.1	60.6
地表水/岭二联	CaCO₃	161.0	155.0	148.0	142.0	135.0	128.0	120.0	112.0	103.0	89.6	60.6
	BaSO₄	102.0	116.0	111.7	100.1	86.7	72.6	58.3	43.8	29.2	14.6	0
地表水/HH60-5 返排液	CaCO₃	350.0	319.0	288.0	258.0	228.0	198.0	169.0	141.0	113.0	86.5	60.6
	BaSO₄	56.2	79.8	80.8	72.2	62.4	52.2	41.8	31.4	20.9	10.5	0
地表水/HH60-8 返排液	CaCO₃	257.0	237.0	217.0	197.0	177.0	157.0	138.0	119.0	100.0	81.7	60.6
	BaSO₄	34.3	67.1	98.7	119.3	108.7	91.5	73.5	55.2	36.8	18.4	0

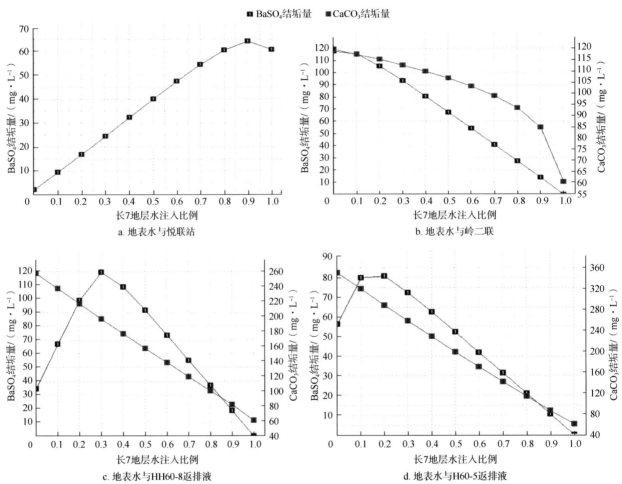

图1 陇东地区长7地层水与注入水配伍性预测结果

CaCO₃垢趋势。长7地层水与注入水混合主要结CaCO₃垢，其中华池区结垢趋势较城壕区高，CaCO₃垢尤为明显，如HH60-5自身结垢量可达350mg/L。随着注水时间的延长，华池区、城壕区地层水CaCO₃、BaSO₄结垢整体呈下降趋势，悦联站地层水CaCO₃结垢随注入量的增加呈上升趋势。

2.2 陇东地区长7地层水与三叠系地层水配伍性

2.2.1 长7地层水与长3地层水配伍性

陇东地区长7地层水与长3地层水配伍性预

测结果（图2）表明：随着温度、压力变化，华池区、城壕区长7采出水自身具有较强的CaCO₃结垢趋势，其中华池区长7地层水CaCO₃结垢量为333mg/L；城壕区地层水自身会产生CaCO₃垢和BaSO₄垢，结垢量分别为220mg/L和148mg/L。

除个别井外（X259），陇东大部分长7地层水与长3地层水相混时均产生CaCO₃垢和BaSO₄垢，随长7地层水注入量的增加，X259、X260-3井CaCO₃结垢量呈下降趋势，而南集站和L252-01则呈上升趋势。

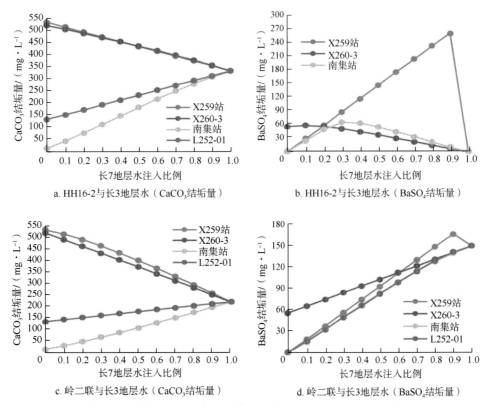

a. HH16-2与长3地层水（CaCO₃结垢量）

b. HH16-2与长3地层水（BaSO₄结垢量）

c. 岭二联与长3地层水（CaCO₃结垢量）

d. 岭二联与长3地层水（BaSO₄结垢量）

图 2　陇东地区长 7 地层水与长 3 地层水配伍性预测结果

2.2.2 长 7 地层水与长 6 地层水配伍性

陇东地区长 7 地层水与长 6 配伍性预测结果（图 3）表明：由于热力学不稳定性，环江区长 7 采出水自身具有较强的 CaCO₃ 结垢趋势，CaCO₃ 结垢量为 207mg/L，合水区平均为 196mg/L。

长 7 地层水与长 6 地层水混合时，环江区只产生 CaCO₃ 垢，合水区 CaCO₃ 垢和 BaSO₄ 垢均有产生。随着长 7 地层水注入量的增加，合水区 CaCO₃ 结垢量呈下降趋势；BaSO₄ 结垢量则呈上升趋势。

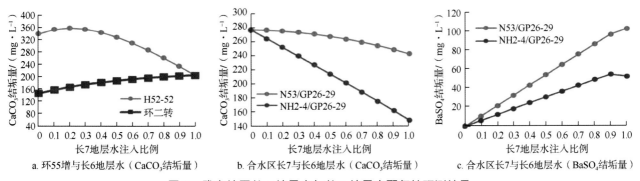

a. 环55增与长6地层水（CaCO₃结垢量）

b. 合水区长7与长6地层水（CaCO₃结垢量）

c. 合水区长7与长6地层水（BaSO₄结垢量）

图 3　陇东地区长 7 地层水与长 6 地层水配伍性预测结果

2.2.3 长 7 地层水与长 8 地层水配伍性

陇东地区长 7 地层水与长 8 配伍性预测结果（图 4）表明：长 8 地层水与长 7 地层水混合产生 CaCO₃垢和少量 BaSO₄垢，华池区 CaCO₃ 结垢范围在 221～357mg/L 之间，合水区在 172～292mg/L 之间。随着长 7 地层水注入量的增加，长 8 地层水中 CaCO₃ 结垢量呈上升趋势，注入量至 80% 时，合水区长 8 地层水中 CaCO₃ 结垢量达到峰值。

2.3 长 7 地层水与侏罗系地层水配伍性

陇东地区长 7 地层水与侏罗系地层水配伍性预测结果（图 5）表明：长 7 地层水与侏罗系地层水混合时均产生 CaCO₃ 垢和 BaSO₄ 垢；随着长 7 地层水注入量的增加，BaSO₄ 垢呈上升趋势；当长 7 地层水注入量小于 60% 时，合水区 CaCO₃ 结垢量无规律可循，与区块地层水化学组分有较大相关性，当长 7 地层水注入量超过 60% 时后，随着长 7 注入量的增加，CaCO₃ 结垢量整体呈下降趋势。

华池区 Y41-1 井地层水成垢离子含量高，与长 7 混合后均产生大量 CaCO₃ 垢，最高可达

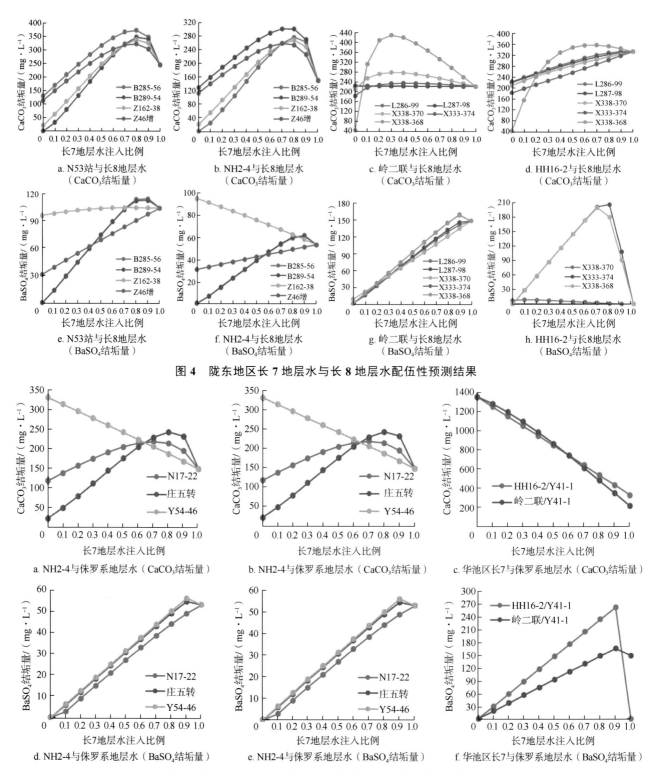

图 4　陇东地区长 7 地层水与长 8 地层水配伍性预测结果

图 5　陇东地区长 7 地层水与侏罗系地层水配伍性预测结果

1356mg/L,随着长 7 地层水注入量的增加,CaCO₃结垢量呈下降趋势,BaSO₄ 结垢量呈上升趋势,长 7 地层水混入至 90%时,达到峰值。

3 结论及建议

（1）陇东地区长 7 页岩油藏地层水矿化度普遍较高,水型以 CaCl₂ 型为主,部分 NaHCO₃ 水型主要集中在合水区,pH 值平均为 6.6。

（2）陇东地区长 7 页岩油藏地层水自身具有较强的 CaCO₃ 结垢趋势。随着注水时间的延长,华池区、城壕区地层水 CaCO₃、BaSO₄ 结垢量整体呈下降趋势,因而注水初期需加强对 CaCO₃ 垢的防治。

（3）当陇东地区长 7 地层水与其他各层系地层水混注时,基本都会产生 CaCO₃ 垢和 BaSO₄ 垢,其中三叠系平均结垢量分别为 250mg/L 和

54mg/L，侏罗系平均结垢量分别为 534mg/L 和 80mg/L，侏罗系结垢量明显高于三叠系。

（4）油田地层水在进行多层系混输前，应对其进行配伍性评价，优化混输方案，确保油田注水顺利进行，有效提高采收率。

参考文献

[1] 朱义吾. 油田开发中结垢机理及其防治技术[M]. 西安：陕西科学技术出版社，1994.

[2] 严忠，刘娜，周新艳，等. Scale Chem 结垢预测软件在油田水配伍性研究中的应用[J]. 油气田地面工程，2016，35（3）：34-37.

收稿日期：2021-08-13

第一作者简介：
谢珍（1973—），女，本科，高级工程师，主要从事油田化学相关工作。
通信地址：陕西省西安市未央区凤城四路
邮编：710018

Research on compatibility of formation water in shale oil reservoirs of Chang7 Member in Longdong area

XIE Zhen[1], HAN YaPing[1], LIU HuanMei[2], CHEN Yan[2], and WAN ShouBo[3]

(1. Exploration and Development Research Institute of PetroChina Changqing Oilfield Company;
2. No. 1 Oil Recovery Plant, PetroChina Changqing Oilfield Company;
3. CCDC Changqing General Drilling Company)

Abstract: In the Chang7 shale oil reservoirs in Longdong (Eastern Gansu) area, developed with long horizontal wells after tridimensional fracturing for SRV, if it is exploited by the original formation energy, its production rate declines rapidly, and it will face the problem of supplementing energy by waterflooding. For the waterflooding oil field, especially for low-permeability oil fields with strong heterogeneity, the compatibility of the injected water has a large influence on the waterflooding effect of the oil field. Taking use of the ScaleChem scaling prediction software, the compatibility of formation water and injected water in Chang7, and of formation water in Chang7 and the formation water among various series of strata of Triassic and Jurassic is evaluated on the basis of the analysis of the components of injected water and produced water of Chang7 shale oil reservoirs in Longdong area. The results show that the formation water of the Chang7 shale oil reservoirs in the Longdong area have strong tendency for $CaCO_3$ scaling. As the time of water injection is prolonged, the scaling of $CaCO_3$ and $BaSO_4$ of the formation water in Huachi and Chenghao areas shows a downward trend as a whole. When it was injected mixedly with the formation water from other series of strata, $CaCO_3$ scale and $BaSO_4$ scale are basically produced. The average scaling amounts of Triassic are 250 mg/L and 54 mg/L, and those of Jurassic are 534 mg/L and 80 mg/L respectively.

Key words: compatibility; formation water; scale forming; Chang7 shale oil

（上接第 118 页）

Research on CO₂ huff and puff technology for ultra-low permeability reservoirs in Huaqing Oilfield

HE JiBo, LI FaWang, ZHU XiZhu, LI LiBiao, WU ChunSheng, and SUN Shuang

(No. 10 Oil Recovery Plant of PetroChina Changqing Oilfield Company)

Abstract: Aiming at the problems of poor physical properties and low individual-well production rate of ultra-low permeability reservoirs in Huaqing Oilfield, numerical simulation methods were used to carry out the analysis of CO_2 huff and puff stimulation mechanism and the optimization of process parameters, and field tests were conducted on the basis of the determined optimal scheme. The research results show that the mechanism of CO_2 huff and puff stimulation in ultra-low permeability reservoirs in Huaqing Oilfield is mainly to supplement formation energy and improve crude oil fluidity. The optimal scheme for the CO_2 huff and puff of the target well Y1-1 is the injection rate of 90 t and the injection rate of 3.5 t/h, the soaking (well shut-in) time is 25 d. After the field test of well Y1-1, the individual-well production rate has increased by 4.4 times. It indicates that the CO_2 huff and puff technology can effectively increase the individual-well production of ultra-low permeability reservoirs and has a good application prospect.

Key words: ultra-low permeability reservoir; CO_2 huff and puff; field test

鄂尔多斯长 7 致密油藏水平井新型举升工艺试验

牛彩云[1]，郑天厚[2]，郑　凯[3]，张　磊[1]

（1. 中国石油长庆油田分公司油气工艺研究院；2. 中国石油长庆油田分公司企管法规部；
3. 中国石油长庆油田分公司第二采油厂）

摘　要：近几年，鄂尔多斯盆地长 7 致密油得到了大规模开采，水平井是主要开采方式，生产现状表现为初期产量高，递减快，产量变化范围大。大多数致密油藏水平井从前期排液到后期稳定生产，需不断调整泵径以适应产量变化要求。为了探索致密油藏水平井全生命周期新型举升工艺，以及排采一体化生产运行模式，在长 7 致密油水平井大平台开展了 7 口 Flex ER 宽幅电潜泵无杆采油试验。试验表明：鄂尔多斯长 7 致密油藏丛式井、水平井应用无杆采油技术，井筒彻底消除了杆管偏磨，井口占地面积较少，智能化控制程度较高，同时，宽幅电潜泵与传统的电潜泵相比，在低液量范围段具有更广的适应性，可满足 10 ~ 150m³/d 大范围产量变化要求，实现了排采一体化。但试验中也频繁出现堵转停机、过载停机、高温停机等故障，结合 4 口宽幅电潜泵机组拆检结果，从结蜡、结垢、井下异物、气体段塞等角度分析了故障原因。

关键词：宽幅电潜泵；致密油；水平井；应用分析

近年来，致密油勘探开发极为活跃，作为一种重要的能源供给形式，世界大部分国家和地区均已发现了致密油资源[1-2]。北美在致密油勘探开发方面获得巨大成功[3]，根据美国能源信息署（EIA）2019 年 2 月资料，美国致密油产量近 80% 产自巴肯（Bakken）、鹰滩（Eagle Ford）、沃尔夫坎普（Wolfcamp）这三大区[4]。目前在美国陆地上，大多数致密油开采油井使用两种不同的人工举升系统生产，井周期初始阶段 40% 左右的使用气举，36% 的使用电潜泵（ESP），13% 的使用杆式泵举升，7% 的柱塞举升和 4% 的射流泵[5-6]，后期根据油井生产情况调整其他举升方式。我国致密油近几年也得到长足发展，主要在鄂尔多斯、准噶尔和松辽等六大盆地[7]，其中以鄂尔多斯长 7 为代表的致密油近几年得到大规模开采[8]，开发方式采用天然能量、水平井+体积压裂方式[9]。资料表明：致密油田完井压裂后的产量在第一年内就下降了 40% 至 80% 以上[10]，全生命周期生产曲线特征为"L"形，表现为初期产量高，递减快，后期产量低，产量变化范围大。大多数致密油藏水平井从前期排液到后期稳定生产，需不断调整泵径以适应产量变化要求。因此，有必要探索一种新型举升工艺，以适应致密油藏水平井全生命

周期产量变化需求。

1　新型举升工艺管柱设计及工艺原理

1.1　管柱结构设计

鄂尔多斯三叠系长 7 致密油藏按"长水平井体积压裂、大井丛工厂化作业"的思路进行开发。目前投产水平井近 200 口，举升方式以有杆泵抽油机举升为主，油井开发初期生产气油比 100m³/t 以上，井筒具有结蜡、结垢以及偏磨现象。

结合已投产井生产现状，为解决大井组水平井油杆管偏磨，减少抽油机生产对大井丛工厂化作业的影响，举升工艺选用无杆采油方式。考虑长 7 致密油水平井大规模体积压裂时入井液量大（一般为 2.5×10^4 ~ $3.2 \times 10^4 m^3$），压后需快速排液以减少压裂液对储层的伤害，初期产量控制在 100 ~ 150m³/d，见油后控流压生产，3 个月后产液量递减至 10 ~ 30m³/d。从初期排液到后期稳定生产，产量变化范围大，为满足全生命周期生产需要，泵选择了 Baker Hugher 公司的 Flex ER 宽幅离心泵，排量范围为 10 ~ 150m³/d，正常生产时可以根据运行频率控制产量；同时考虑长 7 储层溶解气油比较高（100m³/t），管柱设计涡轮式气液分离器。采用 $\phi 73.025mm$（$2^7/8in$）油管依次

基金项目：中国石油天然气股份有限公司重大科技专项"长庆油田 5000 万吨持续高效稳产关键技术研究与应用"（编号：2016E0510）。

将电动机、保护器、气液分离器、宽幅离心泵下入井筒，地面电源通过专用电缆线连接潜油电机，带动离心泵旋转，将井筒中原油举升至地面。结构示意图见图 1。

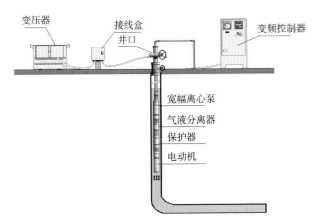

图 1 宽幅电潜泵生产管柱结构示意图

1.2 宽幅电潜泵工艺原理

宽幅电潜泵工艺原理与普通离心泵相同，工作时电机带动泵轴上的叶轮高速旋转时，叶轮内液体的每一质点受离心力的作用，从叶轮中心沿叶片间的流通甩向叶轮四周，压力和速度同时增加，经过导轮流道被引向上一级叶轮，这样逐级流经所有的叶轮和导轮，使液体压能逐次增加，最后获得一定的扬程，将井液输送到地面。

2 关键工具介绍

2.1 宽幅离心泵

宽幅离心泵结构由多级叶轮和导轮组成，分多节串联的离心泵，转动部分主要有轴、键、叶轮、垫片、轴套等，固定部分主要由壳体、泵头（即上部接头）、泵座（即下部接头）、导轮和扶正轴承等[11]。相邻两节泵的泵壳用法兰连接，轴用花键套连接。结构见图 2。

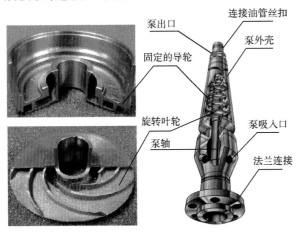

图 2 宽幅离心泵结构

选型必须与油井生产能力匹配。考虑套管尺寸、油管尺寸、举升扬程、油压、套压、油管摩阻、产液量、离心泵特性曲线等因素。设计长 7 致密油水平井使用的离心泵总级数为 233 级，其中上泵 89 级，下泵 134 级，外径均为 φ101mm。

2.2 涡轮式气液分离器

由旋转轴、螺旋型大角度增压叶轮、导向叶片等组成（图 3）。通过增压叶轮给流体施加离心力，使得比重更大的流体被甩到外侧，而气体则顺着腔室的中间部分上升，在顶部通过交叉流道，液体通过内部流道进入泵，气体被排出到环空内。

图 3 旋转式气液分离器

3 现场应用及故障原因分析

3.1 宽幅电潜泵现场应用情况

在鄂尔多斯长 7 层致密油藏进行宽幅电潜泵无杆采油技术试验。所选丛式井组总井数为 10 口，其中 7 口井采用宽幅电潜泵，均为新投产井。2019 年 6 月投入试验，生产初期采用频率控制模式，投产后流压一直处于波浪线波动运行（图 4 泵入口压力线③）。连续运行 1 个月后，频繁出现卡泵停机（图 4，②电流线为零时表示停机）。生产中后期，所有井调整为流压控制模式，虽然减少了停机次数，但仍然无法避免堵转停机。至 2020 年 2 月，所有试验井因为停井而全部起出，连续运行时间最高为 220d。试验井生产数据见表 1，泵运行数据见表 2。

从现场应用来看，宽幅电潜泵相比传统的电潜泵，在低液量范围段具有更广的适应性。从前期排液到后期稳定生产，满足了 10～150m³/d 产量变化要求，实现了排采一体化。同时，宽幅电潜泵能适时反映电动机温度、运行频率、运行电流、泵出口压力等关键参数，有利于及时掌握井下工况和油井生产情况，智能化控制程度较高。

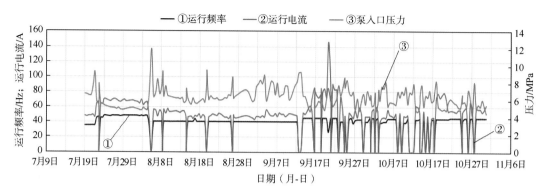

图 4 H2 生产运行曲线（7 月至 10 月停井 20 多次）

表 1 宽幅电潜泵生产情况

井号	宽幅泵运行参数				12 月生产情况			
	井底温度/℃	电动机温度/℃	泵口压力/MPa	输出频率/HZ	日产液量/m³	动液面/m	泵挂/m	累计产液量/m³
H1	57.5	75.4	4.82	45	26.2	621	1519	4059
H2	56.5	53.5	4.13	45	23.5	537	1452	6155
H3	58.1	67.5	3.58	45	26.1	653	1443	4037
H4	56.0	72.1	3.44	45	21.5	417	1421	4425
H5	54.7	84.5	4.55	44	23.6	834	1491	3165
H8	56.3	78.7	4.34	45	24.3	582	1393	4861
H12	53.9	56.8	3.11	44	23.7	818	1405	6046

表 2 宽幅电潜泵运行情况

井号	安装开始日期	安装结束日期	投产日期	停井等待时间/d	运行寿命/d
H1	2019-07-30	2019-08-04	2019-08-18	14	97
H2	2019-06-27	2019-06-30	2019-07-01	0	178
H3	2019-07-26	2019-07-28	2019-08-20	23	140
H4	2019-08-30	2019-09-04	2019-09-10	5	114
H5	2019-09-16	2019-09-17	2019-09-24	7	85
H8	2019-08-08	2019-08-13	2019-09-03	21	131
H12	2019-06-25	2019-06-30	2019-07-02	2	220

注：停井等待时间是指丛式井大井组相邻两口井，由于邻井作业而本井无法立即投产产生的等待时间。

3.2 宽幅电潜泵故障原因分析

宽幅电潜泵在生产上采用闭环控制模式，无论前期的频率控制模式或者后期的流压控制模式，都设定相应的阈值。触发阈值，停井或者报警。生产井出现电动机堵转停机、过载停机、高温停机等故障背后的机理一致，均是因为轴负载加剧导致，只是触发关停及报警的逻辑不同而已。频繁停机后，改接大功率启动器，井口配合洗井车反洗清洁井筒，正反转解卡成功。但是运行寿命均不长，最终无法运转而起泵。为分析泵故障原因，拆检了 4 口电潜泵机组。

3.2.1 结蜡影响

宽幅电潜泵泵挂设计为 1400～1500m，传感器检测电动机入口处井液温度为 57℃左右，长 7 地层温度为 58.9℃。地质资料显示，原油胶质+沥青质含量为 13%，蜡含量为 26%，属于高含蜡原油，析蜡温度在 21.5～23.5℃之间，有较强的结蜡趋势。同层系长 7 有杆泵抽油机修井记录表明，油井有结蜡现象，一般结蜡井段在井口以下 600m。按地温梯度 3℃/100m 分析计算，宽幅电潜泵生产井结蜡井段在井口附近，正常热洗就可有效防蜡。后期起油管及拆检泵证明，油井结蜡对电潜泵的生产影响不大，不会发生卡泵。

3.2.2 结垢影响

拆检发现泵头和顶部轴承支架内可见垢覆盖（图 5），泵内及叶轮导轮被垢附着，结垢厚度约为 0.5～2.0mm。H2、H5 井拆检发现泵轴卡死，且上下双节离心泵叶轮、导轮黏合紧密，无法轻易将叶轮和导轮分离，也无法轻易从泵轴上取下。强拆发现二者均磨损严重（图 6），分析认为，当大

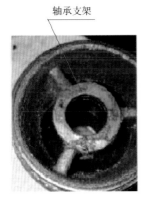
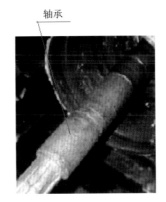

图 5　轴承支架及轴端的结垢

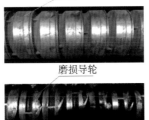

图 6　导轮/叶轮磨损形貌（新旧对比）

量垢沉积在叶轮和导轮之间较小的间隙处形成时，使得叶轮和导壳粘连在一起，无法进行上下浮动，摩阻增大，致使驱动叶轮的扭矩不断增大，最终导致电动机无法转动叶轮，造成卡泵。这一迹象表明长 7 致密油藏水平井井筒结垢严重，新井 H3 和 H8 井（表 2）完井后由于井场邻井压裂作业无法立即投产，待 20 多天后首次开井出现启泵困难，推测泵内有可能结垢，也从侧面说明结垢速度较快。

3.2.3　外来异物影响

长 7 致密油藏水平井大规模压裂后，井筒存在压裂砂、压裂液、可溶桥塞残余物，即便投产前进行井筒处理，也难以彻底清理干净。H2 井拆检发现上泵顶部有少量金属异物，最大尺寸为 32.18mm（图 7），说明在机组运行过程中有异物进入。电潜泵是通过叶轮高速旋转（2000～3500r/min）产生离心力对流体进行举升的机采设备，任何非流体的异物进入泵内都会对泵运行造成影响，造成泵负载加大，发生卡泵等现象。

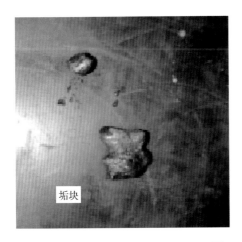
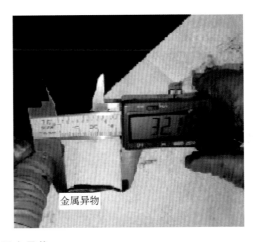

图 7　泵内异物

3.2.4　气体影响

致密油水平井开发初期，气油比为 100m³/t 以上，当井底流压小于饱和压力时，释放出大量游离气体[12]，在井下容易形成气体段塞。监测宽幅电潜泵生产发现，吸入口压力成周期性波动，当压力达到峰值时，泵口流体和电动机温度也达到峰值，电流降到最低（图 8）。

分析表明，当吸入口压力为 4.56MPa（650psi）时，折算地层流压约为 8.5MPa，已经降至饱和压力 9.09MPa 以下，说明近井带地层发生脱气。当气体段塞进入泵内，不断聚集使泵内压力升高，达到一定峰值（图 8 中 A_1、A_2）后气体排出，压力下降。同时，电流曲线表明，当压力上升至峰值（图 8 中 B_1、B_2）时，电流最低，说明泵内流经液体少，负载小，这一现象也说明泵内存在气体段塞。当发生气体段塞时，流经电动机及泵内液体少，导致叶轮和导壳发生干磨，冷却效果下降，电动机和泵内液体温度升高，严重时触发高温保护停机。因此，针对气油比较高的致密油生产区，应用宽幅电潜泵，单一气液分离器不能有效防止气体影响，应加大气体治理力度，采用组合式防气工具。

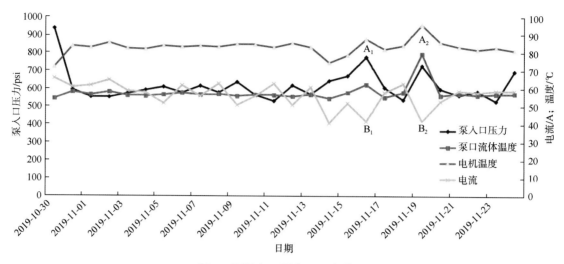

图 8　泵吸入口压力及温度曲线

4　结论及认识

（1）鄂尔多斯长 7 致密油藏丛式井、水平井应用无杆采油技术，井筒彻底消除了杆管偏磨，井口占地面积较少，有利于工厂化作业；电动机温度、运行频率、运行电流、泵出口压力等关键参数能够及时上传，有利于及时掌握井下工况和油井生产情况，智能化控制程度较高。

（2）宽幅电潜泵相比传统的电潜泵，在低液量范围段具有更广的适应性。现场试验表明，从前期快速排液到后期稳定生产，可满足产量大范围变化要求，实现了致密油藏水平井排采一体化生产。

（3）对于井筒结垢严重或气油比较高的致密油储层，应用宽幅电潜泵易发生卡泵或气体段塞，导致叶轮与导轮干磨，引发电动机堵转停机或高温停机。

参考文献

[1] 张海龙. 中国新能源发展研究[D]. 吉林：吉林大学，2014.

[2] 郭克强. 我国非常规油气产业波及效应研究[D]. 北京：中国石油大学（北京），2017.

[3] 张君峰，毕海滨，许浩，等. 国外致密油勘探开发新进展及借鉴意义[J]. 石油学报，2015，36（2）：127-137.

[4] Baker Huges. North America rig count[EB/OL]. （2019-02-20）[2020-12-20]. http：//phx. corporateir. net/phoenix. zhtml?c=79687&p=irol-reportsother.

[5] Wilson M S. Artificial-lift selection strategy to maximize value of unconventional oil and gas assets[C]. SPE 181233，2016.

[6] Lea J F，Nickens H V. Selection of Artificial Lift[C]. SPE 52157，Amoco EPTG/RPM.

[7] 丁锋. 我国油气资源勘探开发战略研究[D]. 北京：中国地质大学（北京），2007.

[8] 李忠兴，李健，屈雪峰，等. 鄂尔多斯盆地长 7 致密油开发试验及认识[J]. 天然气地球科学，2015，26（10）：1932-1940.

[9] 李宪文，樊凤玲，杨华，等. 鄂尔多斯盆地低压致密油藏不同开发方式下的水平井体积压裂实践[J]. 钻采工艺，2016，39（3）：34-36.

[10] 樊建明，杨子清，李卫兵，等. 鄂尔多斯盆地长 7 致密油水平井体积压裂开发效果评价及认识[J]. 中国石油大学学报(自然科学版)，2015，39（4）：103-110.

[11] 万仁溥，罗英俊，等. 采油技术手册：第四分册[M]. 北京：石油工业出版，2008.

[12] 牛彩云，张宏福，郭虹，等. 浅谈高气油比机采井正常生产时的合理套压[J]. 石油矿场机械，2010，39（8）：94-97.

（英文摘要下转第 139 页）

收稿日期：2021-01-04

第一作者简介：
牛彩云（1970—），女，本科，高级工程师，现主要从事采油工艺及工具研究工作。
通信地址：陕西省西安市未央区明光路
邮编：710018

安 83 区页岩油定向井体积压裂改造技术优化研究与应用

李凯凯，杨凯澜，安　然，贺红云，韦　文，张　通

（中国石油长庆油田分公司第六采油厂）

摘　要： 随着勘探开发技术发展，页岩油勘探不断取得重大突破，可采资源量连创新高，页岩油有望成为中国未来重要的战略性接替资源。长庆油田安 83 区长 7 页岩油储量大、规模广、分布稳定，地质储量达 $2.2×10^8$t，目前动用地质储量 $7120×10^4$t。但由于储层物性差、非均质性强、天然裂缝发育、自然能量低，常规改造后开发效果不理想，递减快，生产满半年单井日产能即低于 1.0t。从初期试验，到后期不断优化探索，同时借鉴国内外页岩油开发经验，逐步形成了一套安 83 区页岩油定向井重复改造技术体系。主体采用注水补能+大规模多级暂堵体积压裂技术，有效提高了单井产能，实现了页岩油经济规模开发，保障了原油稳产，同时为后期页岩油高效开发提供了技术支撑。

关键词： 页岩油；定向井；蓄能体积压裂；经济开发

安 83 区沉积环境主要为湖泊—三角洲前缘相[1]，页岩油自生自储、分布稳定、储量大，主力含油层系为三叠系延长组长 7_2 亚油组，油层厚 14.8m（油层 9.8m，差油层 5.0m），连片性好，控制含油面积 480km²，地质储量为 $2.2×10^8$t。储层孔隙度平均为 8.9%，渗透率平均为 0.17mD，属低孔—特低孔、致密储层，层间非均质性强。该区域油藏平均埋深为 2223m，原始地层压力为 16.9MPa，储层压力系数为 $0.75～0.85$MPa/100m，自然能量严重不足。野外露头、取心观察等资料表明，地层天然微裂缝发育，方位约为北东 75°。储层岩石类型以岩屑长石砂岩为主，其中主力层位长 7_2 石英含量为 26.1%，长石含量为 42.4%，岩屑含量为 15.9%，其他成分占 1.9%，脆性成分比例较高，在储层压裂时，易形成复杂缝网。根据岩心润湿性分析（表 1），储层总体上表现为弱亲水—亲水特征，有利于进行油水渗吸置换。

表 1　安 83 区长 7 段岩心样品润湿性试验分析结果

井号	层位	井深/m	岩性描述	润湿指数		相对润湿指数	润湿类型
				油润湿指数	水润湿指数		
A75	长 7_2	2315.65	棕色油浸细砂岩	0	0.23	0.23	弱亲水
H191	长 7_2	2192.67	棕色油浸细砂岩	0.26	0.34	0.08	中性
Y182	长 7_2	2239.00	棕色油浸细砂岩	0	0.41	0.41	亲水
Y70	长 7_2	2303.00	褐色油浸细砂岩	0.17	0.36	0.19	弱亲水
平均		2262.58		0.11	0.34	0.23	弱亲水—亲水

页岩油物性较差，针对如何高效开发页岩油国内外进行了大量的探索试验[2-3]。安 83 区自 2010 年起共投入了 5 套定向井开发井网，初期采用常规压裂改造，单井产量低。由于天然裂缝和人工裂缝相互交错，形成了复杂的缝网系统，注水开发不见效，见效即见水，且呈现多方向见水特征，5 套井网水驱效果均较差。投产满 6 个月，单井日产油由 1.7t 降至 1.0t 以下，整个注水开发期，单井产能维持在 0.5t/d。后期注水井实施大规模体积压裂转采，常规改造油井进行连片体积压裂提单产，全区定向井单井产能提高至 1.2t/d，且维持单井产能在 1t/d 以上 1 年时间，效果较好。

1　历年措施情况及认识

1.1　前期实施工作量及效果

近年来，积极探索安 83 区页岩油开发稳产模式，不断完善页岩油开发技术体系，2012—2018 年在定向井区共实施各类油水井措施 379 井次，除体积压裂外，先后试验了常规压裂、快速

吞吐、常规注水吞吐、二氧化碳吞吐等工艺，但效果大都不理想，最终基本确定了以大规模体积压裂[4-6]为主的储层改造方式。

1.2 体积压裂

2012—2018 年共实施油井体积压裂 280 口，体积压裂井初期日产油 3.6t（常规压裂井初期日产油 1.5t），生产满 1 年日产油仍保持在 1t 以上，较常规压裂井大幅提高，阶段累计产油量是常规压裂油井的 2 倍以上，增油效果显著（图 1）。

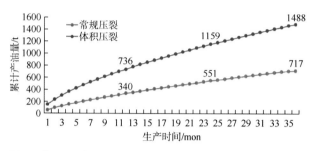

图 1 安 83 区定向井常规压裂与体积压裂累计产油量对比

1.3 主要认识

1.3.1 体积压裂能有效解放致密储层

体积压裂后，裂缝长、宽、高增加，流动半径增大，有效增大了泄油体积，提高了储层动用程度。通过 A239-24 井两次压裂井下微地震监测对比，体积压裂后储层改造体积（SRV）较常规压裂提高 4.7 倍，同时在体积压裂过程中两次加入暂堵剂，使人工缝网更加复杂，缝长增加 1.2 倍，缝宽增加 2.3 倍，尽最大可能动用原裂缝侧向剩余油。

1.3.2 体积压裂能提高局部地层压力

通过增大入地液量、压裂后不返排焖井扩压等"非注水方式"，补充地层能量。对比压裂前后动态检测数据，体积压裂后本井及邻井地层压力大幅上升，局部地层压力由 7.75MPa 上升至 14.23MPa，保持水平上升 47.1%（表 2），有利于延长油井稳产期。

表 2 安 83 区体积压裂井对应邻井压力监测数据表

体积压裂井	压裂时间	对应邻井	邻井方位	测压时间	试验前		试验后		对比变化	
					地层压力/MPa	保持水平/%	地层压力/MPa	保持水平/%	地层压力/MPa	保持水平/%
A229-46	2014-07-20	A230-45	北东 165°	2014-07-10 至 2014-07-26	5.43	32.1	14.93	88.3	9.50	56.2
A231-43	2015-06-16	A230-43	北东 115°	2015-05-22 至 2015-07-21	6.41	37.9	14.29	84.6	7.88	46.6
A231-44	2015-06-11	A232-45	北东 75°	2015-05-20 至 2015-07-14	7.75	45.9	14.23	84.2	6.48	38.3
平均					6.53	38.6	14.48	85.7	7.95	47.1

1.3.3 体积压裂能重构渗流场

通过体积压裂，储层内部形成了复杂的缝网系统，储层渗透率得到大幅提高。体积压裂前后的测压结果显示，渗流规律由初始的径向流动变为双线性流，裂缝特征更加明显，出现了裂缝与基质之间的窜流现象。同时由于储层岩石的亲水作用，油水渗吸置换速度加快，也促进了含水大幅下降，注水开发时见水油井体积压裂后综合含水下降 38%。

1.3.4 压前补能+提高改造强度是提高页岩油稳产能力的关键

2019 年分两批进行试验探索，在常规改造基础上加大措施规模，大幅增加入地液量（平均单井入地液量由 600m³ 提高至 1500m³）。同期对比表明，加大改造规模后单井日产液保持平稳、液面相对稳定，稳产效果较好，生产满 10 个月，单井日增油提高 0.4t，单井累计增油提高 59t。

1.3.5 体积压裂有较好的经济效益

按单井措施费用 60 万元、吨油操作成本 637 元计算，考虑前期实施井递减规律，油价超过 30 美元/bbl 时，基本半年内即可实现盈利（图 2）。2014—2015 年体积压裂转采井已平均生产 1402 天，平均单井累计产油 1283t，目前单井产能为 0.54t/d，当年生产 6 个月即实现效益增油。体积

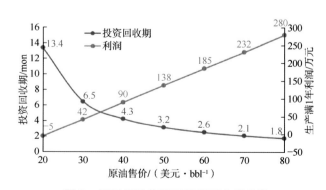

图 2 不同原油售价下投资回收期曲线

压裂措施虽然规模大、措施费用高，但增油效果有保障，在原油售价超过 40 美元/bbl 时，能够较早实现盈利，获得较高的经济效益。

2 体积压裂工艺参数优化

经过近几年的试验开发，通过对支撑剂、暂堵剂、排量、入地液量、施工工艺、焖井时间等进行优化，体积压裂技术已经成熟，形成了一套经济高效的、适用于安 83 区页岩油定向井体积压裂的技术体系。

2.1 支撑剂类型优化

室内评价实验证明，在达到一定铺置浓度下，石英砂可以满足安 83 区页岩油（闭合应力为 30MPa）对裂缝导流能力的需求。

通过体积压裂井效果对比（支撑剂量为 70 ~ 80m³），加陶粒井早期效果比石英砂好，但拉齐生产满 1 年，单井日产油相当（图 3），加陶粒单井累计增油 570t，加石英砂单井累计增油 535t，整体效果相近。但加石英砂单井费用降低 25 万

元，整体上石英砂支撑剂能达到预期效果，同时费用较低，目前已全面替代陶粒。

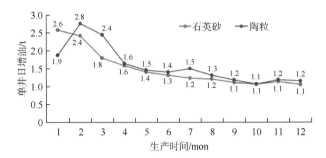

图 3　2014—2015 年体积压裂转采井不同支撑剂日增油对比曲线

2.2 支撑剂数量优化

入地液量一定的条件下，加大支撑剂数量，产量提升显著。以 2019 年措施井为例，当年生产天数相近，加大支撑剂数量提高了油井稳产水平，生产满 300 天，单井日增油提高 0.45t，累计增油提高 100t（图 4）。

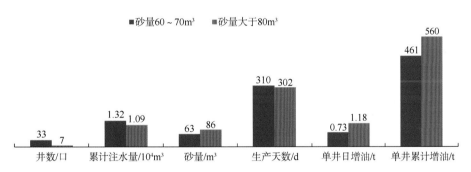

图 4　2019 年不同支撑剂数量措施井效果对比
（入地液量为 1500m³）

加大支撑剂数量有助于支撑更多裂缝开启，保持渗流通道，提高稳产水平。当储层泥质含量相对较高（大于 15%）或脆性指数较大时，应适当提高支撑剂的加入规模，保持改造体积内的渗流能力，结合安 83 区地质情况，单井支撑剂数量优化为 70 ~ 120m³。

2.3 入地液量优化

压裂时入地液量越大，改造规模也越大，与措施增油效果呈正相关性。对比两批不同入地液量的油井发现，单井入地液量为 1500m³ 的井措施效果较好（图 5），生产满 16 个月，比入地液量为 600m³ 的井日增油提高 0.35t，累计增油提高 150t，稳产水平大幅提高，经济效益显著提升。综合考虑，单井入地液量优化为 1500m³。

2.4 施工排量优化

排量越大，形成缝网越复杂，生产满 1 年后

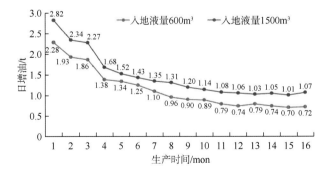

图 5　不同入地液量与单井增油对比曲线

日产油和累计增油越高。统计数据发现，施工排量由 6m³/min 提高到 8m³/min，生产满 1 年，日产油提高 0.36t，累计增油提高 69t，效果较好。根据油井管柱抗压等情况，施工排量优化为 8m³/min。

2.5 压裂工艺组合优化

体积压裂过程中加入暂堵剂能大大提高储层

改造体积，相同排量下，加入二级及以上暂堵剂，当年单井累计增油提高 172t，有效期内单井日增油提高 0.57t（图 6）。多级暂堵体积压裂能使缝网更加复杂，增产效果显著提高，单级暂堵剂不少于 300kg。

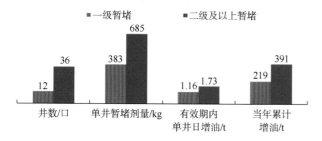

图 6　不同暂堵级数下生产效果对比
（排量为 6.0m³/min）

2.6 泵注程序及液体类型优化

排量过大时，暂堵剂在原裂缝中聚集困难，难以起到有效封堵作用，不易形成新缝，因此加入暂堵剂时，在保证封隔器坐封条件下应尽量降低施工排量。在暂堵剂起到封堵作用后，再提高排量，使裂缝强制转向，确保形成复杂缝网。同时前置液用活性水代替瓜尔胶基液或滑溜水，措施效果保持平稳，但单井费用降低 5.6 万元，进一步降本增效。

2.7 焖井时间优化

页岩油储层具有低孔、渗流能力差的特征，同时属于弱亲水—亲水储层，大规模体积压裂在补充地层能量、油水渗吸置换两方面均能发挥作用。理论上焖井时间越长，压裂液向基质渗流越充分，实现基质内油水充分置换，开抽后排液期越短。在综合考虑生产时率及排液时间等因素，同时结合 2019 年实施的 49 口体积压裂井情况，根据不同入地液量和井口压力合理优化焖井时间，入地液量小于 800m³ 时，焖井时间一般为 15～20 天；入地液量为 1500～1800m³ 时，焖井时间需延长至 20 天以上（图 7）。

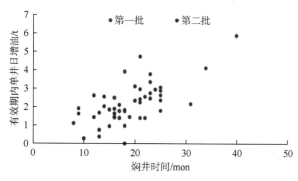

图 7　49 口体积压裂井焖井时间与排液时间散点图

3 下一步规划建议

3.1 实施连片蓄能压裂

安 83 区定向井已基本完成一轮体积压裂，随着地层能量持续下降，单井日产油逐渐降低，目前采出程度仅 5.08%，剩余油丰富，如何再次提高单井产能，是一个重要的研究课题。二次体积压裂需要开启新裂缝，才能达到预期效果，理论上需要更大规模的改造强度，在填充老缝的基础上，形成新的改造区域，但存在费用高、效益难保障等问题。实践证明，蓄能体积压裂可通过提高地层压力，用相对较小的压裂规模形成较大的有效改造体积，达到提质增效的目的。

2019 年优选 1 口油井安 234-35 井进行二次体积压裂，在实施体积压裂前，先进行转注，累计注水 1.6×10⁴m³ 后实施二次体积压裂，两次措施参数基本相当，但第二次体积压裂前提前注水补能，措施后生产情况优于第一次体积压裂改造效果，目前已生产 493d，单井日增油 1.7t，累计增油 814t，实现了经济效益开发。

下一步可以优选一个相对封闭的小区域，实施连片注水补能，提高地层能量后再实施二次体积压裂，实现低产井连片治理。

3.2 空气泡沫驱试验

二次体积压裂费用较高，在低油价下，蓄能压裂大规模推广存在一定难度。2013 年在安 83 区安 231-45 井组试验空气泡沫驱，累计注入泡沫 3631m³、空气 7824m³，整体单井产能由 0.55t/d 升至 0.88t/d，相对于其他井组单井产能提高 0.39t/d，有明显提高，对应 5 口油井均不同程度见效，井组高含水得到控制，平均含水率由 61.8%降至 21.5%，平均有效期为 298 天，井组累计增油 659t。安 83 区目前人工缝网非常发育，剩余油丰富，空气泡沫驱能够较好地封堵大裂缝、微裂缝，使注入水转向驱替未破碎的储层基质，通过洗油、驱替作用，将剩余油剥离驱出，进而提高油井产能。下一步计划在该区继续试验空气泡沫驱。

参考文献

[1] 姚泾利，赵彦德，邓秀芹，等.鄂尔多斯盆地延长组致密油成藏控制因素[J].吉林大学学报，2015，53（4）：983-992.

[2] 李忠兴，屈雪峰，刘万涛，等.鄂尔多斯盆地长 7 段致密油合理开发方式探讨[J].石油勘探与开发，2015，42（2）：217-221.

[3] 林森虎，邹才能，袁选俊，等.美国致密油开发现状及启示

安 83 区页岩油定向井体积压裂改造技术优化研究与应用——李凯凯等

[J]. 岩性油气藏，2011，23（4）：25-30.

[4] 李宪文，张矿生，樊凤玲，等. 鄂尔多斯盆地低压致密油层
体积压裂探索研究及试验[J]. 石油天然气学报，2013，35
（3）：142-146.

[5] 王晓东，赵振锋，李向平，等. 鄂尔多斯盆地致密油层混合
水压裂试验[J]. 石油钻采工艺，2012，34（5）：80-83.

[6] 王文东，赵广渊，苏玉亮，等. 致密油藏体积压裂技术应用
[J]. 新疆石油地质，2013，34（3）：345-348.

收稿日期：2020-11-02

第一作者简介：
李凯凯（1987—），男，硕士，工程师，主要从事低渗透油藏开发、
压裂酸化等增产增注工艺研究与应用工作。
通信地址：陕西省西安市高陵县崇皇乡长庆产业园
邮编：710200

Research in optimization of technology of tridimensional fracturing in directional wells of shale oil reservoirs in Well An-83 area

LI KaiKai, YANG KaiLan, AN Ran, HE HongYun, WEI Wen, and ZHANG Tong

(No.6 Oil Recovery Plant of PetroChina Changqing Oilfield Company)

Abstract: With the development of exploration and development technology, major breakthroughs have been continuously made in shale oil exploration, and the amount of recoverable resources has reached new highs. Shale oil is expected to become an important strategic alternative resource for China in the future. There are large shale-oil reserves, wide scale and stable distribution in the Chang7 Member in An-83 area of No.6 Oil Recovery Plant of PetroChina Changqing Oilfield Company. The geological reserves reach 220 million tons, and the currently producing geological reserves are 71.2 million tons. However, due to poor reservoir physical properties, strong heterogeneity, natural fissures developed, and low natural energy, the development effect after conventional stimulation is not ideal, and the production declines rapidly. After half a year of production, the individual well productivity was less than 1.0 t/d. Through the initial tests and the continuous optimization and exploration in the later stage, a set of repeated stimulation technology system in the directional wells shale oil in the An-83 area has been gradually formed in the No.6 Oil Recovery Plant by drawing on the experience of shale oil development at home and abroad. The mainstay of the technology system adopts the technology of supplementing energy by water injection + large-scale multi-stage temporary-plugging tridimensional fracturing for SRV, which effectively improves the individual well productivity, and realizes the economic large-scale development of shale oil. It guarantees the stable crude production rate, and provides technical support for the efficient development of shale oil in the later period.

Key words: shale oil; directional well; energy-storage tridimensional fracturing for SRV; economic development

◇·

（上接第 134 页）

Test of new lifting process of horizontal wells in Chang7 tight oil reservoirs of Ordos basin

NIU CaiYun[1], ZHENG TianHou[2], ZHENG Kai[3], and ZHANG Lei[1]

(1. Petroleum Technology Research Institute of PetroChina Changqing Oilfield Company;
2. Business Administration and Regulations Department of PetroChina Changqing Oilfield Company;
3. No. 2 Oil Recovery Plant of PetroChina Changqing Oilfield Company)

Abstract: In recent years, Chang7 tight oil in Ordos Basin has been exploited on a large scale, and horizontal wells are its main exploitation method. The current production situation shows that the initial output is high, but the decline is fast and the output changes widely. Most tight oil horizontal wells need to constantly adjust the pump diameter to meet the requirements of production change from early drainage to stable production in the later stage. In order to explore the new lift technology in the whole life cycle of tight oil horizontal wells and explore a production operation mode of integration of water-drainage and oil-recovery, the rodless oil recovery test in 7 wells with Flex ER wide-amplitude electric submersible pumps was carried out on the large platform of Chang7 tight oil horizontal wells. The test shows that the cluster horizontal wells of Chang7 tight oil in Ordos basin adopts rodless oil recovery technology. The wellbore completely eliminates the eccentric wear of the rod and pipe. The wellhead covers less area, with high degree of intelligent control. At the same time, compared with the traditional electric submersible pump, the wide-amplitude electric submersible pump has wider adaptability in the low liquid volume range, and can meet the requirements of large-scale production change of 10-150 m³/d. The integration of drainage and production is realized. However, failures such as shutdown due to locked rotor, overload or high temperature occur frequently in the test. Combined with the disassembly and inspection results of four wells with wide-amplitude electric submersible pump units, the causes of failures are analyzed from the perspectives of wax deposition, scaling, downhole foreign matters and gas slug etc.

Key words: wide-amplitude electric submersible pump; tight oil; horizontal well; application analysis

苏里格气田超长水平段窄间隙固井技术

王 鼎 [1,2]，万向臣 [1,2]，王文斌 [1,2]

（1. 低渗透油气田勘探开发国家工程实验室；2. 中国石油集团川庆钻探工程有限公司钻采工程技术研究院）

摘 要：苏里格气田 3000m 以上超长水平段水平井窄间隙固井存在套管下入困难、环空摩阻压耗大易发生漏失、水平段长易发生聚堵、留塞难处理等技术难点。通过下套管前井眼准备、套管下入工具附件优选、套管下入可行性分析等技术措施，解决了超长水平段水平井套管安全下入问题。选择性能优异的隔离前置液，研发低摩阻高强韧性水泥浆体系，提高顶替效率，减小环空摩阻压耗；进行水泥浆体系分段梯度携砂设计，降低水平段聚堵风险；应用高效防塞剂、加长自锁式胶塞，优化生产套管管串结构，减小留塞风险。结合相关配套工艺技术措施，现场试验应用 3 口井，施工顺利，固井质量良好。

关键词：超长水平段；窄间隙固井；套管安全下入；低摩阻；梯度携砂设计

苏里格气田构造上位于鄂尔多斯盆地伊陕斜坡，具有"低渗透率、低压力、低丰度、薄储层、强非均质性"的特征，单井产量低，压力下降快，稳产难度大，开发难度大[1]。随着水平井开发技术越来越成熟，水平井已成为提高苏里格气田单井产量的重要技术手段。在探索过程中实现了裸眼完井、水平段下筛管固完井、水平段下套管固完井的技术进步。2010 年以来，苏里格气田采用水平井整体开发的新模式，大量钻水平井，以加快气田开发速度[2-4]。随着水平段越来越长，为进一步提高开发效益，长庆油田对长水平井开展 ϕ114.3mm 套管射孔+水力桥塞压裂工艺，完井采用下 ϕ114.3mm 生产套管、水平段固井完井的方式。2020 年，长庆油田部署 3 口井深大于 6500m、水平段长大于 3000m 的超长水平段水平井（超长水平井），井深结构：ϕ346mm 钻头×ϕ273mm 表层套管+（ϕ228.6mm+ϕ215.9mm 钻头）×ϕ177.8mm 技术套管+ϕ152.4mm 钻头×ϕ114.3mm 生产套管。采用一次上返固井工艺，水泥浆返至技术套管内 800m 以上，对固完井技术提出更高的要求。

1 超长水平段窄间隙固井技术难点

（1）水平段长，井眼小，下套管摩阻高，套管下入过程中易产生屈曲，套管安全下入难以保障[5-6]。

（2）水平井采用桥塞泵送水力喷射压裂改造模式，对水泥石力学性能及水泥环密封完整性要求高[7]。

（3）ϕ152.4mm 井眼下 ϕ114.3mm 套管固井，套管接箍环空间隙为 12.7mm；长水平井需下漂浮接箍，最大外径为 138.2mm，环空间隙仅为 7.1mm。环空间隙窄，固井施工摩阻大，顶替后期压力高，易压漏地层，对水泥浆流变性要求高；顶替排量低，顶替效率难以保证。

（4）水平段长，环空间隙窄，水泥浆在水平段运移时间长、距离长，易携砂产生聚堵，施工风险大。

（5）水平段长，套管小，一旦发生替空、留水泥塞事故，处理难度大。

2 超长水平段窄间隙固井技术研究

2.1 套管安全下入技术研究

2.1.1 下套管前井眼准备

下套管前做好通井和循环携砂工作，保证井眼干净、井径规则，确保井下安全及井眼畅通。采用模拟套管钢性的双扶钻具组合通井。双扶钻具组合：ϕ152.4mm PDC 钻头+转换+ϕ148mm 扶正器+回压阀+转换+ϕ101.6mm 加重钻杆 2 根+转换+ϕ148mm 扶正器+转换+ϕ101.6mm 加重钻杆×120 根+ϕ101.6mm 钻杆。在水平段、阻卡段进行短起、划眼，直至畅通；在漂浮接箍井段 30m 范围反复划拉对井眼进行扩径，以增大该处环空间隙。钻具下到井底后充分循环，按不低于 15L/s 的排量循环 2 周以上，振动筛上无岩屑返出，打润滑封闭浆封井起钻。

2.1.2 套管下入工具附件优选

优选套管下入工具附件，减小下套管摩阻。选用 ϕ114.3mm 旋转引鞋，在下套管时起导向作用。螺旋式的旋转翼片具有遇阻旋转拨物功能，能将管柱前端的岩屑等堆积物拨散，减少套管下入时的阻力和遇卡现象。长水平段采用 NDS 漂浮接箍（外径 138.2mm、内径 98.6mm、长 600mm、最大击穿压差 51.7MPa），降低水平段套管下入摩阻，提高套管下入成功率。选用整体式弓簧套管扶正器保证套管的居中度，同时该扶正器在下入过程中可变径，提高套管下入成功率。

2.1.3 套管下入可行性分析

采用 CasingRun 套管下入分析软件进行模拟，对套管下入整个过程中套管不同位置的受力情况进行分析，保证下套管作业顺利完成。以J4X-XXH2 井为例进行 CasingRun 套管下入分析，分析结果见图 1、图 2。

从图 1、图 2 中可以看出，套管下入摩阻约

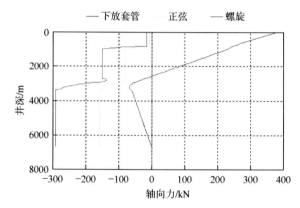

图 1　套管下入轴向力—失稳图

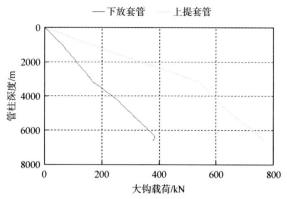

图 2　大钩载荷与管柱深度图

20t，未发生正弦和螺旋屈曲，套管能够顺利安全下入。

2.2 固井液体系研究

2.2.1 隔离前置液研究

长水平段施工顶替排量低，为了提高水平段顶替效率及水泥环胶结质量，选用具有良好相容性及配伍性的固井黏滞性前置液，能有效隔开钻井液与水泥浆，避免水泥浆接触污染，防止钻井液沉降絮凝，利用浮力效应及拖曳力，通过黏性推移提高顶替效率[8]。隔离前置液 GLY 由表面活性剂、纤维素、无机盐按一定比例和特定工艺制成。体系为清水+3%GLY；性能：密度 ρ 为 1.03g/cm^3，塑性黏度 PV 为 0.1Pa·s（90℃），动切力 YP 为 18Pa（90℃），相容性测试见表 1。

表 1　固井隔离前置液与钻井液、水泥浆的相容性测试表

$V_{钻井液}$：$V_{隔离前置液}$	$PV/$（mPa·s）	$YP/$Pa	$V_{水泥浆}$：$V_{隔离前置液}$	$PV/$（mPa·s）	$YP/$Pa
100：0	18	4.5	100：0	63	17
0：100	3	0.7	0：100	3	0.7
75：25	6	0.6	75：25	21	12
50：50	5.5	0.75	50：50	16	10
25：75	4	0.5	25：75	10	8

从表 1 可知，固井隔离前置液对钻井液、水泥浆无增稠絮凝现象。随着隔离前置液比例增大，水泥浆混浆的塑性黏度 PV 和动切力 YP 降低，表明前置液能改善水泥浆流动性，在较低的临界流速下达到紊流顶替，提高顶替效率[9]。

2.2.2 低摩阻高强韧性水泥浆研究

室内实验研究形成低摩阻高强韧性水泥浆体系，提高水泥浆的流变性能和水泥石的力学性能。低摩阻高强韧性水泥浆体系配方：高抗硫 G 级水泥+2% GJ-F+3.5% GJ-A+1% GJ-E+0.3% GJ-FJ+0.05%～0.2% GJ-R+45% H$_2$O。

（1）水泥浆流变性能研究评价。超长水平段水平井固井时，井深度大、水平段长、环空间隙窄，固井施工摩阻大，顶替后期压力高，易压漏地层，对水泥浆流变性要求高。选择醛酮缩聚物类高效减阻剂 GJ-FJ，具有良好的耐温性能，在较高的温度下依然保持良好的吸附性和分散性能。分子结构中的极性端使其对水泥颗粒有较强的吸附性，分子结构中的非极性端通过共轭效应和空间效应增强分散效果[10]。流变性能评价结果见表 2。

表 2 可以看出，减阻剂 GJ-FJ 效果非常好，

表 2　低摩阻高强韧性水泥浆体系流变性能评价

GJ-FJ 加量/%	初始稠度/Bc	30℃流变性		80℃流变性		90℃流变性		100℃流变性	
		n	$K/(Pa \cdot s^n)$	n	$K/(Pa \cdot s^n)$	n	$K/(Pa \cdot s^n)$	n	$K/(Pa \cdot s^n)$
—	25	0.53	4.16	0.57	3.06	0.58	2.9	0.59	2.61
0.3	14	0.92	0.24	0.94	0.19	0.96	0.15	0.98	0.13

较少的加量就能显著提高水泥浆的流变性能。其抗温效果较好，30℃情况下，流性指数 n 为 0.92，稠度指数 K 为 0.24Pa·s^n。随着温度的上升，流变性能进一步变好，100℃条件下，n 为 0.98，K 为 0.13Pa·s^n。

以 ϕ152.4mm 井眼下 ϕ114.3mm 套管为例，套管壁厚 7.37mm，排量为 10L/s，水泥浆密度为 1.90g/cm^3，进行低摩阻高强韧性水泥浆体系和常规高强韧性水泥浆体系环空摩阻系数理论计算对比分析（表 3）。

表 3　水泥浆体系摩阻系数对比评价表

温度/℃	低摩阻高强韧性水泥浆体系			常规高强韧性水泥浆体系			摩阻系数降低率/%
	n	$K/(Pa \cdot s^n)$	摩阻系数	n	$K/(Pa \cdot s^n)$	摩阻系数	
30	0.92	0.24	0.0403	0.81	0.53	0.0498	19.08
100	0.98	0.13	0.0298	0.86	0.35	0.0429	30.54

从表 3 中可以看出，低摩阻高强韧性水泥浆体系较常规高强韧性水泥浆体系摩阻系数降低了 19.08%～30.54%，效果明显。

（2）增强增韧材料的研究评价。为满足后期压裂改造需求，加入增强材料 GJ-A 和增韧材料 GJ-E，以改善水泥石的力学性能。GJ-A 为无机钾盐和钙盐混合物，可提高水泥石的抗压强度，并产生一定的微膨胀，防止微间隙的产生。GJ-E 由弹性颗粒材料、防断裂材料、超细防渗材料以一定比例混合而成。弹性颗粒材料均匀填充于水泥石颗粒之间，当形成的水泥石受到外力作用时，

水泥石产生一定形变，但这种形变主要是水泥石内部弹性颗粒材料的变形，水泥石整体结构框架没有改变，当水泥石受到的作用力移除时，弹性颗粒材料恢复到原先状态。防断裂材料为溶胀性优异的带支链高分子材料，其在水泥浆中均匀分布形成网状结构，以提高水泥石抗折强度。超细防渗材料主要为提高水泥石本体完整密封性，降低水泥石渗透率，防止地层及井筒内流体在水泥石基体内窜流；根据紧密堆积理论及颗粒级配原则，提高水泥石的致密性。低摩阻高强韧性水泥浆体系水泥石（90℃/48h）性能评价见表 4。

表 4　低摩阻高强韧性水泥浆体系水泥石性能表

GJ-A 加量/%	GJ-E 加量/%	抗压强度/MPa	抗折强度/MPa	杨氏模量/GPa	泊松比	渗透率/mD	体积膨胀率/%
0	0	32.5	7.23	9.8	0.258	0.048	−0.05
3.5	1	41.8	7.82	5.87	0.279	0.029	0.08

表 4 中可以看出，加入 GJ-A 和 GJ-E 后水泥石综合性能明显上升，水泥石抗压强度为 41.8MPa，抗折强度为 7.82MPa，杨氏模量为 5.87GPa，泊松比为 0.279，渗透率为 0.029mD，体积膨胀率为 0.08%，有效改善了水泥石的力学性能和结构完整致密性。

（3）水泥浆稳定性能研究评价。超长水平井的水平段长，水泥浆在凝结过程中受重力影响易发生沉降，在井壁上侧形成游离通道，出现窜槽的情况，影响水泥环的完整性。GJ-F 降失水剂主剂为大分子三元共聚物，吸附性较好，水泥浆表现为高黏低稠，提高体系的抗温稳定性，辅料为一定量的微细活性填充材料，提高水泥浆的触

变性。水泥浆体系抗温稳定性能室内评价结果见表 5。

从表 5 中可以看出，水泥浆体系在常温和较高温度下能保证较好的稳定性，无游离液，保证水泥环的密封完整性。在 90℃下沉降稳定性好，水泥浆水灰比为 0.43～0.47，沉降密度差均不高于 0.01g/cm^3，能够有效保证水泥石力学性能均质性。

（4）水泥浆分段梯度携砂设计和性能研究评价。动切力表征钻井液内部结构及其强度，是保证携带岩屑、净化孔底的主要参数。提高钻井液的动切力能提高携砂能力。水泥浆的携砂能力优于钻井液，超长水平段固井易产生携砂聚堵，施工风险大，进行水泥浆分段梯度携砂设计，保

表 5 水泥浆体系抗温稳定性能表

实验编号	水灰比	密度/（g·cm⁻³）	游离液/%		90℃沉降密度/（g·cm⁻³）		
			30℃	90℃	上	中	下
1	0.43	1.93			1.93	1.93	1.93
2	0.44	1.91			1.91	1.91	1.91
3	0.45	1.90	0	0	1.90	1.90	1.90
4	0.46	1.88			1.87	1.88	1.88
5	0.47	1.86			1.85	1.86	1.86

障施工安全。通过调整水灰比、微调减阻剂加量控制水泥浆流变性能，逐步增加水泥浆动切力，实现梯度携砂目的，减小环空聚堵风险。水泥浆体系携砂性能评价（表 6）表明，随着密度增大（1.86g/cm³、1.90g/cm³、1.93g/cm³），水泥浆动切力逐步增大，携砂能力逐步增强。

表 6 水泥浆体系携砂能力评价表

水灰比	GJ-FJ 加量/%	密度/（g·cm⁻³）	AV/（mPa·s）	PV/（mPa·s）	YP/Pa
0.43	0.35	1.93	92	71	21
0.45	0.3	1.90	80	63	17
0.47	0.3	1.86	69	58	11

（5）水泥浆综合性能评价。为满足现场施工要求，采用三凝变密度水泥浆体系。领浆：高抗硫 G 级水泥+2% GJ-F+3.5% GJ-A+1% GJ-E+0.3% GJ-FJ +0.1% GJ-R+47% H_2O。中浆：高抗硫 G 级水泥+2% GJ-F+3.5% GJ-A+1% GJ-E+0.3% GJ-FJ+0.06% GJ-R+45% H_2O。尾浆：高抗硫 G 级水泥+2% GJ-F+3.5% GJ-A+1% GJ-E+0.35% GJ-FJ+0.04% GJ-R+43% H_2O。

综合性能评价（90℃）结果（表 7）显示，水泥浆体系初稠为 10～17Bc，流变性能好，稠化时间满足小排量顶替要求。API 失水量小于 50mL，满足入井性能要求。水泥石抗压强度 48 小时均大于 40MPa，杨氏模量小于 6GPa，且有微量的体积膨胀率，能够满足后续压裂改造需求，保证水泥环的密封完整性。

2.2.3 固井后置液研究评价

为预防留水泥塞，采用防塞剂 PSY 压胶塞。PSY 为悬浮剂、分散剂、高温稀释剂按一定比例和特定工艺制成的混合物。为评价防塞剂 PSY 效果，将防塞剂和水泥浆按照不同的体积比进行混合，然后于 90℃、20.7MPa 条件下静止养护，定期观察水泥浆的状态。实验结果（表 8）显示，防塞剂与水泥浆按不同比例混合后，对水泥浆均无促凝作用，15 天内混浆不凝，很好地防止留水

表 7 水泥浆综合性能表

水泥浆	密度/（g/cm³）	初始稠度/Bc	稠化时间/min	API 失水量/mL	流变性能		抗压强度/MPa		膨胀率/%	杨氏模量/GPa
					n	K/（Pa·sⁿ）	24h	48h		
尾浆	1.93	17	305	32	0.92	0.23	34.7	43.4	0.09	5.92
中浆	1.90	14	356	36	0.96	0.15	32.9	41.8	0.08	5.87
领浆	1.86	10	404	38	0.98	0.10	31.2	40.9	0.08	5.65

表 8 水泥浆与防塞剂混浆养护实验情况

$V_{防塞剂}$：$V_{水泥浆}$	养护 1 天	养护 2 天	养护 3 天	养护 7 天	养护 15 天
0：100	已硬	—	—	—	—
10：90	未凝	未凝	未凝	未凝	未凝
30：70	未凝	未凝	未凝	未凝	未凝
50：50	未凝	未凝	未凝	未凝	未凝
70：30	未凝	未凝	未凝	未凝	未凝
90：10	未凝	未凝	未凝	未凝	未凝

泥塞事故。

2.3 固井胶塞优选及管串结构设计

2.3.1 加长自锁式胶塞

选择加长自锁式胶塞（图3）。胶塞芯及头部材质为铝合金，胶塞体材质为橡胶，胶塞长度为464mm，胶碗层数为6层，大胶碗外径为148mm，小胶碗外径为105mm，密封压力为50MPa。通过增加长度和胶碗层数，确保水平井扶正效果和顶替效率。胶塞前端有导向型自锁头，在与防倒浮箍碰压时，自锁头通过导向头插入浮箍螺套内，自锁头中部的防倒退阶梯式弹簧卡入螺套内，自锁头前端的密封圈与螺套内壁紧密密封，防止水泥浆倒流引发留水泥塞事故。

图3　加长自锁式胶塞

2.3.2 管串结构设计

入井固井管串结构：旋转引鞋+强制复位式浮箍（反向承压50MPa）+套管1根+强制复位式浮箍（反向承压50MPa）+套管1根+防倒浮浮箍（反向承压35MPa）+套管串+漂浮结箍（入窗点以下300m）+套管串+联顶接（LTC扣）。采用三浮箍，保证套内密封完整性，降低施工风险。

2.4 其他工艺技术措施

提高施工管线的压力等级，升级为70MPa，并配备2台相同压力等级的施工车辆，降低施工风险。

固井前调整钻井液性能，降低黏切力和动切力，钻井液的黏度要小于60s，动切力要小于5Pa。施工前配20~30m³稠浆，黏度为100~120s，动切力为10~15Pa，清扫井底，减小水平段聚堵风险。

下入漂浮接箍之前不灌浆，漂浮接箍入井后连续灌浆，每1000m核算灌入方量（7.8m³），下套管过程中严格控制下放速度，避免激动压力过大导致漏失。打开漂浮结箍后，进行灌钻井液排气工作，确认灌入的钻井液与套管内空井段容积量相符后方可循环，并做好节流循环准备，防止未排除干净的气体进入套管环空后降低液柱压力造成井控问题。

施工排量不大于钻井液循环排量，关注套内和环空液注压差，当液注压力平衡时，施工压力即为此时循环摩阻。此时可计算理论套内水泥浆摩阻和实际套内摩阻差值。以此为依据，计算水泥浆出套管时的施工压力，关注对比实际施工压力，水泥浆出套管后压力变化情况，判断环空流体状况。替量过程中采用控压顶替方案，根据水泥浆返高，环空浆注结构，计算水泥浆环空液注压力和循环摩阻压降，结合实际泵压适时调整顶替排量，降低摩阻压降，确保不压漏地层。特别注意水泥浆返至漂浮接箍和技术套管时的施工压力，防止压力过高，降低施工排量，以小排量顶替碰压。

3 现场试验情况

现场试验应用3口井，施工顺利完成，固井质量均合格（表9）。

表9　试验井数据表

井号	完钻井深/m	水平段长/m	垂深/m	替量压力/MPa	施工情况	固井质量
J 4X-XXH2	6666	3321	3028	0（泵压）26.0（起压）30.5（碰压）	正常	合格
J 5X-XXH1	7388	4118	3036	0（泵压）25.5（起压）29.6（碰压）	正常	合格
T 2-XX-XH2	8008	4466	3327	0（泵压）19.5（起压）25.0（碰压）	漏失	合格

从表9可以看出，3口水平井垂深均大于3000m，水平段长均大于3300m，完钻井深均大于6600m，固井质量均合格。

J 5X-XXH1井完钻井深7388m，垂深3036m，水平段长4118m。1.35g/cm³钻井液循环排量800L/min，压力13MPa；注隔离前置液4m³，排量为500~800L/min；压力为6~11MPa；注入低摩阻高强韧性水泥浆59.5m³（领浆16m³、中浆21m³、尾浆22.5m³），排量为800L/min，施工压力为2~13MPa；压胶塞PSY 1.5m³，排量为0.5L/min，泵压为0MPa。采用清水替量，排量为500~800L/min，替至设计方量57.9m³碰压，起压25.5MPa，碰压至29.6MPa，稳压10min，泄压后断流，常压关井候凝。关井6小时后井口压力为11MPa，泄压断流正常。固井质量合格。

T 2-XX-XH2井为最深最长的一口水平井，施工前钻井液循环发生漏失，在固井施工替量过程中发生漏失，采取顶部反灌水泥补救措施，固井质量合格。

4 结 论

（1）针对超长水平段水平井套管安全下入难题，进行套管安全下入技术研究。通过双扶通井循环，选用旋转引鞋、NDS漂浮接箍、整体式弓簧套管扶正器，降低下套管摩阻，采用CasingRun套管下入分析软件进行模拟，保证超长水平段水平井套管顺利安全下入。

（2）隔离前置液能有效改善水泥浆流动性，在较低的临界流速下达到紊流顶替，提高顶替效率。低摩阻高强韧性水泥浆体系能有效降低水泥浆流动摩阻系数，较常规高强韧性水泥浆体系摩阻系数降低19.08%~30.54%；增强剂、增韧剂显著提升水泥石力学性能，满足后续压裂改造需求；合理设计水泥浆体系，采用三凝变密度水泥浆体系，形成分段梯度携砂能力，减少环空聚堵风险，综合性能优异，有效保证了现场施工安全和固井质量。防塞剂确保不留水泥塞，为后期ϕ114.3mm套管射孔+水力桥塞压裂工艺提供了技术保障。

（3）结合固井胶塞优选、管串结构设计及其他工艺技术措施，保证苏里格气田超长水平段水平井固井施工顺利完成。

（4）超长水平段水平井窄间隙固井技术现场试验应用3口井，固井质量良好，为苏里格气田高效开发提供宝贵的经验和技术指导。

参考文献

[1] 卢涛，张吉，李跃刚，等. 苏里格气田致密砂岩气藏水平井开发技术及展望[J]. 天然气工业，2013，33（8）：38-43.
[2] 吴满祥，牟杨琼杰，高洁，等. 对苏里格水平井水平段防漏防塌措施的探讨[J]. 钻井液与完井液，2016，33（3）：46-50.
[3] 李希霞. 苏里格气田水平井整体开发钻井技术[J]. 石油天然气学报，2011，32（2）：293-295.
[4] 宋有胜，吴学升，孙富全，等. 自愈合水泥在长庆气井小间隙长水平井固井中的应用[J]. 石油化工应用，2017，36（2）：23-28.
[5] 李文哲，文乾彬，肖新宇，等. 页岩气长水平井套管安全下入风险评估技术[J]. 天然气工业，2020，40（9）：97-103.
[6] 赵永光，白亮清，赵树国，等. 小间隙大斜度水平井固井技术[J]. 石油钻采工艺，2007，29（9）：28-31.
[7] 王文斌，马海忠，魏周胜，等. 抗冲击韧性水泥浆体系室内研究[J]. 钻井液与完井液，2004，21（1）：36-39.
[8] 王文斌，马海忠，魏周胜，等. 长庆苏里格气田欠平衡及小井眼固井技术[J]. 钻井液与完井液，2006，23（5）：64-66.
[9] 刘小利，魏周胜，王文斌，等. 苏里格气田长水平段小套管固井及其配套技术研究[J]. 钻采工艺，2011，34（2）：10-12.
[10] 刘崇建，黄柏宗，徐同台，等. 油气井注水泥理论与应用[M]. 北京：石油工业出版社，2001.

收稿日期：2021-01-05

第一作者简介：
王鼎（1988—），男，硕士，工程师，主要从事固完井技术研究工作。
通信地址：陕西省西安市未央区未央路151号
邮编：710018

Narrow gap cementing technology for ultra-long horizontal section in Sulige gas field

WANG Ding, WAN XiangChen, and WANG WenBin

(National Engineering Laboratory for Exploration and Development of Low Permeability Oil & Gas Fields; Research Institute of Drilling & Production Engineering and Technology, CNPC Chuanqing Drilling Engineering Co., Ltd.)

Abstract: There are some technical difficulties in the narrow gap cementing technology of ultra-long horizontal section (> 3000 m) in Sulige gas field, such as being difficult to run the casing down, easy to cause leakage due to large friction resistance and pressure loss in the annular space, easy to cause blockage in the long horizontal section, and difficult to deal with residual cementing plug. The problem of safe running of casing in super long horizontal well is solved through technical measures such as borehole preparation before casing running, optimization of casing running tool accessories and feasibility analysis of casing running. The displacement efficiency is improved and the annular friction resistance and pressure loss are reduced though selecting the isolation preflush (prepad fluid) with excellent performance and developing the cement slurry system with low friction, high strength and toughness. The gradient sand-carrying design of cement slurry system reduces the risk of blockage in the horizontal sections. The application of high-efficiency anti-plugging agent, lengthening self-locking rubber plug and optimizing the structure of production casing string reduce the risk of residual cementing plug. Combined with relevant supporting process and technical measures, the field test has been applied to the three wells with smooth construction and good cementing quality.

Key words: ultra-long horizontal-well section; narrow-gap cementing; safe casing running; low friction resistance; design of gradient sand-carrying

浅析稳高压消防给水系统运行分析

何得泉，曹让勇，王治国，马彬，王勇勇

（中国石油长庆油田分公司第三采气厂苏里格烃类污油处理厂）

摘　要：苏里格烃类污油处理厂主要利用精馏技术对气田轻烃进行深加工，生产稳定轻烃，提高气田轻烃的经济效益。针对生产区域内存在重大危险源的问题，需要采取高效的消防安全防护措施。通过调查研究，稳高压消防给水系统在化工领域应用非常广泛，特点是管网保持一定压力，能够及时有效扑灭火灾。该消防系统在苏里格气田属于首次使用，非常适用于危险化学品企业。结合稳高压消防系统在实际运行过程中遇到的问题及体会，论述稳高压消防给水系统在苏里格气田的发展前景。

关键词：稳高压消防给水系统；运行现状；稳压泵；变频器

苏里格烃类污油处理厂稳高压消防系统是一种消防给水系统，以稳压水泵（高扬程、低流量）的连续运行维持消防管网的高压状态，一旦发生火灾，消防设施立即开启，当管网压力下降至设定值时消防水泵可自启动供水，从而满足系统内消防水量和压力要求。

1 消防系统特点

消防给水系统一般分为临时高压消防给水系统、稳高压消防给水系统和高压消防给水系统 3 种类型[1]。苏里格烃类污油处理厂根据实际情况和化工行业标准，设置为稳高压消防给水系统。

1.1 稳高压消防系统流程简介

如图 1 所示，苏里格烃类污油处理厂稳高压消防给水系统由 2 台变频稳压水泵、3 台电动消防水泵、1 台柴油消防水泵以及必要的联锁控制设备、消防水罐、供水管网、阀门、消防设施和管网辅助设施等组成。

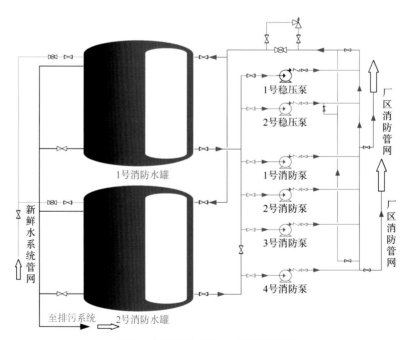

图 1　稳高压消防给水系统流程图

苏里格烃类污油处理厂消防供水依托苏里格开发区自来水管网进行供水，保持消防水罐的存水量，消防水罐设置为两具 1500m³ 的储罐，满足消防用水量。稳高压消防给水系统主要是利用变频稳压泵与回流控制阀进行联锁调节，在运行过程中，设定管网压力，通过管网压力变化情况与变频器进行联锁调节稳压泵转速，使整个消防系统管网压力稳定在设定值范围内，满足现场灭火所需水压要求。

稳高压消防水系统平时采用稳压设施维持管网的消防水压力，但不能满足消防水流量。火灾时管网向外供水，压力下降，水泵控制系统通过压力检测比较，自动启动消防水泵，供应火场灭火用消防水。

1.2 稳高压消防系统特点

稳高压消防给水系统的可靠性和经济性为大家所接受。稳高压消防给水系统组成除与临时高压给水系统相同外，还增加了一套变频稳压装置。稳高压消防给水系统在准工作状态和消防时，消防给水管网内的水压始终能满足消防用水对水压的要求。在准工作状态由稳压装置保证，管网压力因渗漏而出现压力变化时，变频稳压泵自动根据设定的压力范围进行自动调节，维持系统管网的压力在设定范围内波动。消防时水压由消防主泵来保证。消防用水所需的流量在准工作状态由稳压装置供给，一般远小于消防设计流量，大于管网渗漏水量。故稳高压消防给水系统不论在准工作状态和消防状态，对火灾初期和发展阶段，都能满足相应的消防用水水压和流量要求，其灭火成功率高于临时高压消防给水系统。

如图2、图3所示，稳高压消防给水系统的硬件、软件与高压给水系统和临时高压给水系统均有区别，也有相同点。

图2　变频稳压泵

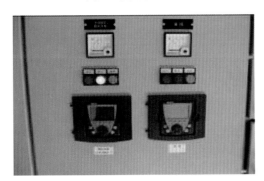

图3　稳压泵变频控制柜

稳高压给水系统与高压给水系统区别在于：

（1）高压给水系统不设消防主泵和稳压装置，稳高压给水系统设消防主泵和稳压装置。

（2）高压给水系统在准工作状态和消防时，消防给水系统的水压和流量要求都能满足。稳高压给水系统在准工作状态，消防用水所需水压要求能满足，流量不能完全满足；只在消防时，其消防用水所需水压和流量才能全部满足。

稳高压给水系统与临时高压给水系统区别在于：

（1）临时高压给水系统设有消防主泵，一般不设稳压装置，只有当高位消防水罐不能满足最不利点顶层消火栓0.07MPa静水压力要求，才设置包括稳压泵和增压泵在内的增压设施。稳高压给水系统的特点之一就是设有稳压装置。

（2）临时高压给水系统在准工作状态时，消防用水的水压和流量都不能保证。稳高压给水系统在准工作状态时，消防用水的水压可以保证，流量也能满足初期火灾的用水量需要。两者在消防时对满足消防用水的水压和流量要求是完全一致的。

表1显示了3种消防系统在准工作状态和消防时的水压和流量的保证情况。

表1　各消防给水系统管网平时所处状态

系统名称	灭火所需水压要求	灭火所需流量要求
高压消防给水系统	满足	满足
临时高压消防给水系统	不满足	不满足
稳高压消防给水系统	满足	不满足

2 消防水量确定

苏里格烃类污油处理厂设计厂区边界线内面积为71750m²（350m×205m），按照GB 50160—2008《石油化工企业设计防火规范》规定，厂区内同一时间火灾按一处着火考虑，消防水量即为厂区消防用水量最大处用水量[2]。

苏里格烃类污油处理厂按照功能设施不同，将厂区划分为工艺装置区、装卸区及储罐区、公用工程区和辅助生产管理区4个功能区域，按照各区域工艺流程及储存介质数量等因素，确定各区域的消防用水量。

2.1 工艺装置区

工艺装置设置规模为年处理10×10⁴t烃类污油，火灾危险性等级为甲级。根据以上综合因素进行计算可得，消防用水量按150L/s考虑，火灾延续供水时间不应小于 3 小时，消防用水量为 1620m³。

2.2 储罐区及装卸区

罐区根据其规模、罐类型及储存介质的不同按规范要求进行水量计算。消防用水量最大处3000m³的原料（凝析油）罐，火灾危险性为甲B类，设计流量为 80L/s，火灾延续供水时间不应小于 4 小时，消防用水量为 1152m³。装卸区消防用水量按 60L/s 考虑，火灾延续供水时间不应小于 3

小时，消防用水量为 648m³。

2.3 公用工程区

消防用水量按 50L/s 考虑，火灾延续供水时间不宜小于 2 小时，消防用水量为 360m³。

2.4 辅助生产管理区

消防用水量按 15L/s 考虑，火灾延续供水时间不宜小于 2 小时，消防用水量为 108m³。

表 2 显示了各区域按照火灾危险等级、罐储量等综合因素计算消防水量。

表 2　各生产区域消防水量表

区域	消防水量/（L·s⁻¹）	备注
工艺装置区	150	中型装置消防用水量下限
储罐区	123	着火罐：3000m³ 储罐，φ17m×15.85m，供水强度 2.5L/min·m²，用水量 35.3L/s
		临近罐：1 座 3000m³ 储罐，按罐壁 1/2 表面积计算，供水强度 2.5L/min·m²，用水量 17.6L/s
		移动用水量：按 2 个室外消火栓计，水量 70L/s
办公楼	40	办公楼体积 5140m³，室外消火栓按照 25L/s 计，室内消火栓按照 15L/s 计

由工艺装置区、储罐区及装卸区消防用水量，取最大值作为系统消防供水量。根据石油化工装置最大用水量（表 3），苏里格烃类污油处理厂设计规模为中型石油化工企业。

表 3　石油化工装置消防用水量

装置类型	设计规模/（L·s⁻¹）	
	中型	大型
石油化工	150～300	300～450
炼油	150～230	230～300
合成氨/氨加工	90～120	120～150

3 稳高压系统运行现状

苏里格烃类污油处理厂稳高压消防给水系统由试生产投运以来，各设备运行正常，满足了化工企业设计要求。

3.1 消防系统平面布置

如图 4 所示，苏里格烃类污油处理厂根据厂区各区域功能进行划分，为了确保各区域消防系统运行畅通，消防系统管网设计程环形管网布置，确保每个区域都在灭火范围内。苏里格烃类污油处理厂厂区沿消防道路敷设 DN350 低压消防给

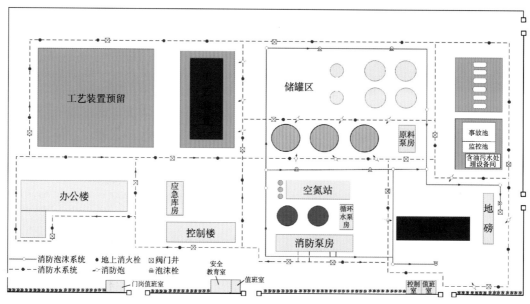

图 4　厂区消防管网布置图

水环管，设室外地上式消火栓和消防炮，间距少于 60m，消火栓井筒内设切断阀，原料罐设置喷淋系统，在发生火灾时降低罐壁温度，满足厂区消防灭火要求。

3.2 消防报警系统[3]

罐区设火灾自动报警系统，装卸区设置户外手动报警设施，并将信号接入中心控制室显示。

中心控制室内设专业用受警录音电话，并与消防站和消防支队之间设直通电话，确保在发生火灾事故时通信畅通。

根据火灾报警信号，人工确认后，现场启动着火罐、邻近罐固定泡沫和固定喷淋冷却控制阀，进行灭火和防护冷却。

3.3 消防运行模式[3]

苏里格烃类污油处理厂本着实现消防水泵自动启动、故障状态下自保并及时报警的基本要求，仪表、电气的联锁宜从简设置，一方面可节约投资，另一方面可避免因联锁过于复杂而导致故障率高，反而会影响系统的正常使用，增加维护量。

稳高压消防最基本的要求就是消防水泵能自启动。当管网压力降至设定值时（一般为 0.65～0.7MPa），压力低导致报警并输出信号启动消防主泵。如第一台消防主泵故障不能启动，则自动启动第二台消防主泵。当水泵出水管阀前压力达到设定值时自动开启出水管上的控制阀门，完成向消防管网送水过程（整个过程在 1～2 分钟内完成）。

如图 5 所示，消防水罐应设置液位计和液位高、低报警，补水管设置为自动阀门控制。当消防水罐水位低于高水位时，补水管开始补水，直至水位至高水位时停止补水并同时实施液位高报警。当消防水罐降至低水位时，发出液位低报警，并同时输出停泵信号，保证水泵安全运行。管网压力、消防水罐液位、所有报警信号和水泵运行

图 5　消防系统自动补水控制阀

状态及自动控制阀门的开闭状态均引入中央控制中心，便于及时了解系统情况。

3.4 稳高压消防系统运行状况分析

苏里格烃类污油处理厂稳高压消防系统自投运以来，基本保持稳定运行。但在运行过程中，也发现了与现场实际运行存在的部分问题。

3.4.1 消防水不能在管网中循环形成死水

稳高压消防给水系统管网设计虽然为环形管网，但在运行过程中不能使管网消防水循环，使管线形成死水。在冬季气温极低的情况下，形成死水的管网易冻堵，使管线冻裂，如发生安全事故将会延误灭火战机。

根据消防系统管网现场布置图可知，建议在冬季运行情况下对管网截区阀进行相应控制，使整个管网消防水基本形成循环状态，保证管网畅通。

3.4.2 消防主泵在启动后不能实现自动和远程停泵

苏里格烃类污油处理厂稳高压消防给水系统在遇到紧急灭火或现场瞬间大量用水，使管网压力降低且稳压泵不能维持系统压力的情况下，消防主泵可实现自动启动，从而维持系统压力，保证现场灭火用水需要。当现场为短时间大量用水的情况下，消防主泵自动运行维持管网压力；当现场用水完成后，由于主泵不能根据系统压力升高而停止，可能出现管网压力高导致管网破裂，影响安全生产。

建议对消防系统进行改造，改造完成后实现消防主泵在设定的压力范围内进行自动启停操作，防止管线因压力高而破裂。

4　稳高压消防系统运行管理措施

消防系统建成后，其消防设施有明显的高压标记，避免误操作而造成消防车吸水管破裂、延误灭火时机。各消防设施进行编号，消防控制中心应挂有厂区稳高压消防系统概况图，标明所有的消防设施及阀门位置及对应编号。制定消防设施试用相关规定，保证消防设施长期完好，出现故障能及时发现并维修更换。

设置稳高压消防水系统的企业需配备完整的消防管理制度，每日定期检查稳压压力、系统的供电运行等，发现故障及时维修；装置操作人员应掌握稳高压消防系统配置的固定消防水炮、移动消防水炮、水喷淋等消防设施的使用；严禁利用稳高压消防系统消火栓进行地面、设备冲洗等操作，防止引起消防主泵误操作、误报警。同时

专职消防队员应熟悉稳高压消防系统特性，该系统室外消火栓为高压，取水无须消防车加压，消防队员可立即取水进行扑救，要避免误操作造成消防车吸水管破裂而延误灭火时机。

5 结论

（1）稳高压消防给水系统具有安全可靠、工程投资小、供水速度快、灭火施救及时、运行费用低、易改造、便于维护管理等诸多优点。

（2）特别针对苏里格天然气处理厂已建临高压消防给水系统进行改造，其投资小、易改造、运行费用低等优点，可以预见，随着安全意识和消防标准的不断提高，稳高压消防给水系统将在苏里格气田被广泛采用。

参考文献

[1] 吴丽光. 高桥化工厂稳高压消防系统设计[J]. 石油化工安全技术，2002（2）：49-51.

[2] 中华人民共和国住房和城乡建设部. 石油化工企业设计防火规范（2018 年版）：GB 50160—2008[S]. 北京：中国计划出版社，2018.

[3] 湖南百利工程科技有限公司. 乌审旗庆港洁能资源利用有限公司 20 万吨/年（一期 10 万吨/年）烃类污油综合利用项目[R]. 2011.

收稿日期：2021-04-28

第一作者简介：

何得泉（1979—），男，本科，助理工程师，现从事苏里格气田天然气及其伴生产品开采、集输和净化处理研究工作。

通信地址：内蒙古自治区鄂尔多斯市乌审旗乌兰陶勒盖镇乌审旗庆港洁能资源利用有限公司

邮编：017300

Analysis on the operation of stable high-pressure water-supply system of fire-fighting

HE DeQuan, CAO RangYong, WANG ZhiGuo, MA Bin, and WANG YongYong

(Sulige Hydrocarbon Waste-Oil Treatment Plant, No.3 gas Recovery Plant of PetroChina Changqing Oilfield Company)

Abstract: The Sulige Hydrocarbon Waste-Oil Treatment Plant mainly uses rectification (distillation) technology to deeply process light hydrocarbons from gas-field to produce stable light hydrocarbons and improve the economic benefits of utilization of light hydrocarbons in the gas field. In view of the existence of major hazard sources in the production area, it is necessary to take effective fire safety protection measures. Through investigation and research, stable high-pressure fire-fighting water supply systems are widely used in the chemical industry. Its characteristic is that the pipe network maintains a certain pressure and can effectively extinguish fires in time. This fire-fighting system was used for the first time in the Sulige Gas Field and is very suitable for hazardous chemical enterprises. Combining with the problems and experiences encountered in the actual operation of the stable high-pressure fire-fighting system, the development prospects of the stable high-pressure fire-fighting water supply system in the Sulige Gas Field are discussed.

Key words: stable high-pressure fire-fighting water supply system; operating status; stable pressure pump; frequency converter

苏里格烃类污油处理厂称量数据误差分析

马　彬，王治国，何得泉，曹让勇

（中国石油长庆油田分公司第三采气厂苏里格烃类污油处理厂）

摘　要：苏里格烃类污油处理厂主要负责接收和销售苏里格气田伴生的气田轻烃，在气田轻烃的接收工作中发现本厂电子汽车衡称量数据与各处理厂称量数据偶尔会出现较大的差值。为了避免气田轻烃交接过程中因电子汽车衡原因导致的计量纠纷，减小误差，对近年来气田轻烃接收数据的统计结果使用概率论及数理统计的科学方法进行理论分析。深入了解电子汽车衡工作原理，对因本厂电子汽车衡称量所产生的误差进行及时有效控制，科学合理地指导了电子汽车衡的维修及检定工作，为气田轻烃计量交接工作提供准确可靠的数据。

关键词：地磅；误差；标准差；方差；检定

　　苏里格烃类污油处理厂位于内蒙古自治区鄂尔多斯市苏里格经济开发区内，地处乌审旗乌兰陶勒盖镇工业一路。自 2012 年 10 月投产以来，主要负责协调苏里格气田、榆林气田、神木气田共计 5 个采气厂、5 个合作项目部、长北作业分公司、苏南项目部等 12 个区块，147 个集气站、10 个处理厂、5 个净化厂的气田轻烃日常交接工作。2019 年 1 月至 10 月共计接收气田轻烃 39503.7t，在日常交接过程中，因地磅称量所产生的误差较为常见。

1 称重系统简介

1.1 地磅

　　电子汽车衡是一种较为常用的大型计量器具，其俗称为地磅，通常安装在户外进行使用，主要用于各种大型货物的称重，在苏里格烃类污油处理厂与各单位所交接的气田轻烃物重衡量方面被广泛应用。由于各单位使用的电子汽车衡的生产厂家、规格型号及检定单位存在不同，造成在气田轻烃交接中产生差异。

　　苏里格烃类污油处理厂称重系统使用的是国产电子汽车衡，传感器使用的是宁波柯力传感科技股份有限公司生产的 111-1-DX30L（CL-3）/30t/C 型数字传感器。国家标准 JJG 539—1997《数字指示秤》检定标准中数字指示式衡器准确度等级划分为中准确度级和普通准确度级，其最大允许误差如表 1 所示[1]。

　　苏里格烃类污油处理厂地磅的最小分度值为 20kg，即检定分度值也为 20kg，量程为 0～80t，属于中准确度级地磅，因此最大允许误差为 ±30kg。

表 1　地磅最大允许误差表

最大允许误差	用检定分度值 e 表示的载荷 m	
	中准确度级	普通准确度级
±0.5e	0≤m≤500	0≤m≤50
±1.0e	500≤m≤2000	50≤m≤200
±1.5e	2000≤m≤10000	200≤m≤1000

1.2 地磅工作方式

　　地磅一般是通过传感器进行重量检测，在其工作过程中，物体的重量传递到重量传感器上，重量传感器输出电流与电压信号，其信号经过处理放大之后，转化为重量数值显示出来。通常来说，地磅的传感器类型为电阻型传感器，可适应较为重型物体的重量测量，也可对数十克的物体进行重量测量，可称量的范围较大，同时精确度较高，可达千分之一到万分之一之间，环境适应性较高且生产便捷。努力寻找地磅的误差因素，计算分析其误差，可以更好地完成地磅维护与检测，从而减少地磅的各方面误差，提高地磅重量测量精度，提升物体称重效率。

2 地磅误差及分析方法

2.1 地磅误差

　　地磅在使用过程中难以避免会产生各种误差，从而导致重量测量结果的不确定性。地磅的误差包括称量误差、鉴别力误差、重复性误差等。

　　称量误差包括电路信号传递失真、力传导失真、线性失真等。一般来讲，在传感器承受的力处于合理范围时，输出电信号与受力成线性关系；当受力过大或过小时，无法达成线性关系，形成曲线关系，这种误差可以进行应对。由于各种环境原因与机械设计原因，在力传导时也会出现误差，这种误差一般为无法避免的误差。

鉴别力误差是地磅称量较轻物体时产生的误差，在测量较轻物体时，各种机械摩擦产生的力磨损误差相较于物体轻微的重量占比较大，因此产生的误差也比较大。重量测量结果与实际重量存在很大出入，这种误差由机械因素导致，难以避免。因此所称重的物体重量应当与地磅的量程相对应，避免物体重量接近于地磅的最大量程或最小量程。

重复性误差多为外界环境与传感器状态等因素导致，秤体安装不平稳、地磅设计与制造时产生误差、传感器性能较差或者故障等问题都会导致这种误差的产生。

上述误差有些是人为误差，有些是机械误差，相当一部分误差都是可以减少乃至避免的。人为误差可以通过遵循各种操作规范来减少。本文所讨论的误差主要是重复性误差，属于机械误差，可以通过加强对器械的维护与保养来提高其精确度。其中对称量数据的分析可以作为日常维护的一项重点工作。

2.2 误差分析方法

在统计学中方差是评价数据离散度的较好指标，而标准差能客观准确地反映一组数据的离散程度。

方差是在概率论和统计方差衡量随机变量或一组数据时离散程度的度量。统计中的方差（样本方差）是每个样本值与全体样本值的平均数之差的平方值的平均数。在统计描述中，方差用来计算每一个变量（观察值）与总体均数之间的差异。为避免出现离均差总和为零，离均差平方和受样本含量的影响，统计学采用平均离均差平方和来描述变量的变异程度[2]。

由于方差是数据的平方，与检测值本身相差太大，人们难以直观衡量，所以常用方差开根号换算回来，这就是标准差。标准差是总体各单位标准值与其平均数离差平方的算术平均数的平方根，可反映组内个体间的离散程度。简单来说，标准差是一组数据平均值分散程度的度量。一个较大的标准差，代表大部分数值和其平均值之间差异较大；一个较小的标准差，代表这些数值较接近平均值[3]。

方差是实际值与期望值之差平方的平均值，而标准差是方差算术平方根。标准差与方差不同的是，标准差和变量的计算单位相同，比方差清楚[4]。

方差计算公式：

$$s^2 = \frac{1}{n}\left[(x_1-x)^2 + (x_2-x)^2 + \cdots + (x_n-x)^2\right]$$

式中　　x——样本平均数；

　　　　N——样本数量；

　　　　x_i——个体；

　　　　s^2——方差；

　　　　$|s|$——标准差。

3　数据分析

3.1　理论分析

本文以苏里格烃类污油处理厂与第二天然气处理厂各自对同一车次的地磅称量数据进行举例分析。设烃类污油处理厂地磅的称量误差为 Δt，称量数据为 T；第二天然气处理厂地磅的称量误差为 Δe，称量数据为 E。例如，某车次气田轻烃真值为 Z，经第二天然气处理厂称量为 E_1，经烃类污油处理厂称量为 T_1，则该车次气田轻烃在分别经过上述两处称量后可知：$\Delta t = Z - T_1$；$\Delta e = Z - E_1$，可推导出该车次在两个地磅称量的差值 $T_1 - E_1 = \Delta t - \Delta e$。

在理想情况下，$T_1 - E_1 = 0$，即烃类污油处理厂地磅与第二天然气处理厂地磅对同一车次的气田轻烃称量数据相同，即二者的地磅误差相同，不存在计量纠纷，但在实际使用过程中，上述理想情况出现概率很小。

当 $T_1 - E_1$ 较小时，即二者对同一车次的气田轻烃称量数据越接近，说明双方地磅之间的误差差值越小，称量出的数据可信度越高。因此，需要烃类污油处理厂与第二天然气处理厂地磅差值尽可能小，并保证在双方允许误差范围内，计量纠纷可忽略不计。

当 $T_1 - E_1$ 较大时，即二者地磅对同一车次的气田轻烃称量数据相差较大，即 $\Delta t - \Delta e$ 较大，说明二者地磅误差较大。此时可以使用载重车辆作为称量对象，使用方差公式对地磅进行误差分析，如果方差较大说明该地磅存在问题，需要及时解决存在问题并重新检定。

3.2　实际应用

苏里格烃类污油处理厂地磅的最小分度值为20kg，即检定分度值也为20kg，量程为 0~80t，最大允许误差为±30kg。第二天然气处理厂地磅与苏里格烃类污油处理厂地磅的准确度等级相同，为中准确度级，最小分度值为10kg，即检定分度值为20kg，量程为0～80t，最大允许误差为±30kg。二者区别在于长度不同、使用的传感器数量不同。苏里格烃类污油处理厂地磅长约17m，装有数字传感器8个；第二天然气处理厂地磅长约10m，

装有模拟传感器6个。

现以2019年2月期间烃类污油处理厂与第二天然气处理厂10次称量数据为例进行分析，具体数据见表2。

表2　2019年2月气田轻烃交接表

烃类污油处理厂			第二天然气处理厂			相差数量/t
毛重/t	皮重/t	净重/t	毛重/t	皮重/t	净重/t	
43.14	15.9	27.24	43.31	15.98	27.33	−0.09
41.56	16.12	25.44	41.63	16.23	25.40	0.04
41.02	16.14	24.88	40.80	16.06	24.74	0.14
41.92	16.18	25.74	41.62	16.04	25.58	0.16
40.56	16.12	24.44	40.30	16.00	24.30	0.14
43.04	16.08	26.96	42.31	15.98	26.33	0.63
38.78	15.46	23.32	38.56	15.34	23.22	0.10
42.00	16.06	25.94	41.81	15.98	25.83	0.11
42.92	15.98	26.94	42.70	15.99	26.71	0.23
44.62	16.08	28.54	44.72	16.06	28.66	−0.12

从表2中可以看到，两处的地磅称量数据差值最大达到0.63t。在当日，用5.1t叉车进行了7次重复称量，位置分别为4个角、中间及两侧，称量数据见表3，应用方差公式进行运算，

标准差为10.7kg，小于最大允许误差30kg，因此问题应该在第二天然气处理厂地磅。后经与该厂技术员联系，请乌审旗质检所进行校验后，恢复正常。

表3　叉车称量数据表

次数	1	2	3	4	5	6	7
数值	5.08	5.08	5.10	5.10	5.10	5.10	5.10

4　误差控制

地磅使用过程中应尽力避免人为误差，制定相应的操作规范并在实际称量过程中严格遵照执行。比如在地磅使用前进行检查，确保传感仪器未出现故障、仪表显示正常。使用误差主要是四角误差，即由于地磅的4个角的不平稳，四角重量不均匀。在使用地磅称量时，要确保所称量的物体保持在地磅的中间位置，该位置的称量数据经过4个角共计8个传感器的修正，称量数据准确度最高，可以有效降低人为因素导致的机械误差。

在日常使用过程中，地磅保养十分重要。由于地磅承重较大并使用频繁，损耗较大，如果缺乏及时的保养维护，地磅误差会日益增加，最终

形成较大的误差。在日常检查过程中应注意检查数据线、传感器的完好程度，托盘是否损坏变形等，如果传感器发生故障就会出现称量结果误差较大或无法称量。另外，在地磅日常维护与保养中，要定期检查内部电子仪器及电路板是否灵敏，电阻是否损坏，电路板上是否发生腐蚀等情况，以保证称量结果的精确度。

5　结　论

误差不可避免，但可以降低。通过以下措施可以达到降低误差的效果。

（1）定期对地磅进行检查保养。检查地磅各器件是否正常，检查地磅位置是否变化，发现问题及时处理，从而降低机械误差的出现。

（2）根据称量数据及时进行计算分析。当

对称量结果有疑义时，可以通过计算方差，找出地磅称量误差是否在标准范围内，根据结果指导地磅校验，减少重复性误差。

通过上述工作的开展，保证了苏里格烃类污油处理厂地磅运行平稳有效，为苏里格气田轻烃的顺利交接提供了科学可靠的保障。

参考文献

[1] 质量监督检验检疫总局. 数字指示秤：JJG 539—2016[S]. 北京：中国质检出版社，2016.

[2] 李红. 数值分析[M]. 武汉：华中科技大学出版社，2010.

[3] 盛骤，谢式千，潘承毅. 概率论与数理统计（第四版）[M]. 北京：高等教育出版社，2008.

[4] 张国奋. 概率论、数理统计与随机过程[M]. 杭州：浙江大学出版社，2011.

收稿日期：2021-07-05

第一作者简介：
马彬（1984—），男，本科，工程师，主要从事气田轻烃深加工处理生产技术工作。
通信地址：内蒙古自治区鄂尔多斯市乌审旗
邮编：017300

Error analysis of weighing data in Sulige Hydrocarbon Waste-Oil Treatment Plant

MA Bin, WANG ZhiGuo, HE DeQuan, and CAO RangYong

(Sulige Hydrocarbon Waste-Oil Treatment Plant, No.3 gas Recovery Plant of
PetroChina Changqing Oilfield Company)

Abstract: The Sulige Hydrocarbon Waste-Oil Treatment Plant is mainly responsible for receiving, processing and selling the light hydrocarbons associated with Sulige gas field. During the reception of light hydrocarbons from the gas field, it is found that there is a large difference between the weighing data of the electronic vehicle-load weighbridge of the plant and the weighing data of each treatment plant. In order to avoid the measurement disputes caused by electronic vehicle-load weighbridge during the handover of gas field light hydrocarbons and reduce the error, the statistical results of gas field light hydrocarbons receiving data in recent years are theoretically analyzed by using the methods of probability theory and mathematical statistics. On the basis of in-depth understanding of the working principle of the electronic vehicle-load weighbridge, the error caused by the weighing of the electronic vehicle-load weighbridge in the factory is controlled timely and effectively, which scientifically and reasonably guides the maintenance and verification of the electronic vehicle-load weighbridge, and provides accurate and reliable data for the measurement and handover of light hydrocarbons from the gas field.

Key words: weighbridge; error; standard deviation; variance; verification